国家社会科学基金项目（15CGJ032）

多维北极的国际治理研究

INTERNATIONAL GOVERNANCE OF MULTIDIMENSIONAL ARCTIC

赵 隆◎著

时事出版社
北 京

本书受到国家社会科学基金项目 "北极治理范式与中国科学家团体的边缘治理路径 （15CGJ032）" 资助

目录

第一章
导论

第一节　问题的提出

由于全球气候变化造成的融冰加速，千百年来作为"冰封之地"的北极以其独特的生态环境、丰富的资源储备和航道开发的潜在优势成为世界关注的焦点。气候变暖加剧了北冰洋海域的冰盖消融，其发展之迅速远远超出了人们先前的预计。过去几十年，北极地区的升温、永久冻土层解冻、冰川和冰架大面积融化、海冰面积锐减等现象成为全球气候变化对北极影响的有力证据，而北极融冰又反作用于全球气候、生态和环境系统。可以说，北极的变化特别是环境和生态的变化，其影响和后果已经远远超出北极的地理分界线，传递到北极周边地区甚至全球。与此同时，因融冰加速出现的北极资源开采、航道利用、渔业捕捞和旅游资源开发机遇也吸引全球目光，商业活动的增加导致国际社会对"北极争夺战"的担忧，人类在北极之外的行为也不断影响北极的自然环境。

1987 年，米哈伊尔·戈尔巴乔夫著名的"摩尔曼斯克讲话"开启了"北极和平区域"的进程。① 经过 30 余年的发展，北极事务已

---

① Gorbachev Mikhail, *The Speech in Murmansk at the Ceremonial Meeting on the Occasion of the Presentation of the Order of Lenin and the Gold Star Medal to the City of Murmansk*，1987，http：//teacherweb. com/FL/CypressBayHS/JJolley/Gorbachev_speech. pdf.

经从单一的科研驱动逐步转向包括探索、认知、保护、开发的"多轮驱动"形态。在环境层面，北极虽处于地球之巅，但其影响超越地理局限。北极自然变化不仅对北极国家造成巨大影响，也与众多域外地区的气候和环境息息相关，这一点已得到充分的科学考证。在政治层面，北极国家间的政治博弈对地区和国际秩序产生传导效应，北极潜在的安全风险可能对地区和平造成深远影响。在经济层面，北极对国际航运、生物和非生物资源、旅游等领域的影响逐步显现，北极的大规模开发利用与国际合作从"准备期"步入"启动期"。但与此同时，随着气候变化对北极影响的持续化和扩散化，人类对北极的认知短缺，北极生态与环境保护科研合作路径的单一化，国际格局演变对于北极地缘政治经济格局的投射，北极多利益攸关方的利益动态性特征，北极发展的成本收益比评估，北极治理体系的理论与实践完善等问题不断增加。

首先，认识北极成为各类行为体参与北极事务的首要条件。人类对客观物质世界的认识经历了漫长的发展过程，而科学探索是其中重要的手段之一。虽然相关国家近年来不断加大对于北极科学研究的投入，但与世界其他区域相比，人类的北极知识储备仍相对较低，对于气候变化对北极造成的全局性、趋势性和综合性影响，人类活动增多带来的生态与环境效应，冰区作业的标准和行为规范等方面尚存在不少"知识洼地"。以认知为前提不断探索北极，通过各类国际和地区科学合作平台推进北极科研和科考，是各国尊重客观自然规律和人类发展规律的应有之义。

其次，北极的独特环境和生物多样性是全人类的宝贵财富，保护北极成为国际社会的共同责任。北极因其独特的地理位置和脆弱的自然环境，被誉为"全球变化的指示器"。近年来，北极变化的速度及辐射范围超出了科学家们的预测。数据显示，过去35年间，北极夏季冰区面积减少了近2/3，约41%的北极永久海冰已经消失，数以万计平方英里的海冰逐年减少，北极海域可能在本世纪中叶甚至更早出现季节性无冰现象。冰层融化导致全球海平面上升，北极变暖的趋势对植被生长、物种多样性和分布造成潜在威胁，气候、环境变化的相互作用将对全球生态系统带来广泛影响，北极已经不再是传统概念中的"冰封地带"。各国需要坚持不受国别、种族和发展水平差异影响的共同责任，将保护北极独特的自然和人文传统摆在首位。

第三，可持续性成为利用北极的基本原则。北极气候变化不但成为北极沿岸活动增加的客观基础，也为海上和近岸油气资源开发创造条件。据初步预测，北极地区可能蕴藏约占世界总储量13%的石油和30%的天然气资源。但是，资源开发既可以为北极地区的经济社会提供原动力，也将对独特的生态环境和脆弱的社会文化造成新挑战。北极地区尚未形成综合性的开发行为规范准则，各国冰区作业的知识储备和开采技术尚不成熟，合作开发的权利义务划分尚未确定，离岸、近岸和陆上活动增多对生态环境的影响评估亦存争议。

北极融冰还为远洋运输开创了全新机遇，北极航道逐步成为潜在的国际海运新命脉。2008年夏季，西北、东北航道实现历史上的首次同时通航，促使各航运大国聚焦于此。据估算，经东北航道自亚洲抵达欧洲，相较传统的苏伊士运河航线可缩短航程近5000海里，节约近40%成本，而经西北航道将美欧相连，可比巴拿马运河航线缩短2000海里航程和25%的成本。随着航道和港口基础设施的进一步开发建设，该地区将形成新的地缘政治和经济格局。但与此同时，极地水域通航条件恶劣，海图和水文资料尚不完备，海上搜救基础设施和能力不足，海洋生态系统脆弱等挑战依然存在。

此外，北极是土著人（原住民）世代繁衍之地，也是其赖以生存之家园。由于特殊的地理和历史条件，北极土著人的文化、社会氛围与所属国家和国际社会出现差异，形成较为独立的生活圈。随着北极科考和商业活动增多，土著人群体的传统生活方式与价值理念受到外部经济和文化影响。理解土著人组织在北极问题上的关切，促进和保护土著人权利，维护土著人传统文化习俗，是国际社会义不容辞的责任。因此，在利用北极问题上，如何在实践中强调保护和利用之间的平衡，确保各国开发和利用北极时不抱有"独占北极"的利己私心，摒弃共同"瓜分北极"的陈腐思维，谋求以代际公平为基础的北极可持续利用等问题逐渐凸显。

第四，多利益攸关方的战略取向影响着北极地缘政治格局。北极不是"全球公域"，它既包含主权国家管辖之外的区域，也包含直接或间接处于北极国家主权管辖下的空间和资源。各国参与北极事务既要遵循相关国际条约和一般国际法，充分尊重北极国家在北极的主权、主权权利和管辖权，也期待他国在追求利益时尊重自身在北极依法享有的权利和关切。探索北极国家和其他利益攸关方的合作新模式，可以有效融合各国探索、保护和利用北极的先进理念和行为方式，统筹多样的利益诉求和发展要求，促进北极事务的国际格局良性发展。

最后，北极问题的复杂性和综合性决定国际治理的必要性。北极关乎人类的生存与发展，各国在北极肩负共同责任，应对北极挑战需要多利益攸关方共同参与。目前，《联合国宪章》《联合国海洋法公约》《斯瓦尔巴德条约》等国际文书为处理北极问题提供了基本法律框架。北极国家和北极域外国家依法享有权利并承担义务，以规则为基础的北极治理体系运作良好。有观点认为，北极问题的治理初步形成了"全球—区域—国家"三层次的多元格局①。但是，北极国际治理的主体、手段和路径尚存在不确定性，随着各类行为

---

① 徐宏："北极治理与中国的参与"，《边界与海洋研究》，2017年第2期。

体北极活动的不断增加，治理能力的赤字现象也成为主要问题。

一是治理认同赤字。北极国际治理的基本格局逐渐形成是普遍性共识，但各方对这一格局的认识却有所不同。例如，知识是探索、利用和治理北极的基础。增强对北极的科学认知，探索相关技术以开发、利用和保护北极是人类共同的使命。与国家间传统的合作空间不同，知识和技术在深海、极地、外空和互联网等治理新疆域中发挥决定性作用，各国的相关知识和技术优势可直接转换为新疆域治理的国际话语权，科学家团体也在新疆域治理中扮演重要角色。在北极国际治理中，科学家团体不具备独立的政策制定、战略规划、信息沟通和义务承担能力，在治理中也没有决策权和行为能力，但却是具体议题的参与方或行为人，其立场可以间接影响地方政府、主权国家的决策与行为。可见，知识和技术高地是北极国际治理话语权争夺的主要内容。北极的特殊自然和物理构成难以由单一国家进行探索，各国必须通过知识、技术和资源的有序共享方可展开科学合作，这种共同认知有助于确保北极国际治理符合人类生存和发展的共同需求，为知识向政策和行动的转换提供基础，从而推动各国的相互协调与合作。

但是，部分国家针对北极的不同议题存在狭义的认同赤字。例如，在北极的发展维度中，由于北极国家所有拥有的自然资源禀赋不同，在全球和地区地缘政治与经济格局中所占据的地位不同，在国家实力、发展阶段、政治结构、社会形态上的构成不同，以及与其他利益攸关方相比，北极自然生态环境、商业机遇和风险与自身的关联度不同，导致各方在如何开发北极，以何种标准开发，由谁主导开发和优先发展哪一领域等问题上，以及有关北极个体利益与公共利益、主权权益与人类整体利益、商业利益与环境利益之间出现巨大的认同赤字，影响着北极国际合作的全过程。

二是治理绩效赤字。对于北极国际治理而言，绩效的主要评判指标取决于其对于解决和减缓多维北极各类矛盾的贡献。其中包括：是否有能力正确识别当前治理的紧迫任务，是否获得应对挑战和解决矛盾的普遍共识；是否具备相应的政治动员能力和资源整合能力；是否能够协调域内外不同主体、不同机制和不同部门之间的互动；是否能够引入具有约束力的制度规范，从而推动集体行动；是否能够健全执行机制，确保相应的治理共识和行动得以进行等诸多方面。北极的国际治理现状在上述绩效指标仍存在较大差距。

各方对全球气候变化对北极自然生态环境的影响方面具备初步了解，但在科学维度下围绕北极的变化规律和趋势仍存在认知空白，国际治理机制中的科学路径并未完全统一，北极国家的科学先导原则也存在差异性，而以构建认知共同体为目标的科学家群体暂时只在少数治理领域扮演重要角色，其边缘性的治理路径总体上未能改变。

作为当前北极国际治理的核心平台，北极理事会虽然逐步强化其合作成果的普遍和法律约束力，但依旧停留在传统的"低政治"领域，而由于在制度设计过程中过度强调其非政治性身份，导致理事会不但对北极政治、安全、法律等形势变化不能做出任何反应，甚至在涉及北极开发与利用等具有部分地缘政治和经济含义的议题上也基本"失声"，从而成为立足于极为有限议题的治理平台。此外，北极理事会主体成员结构之间的原生性力量不平衡。也就是说，由于美国和俄罗斯仍是不同维度下北极事务的绝对领导者，在战略规划、资源投放、行动能力方面远超过其他北极理事会成员国，而其他国家也难以借助外部力量的参与来弥补这种实力对比差距，导致在北极理事会的议程设置上难以完全匹配治理需求，需要根据北极地区所谓的"双头领导"格局进行妥协，从而在某些议题上出现"小马拉大车"的治理困境。

北极国家的强身份认同导致北极治理的整体排外性难以彻底消

除。例如，由于北极事务原生于特定的地理区域，区域治理框架的排外性尤为明显，其原因主要在于北极国家有关治理决策效率、利益分配、域外成员的贡献、多边治理成本等方面的担忧。在决策效率方面，治理主体的增多必然导致取得普遍性共识的困难增加。在利益分配方面，资源的主权属性和有限性导致各国产生严格控制域外参与者、减少利益竞争者的战略取向，从而缺乏有关权利分享的直接动力。而对于治理成本而言，域内国家又希望增加各类行为体的参与度，以实现成本和责任的分摊①，这种矛盾性心理暂时难以消除。在域外成员贡献方面，难以找到统一标准和需求对接方式。在多边治理成本方面，北极国家担心相关治理机制在约束力上的不一致性，这些因素都在不同程度上减弱北极国际治理的绩效。

三是治理供给赤字。公共产品的不足是北极国际治理面临的主要供给赤字。从制度性公共产品来看，缺乏北极国家与域外利益攸关方之间的互动和协调平台。近年来，部分国家积极推动此类平台的建设，例如俄罗斯主导的"北极：对话之地"（Arctic：Territory of Dialogue）国际论坛。该论坛由俄罗斯总统普京亲自推动，于2010年在莫斯科首次举办。此后分别于2011年、2013年、2017年和2019年在俄罗斯不同城市举行，主办方原为俄罗斯地理协会和俄北极发展国家委员会。截至目前，已经召开的5次论坛先后围绕诸多议题展开讨论，包括确保经济活动、人类存在与自然环境的平衡；在扩大北极科研活动的前提下，构建北极地区发展的综合交通运输系统，商业和科学的导航系统、交通枢纽（港口、机场和北海航线）、极地航空、货运的发展，以及在复杂情况下的综合安全问题；使北极合作成为"睦邻与稳定"的典范；探讨近岸水域、开放

---

① Olav Schram Stokke，Arctic Change and International Governance，SIIS-FNI Workshop on Arctic and Global Governance，Shanghai，23 Novmeber，2012.

大洋和北极稳步发展的关系等。①

此外，冰岛前总统奥拉维尔·格里姆松（Olafur Ragnar Grimsson）于 2013 年发起的北极圈论坛（Arctic Circle）也是推动国际社会认识、保护北极，共商北极治理的重要平台，该论坛每年 10 月在冰岛召开大会。2019 年 5 月，北极圈论坛中国分论坛首次在上海举行，以"中国与北极"为主题，围绕冰上丝绸之路、科学与创新、运输与投资、可持续发展、海洋、能源、治理等议题展开深入探讨与交流。② 目前而言，该论坛是参与国家和代表数量最多，标准化和组织程度最高的北极国家与域外国家对话和交流的平台。挪威发起的"北极前沿"（Arctic Frontier）大会也是多利益攸关方围绕北极政府政策、工商业、科研、健康和环境合作的重要平台之一。③但是，上述平台均为软性对话平台，其主要功能为交流观点，并不产生任何具有实质性的成果，会上达成的共识也多为意向性，不具备可执行性。同时，上述论坛在议题设置方面缺乏协商性，部分平台将议题是否符合主办者的目标需求作为评判其合理性的狭义标准，并未考虑大多数参与主体的需求，而大多数平台在议题范围上具有高度的重复性。因此，如何在多维北极的框架中，实现真正的以平等协商、资源互补、能力支撑和共同应对挑战为基础的"北极+"合作平台，是解决制度性公共产品不足的关键。

四是平衡赤字。北极公共产品供给的平衡性不足是另一大问题。目前来看，以环境保护为核心的北极公共产品供给体系已经固化。在功能上，几乎所有的多边治理平台都以推动北极环境保护作

① 第五届"北极—对话区域"国际北极论坛开幕，中国新闻网，2019 年 4 月 10 日，http://www.chinanews.com/gj/2019/04–10/8804908.shtml。

② "北极圈论坛中国分论坛在上海举行"，中国政府网，2019 年 5 月 14 日，http://www.gov.cn/xinwen/2019–05/14/content_5391336.htm。

③ "北极前沿"大会呼吁加强北极问题合作，人民网，2018 年 1 月 23 日，http://world.people.com.cn/n1/2018/0123/c1002–29782252.html。

为核心功能，但在有关发展类供给、安全类供给、融资类供给、技术类供给和基础设施类供给等方面，几乎完全空白。例如，北极经济理事会几乎没有在北极开发国际合作进程中发挥任何有价值的规范、指导或引领作用。作为北极安全领域有限的多边对话平台，北极防务高官会议（Arctic Chiefs of Defence Staff Conference）受到乌克兰危机的影响自 2014 年起停摆。① 北极国家虽于 2015 年建立北极海岸警卫论坛（Arctic Coast Guard Forum，ACGF）机制，但依然受制于各国海岸警卫机构在北极地区的基础设施薄弱和装备水平不一，政治分歧和海岸警卫机构机制差异，各国对北极地区认知不足等负面因素，而政治事件也激发环北极国家之间潜在的不信任因素，进一步导致整体合作停滞或延期。② 此外，北极事务的影响超越地理空间限制，其公共产品的供给主体也应超越国家，包含非国家行为体在全球、多边和地区等多层次的参与。由于北极国际治理的特殊性，各国在治理目标、行为体构成、治理结构、治理资源的协调和统筹，以及治理责任和义务划分等问题上并未达成一致，导致有关北极开发的投融资机制、技术共享平台和基础设施建设标准化的缺失，也进一步增加了北极国际治理的公共产品供需失衡问题。

第二节 研究意义和现有研究综述

北极是一个"多维体"，其多维性是考察国际治理目标构成，对治理进程和绩效开展评估的关键因素。如何以更为多元的视角观察北极问题的演变过程，以更为丰富的框架理解北极事务主要领域

---

① Zhao Long, Arctic Governance: Challenges And Opportunities, Global Governance Working Paper, CFR, https://www.cfr.org/report/arctic-governance.
② 刘芳明："北极海岸警卫论坛机制和'冰上丝绸之路'的安全合作"，《海洋开发于管理》，2018 年第 6 期。

之间的逻辑联系，以更为科学的方法制定相应的政策或战略，并以此指导相应的北极活动，是本书研究的基本出发点。

一、研究意义

第一，构建和培育多维北极的集体意识与治理观。有学者提出，只有通过各国的集体协作才可以打破北极问题上长期存在的"核心—外围"（Core—Periphery）关系的思维定式，[①]成为有关北极国际治理讨论的重要开端。对于当前北极事务而言，既要看到作为北极国家主权和管辖权范围内的"单一北极"，更要看到作为全球气候变化指示器、高寒野生动物栖息地、前沿科学探索实践区、潜在国际航运线、土著人传统文化宝库等"多维北极"。既要关注北极的单一区域或领域问题，更要看到北极自然环境变化、科学认知提升、国家战略取向、开发合作进展、治理模式形成之间具有的高度关联性和逻辑联系。处理好单一北极和多维北极之间的关系，才有可能避免北极研究的视角局限，逐步超越北极事务中"自我"和"他者"之间的身份认同隔阂，跳出利益界定的"从属"和"排他"的思想禁锢，进入北极合作和共赢的全新语境。

第二，有利于解构当前北极国际治理的困境。一方面，北极的国际治理与全球化的深入发展、国际格局的整体演变、科技发展的速度和技术革命、相关国家的战略取向和政策规划、资源开发利用的进展程度等诸多环节息息相关。另一方面，虽然各方认同非国家行为体在应对北极气候和环境变化等挑战时具有优势，[②]多元多体

---

① Osherenko Gail and Young Oran, *The Age of the Arctic*：*Hot Conflicts and Cold Realities*，Cambridge：Cambridge University Press，2005，p. 37.

② 张胜军、郑晓霞："从国家主义到全球主义：北极治理的理论焦点与实践路径探析"，《国际论坛》，2019 年第 3 期，第 1—14 页。

的北极国际治理共识也逐渐形成，域外利益攸关方的作用被逐步接纳，①但"国家主义"的回归也成为近年来北极事务发展的重要特征之一。从多维度考察北极自然环境、科技环境和政策环境之间的关联性，有助于更好地理解当前北极国际治理出现认同赤字、绩效赤字、供给赤字和平衡赤字的深层原因。

第三，有利于完善北极国际治理的整体性概念。目前绝大多数讨论北极问题的文献，都倾向于将北极作为一个单独的地理空间概念，或从政治或经济等独立单元加以探讨，从而忽略了北极在形态上的多维性、影响上的跨域性、治理上的国际性特征。有观点认为，当前有关北极治理的研究基本集中于治理实用性、治理规范性、治理功能性和治理批判性方面，但未能形成整体的概念和理论。②通过论述多利益攸关方在北极自然、科学、政治、发展和治理等不同维度中的立场，可以明确参与北极国际治理的渠道和工具，以及相应的原则规范和治理范式，从而以整体论的视角分析当前北极国际治理的演变。

第四，有利于深化国内外北极治理研究的场域。总的来看，北极问题的特殊性不仅体现在宏观层面其所兼具的地区性和全球性属性，也包括自然科学和人文社会科学要素相互交织影响的内部结构，以及从主权安全、科学技术到经济社会发展的全域性影响。然而，当前北极问题的社会科学研究多集中于领域性、议题性论述，基于全球性的价值认知和跨域性的分析框架研究相对较少，未能完全反映北极问题研究的特殊性，这为本书的研究提供了空间。

---

① "The New Foreign Policy Frontier: US Interests and Actors in the Arctic", Center for Strategic and International Studies, https://www.csis.org/analysis/new-foreign-policy-frontier.

② Cecile Pelaudeix, What Is Arctic Governance-A Critical Assessment of the Diverse Meanings of Arctic Governance, *The Yearbook of Polar Law VI*, 2015, pp. 399 –426.

二、研究现状综述

（一）国外研究

长期以来，北极作为一个相对独立的政治或社会生态单元，在国际问题研究中被视为边缘地带。由于特殊的地理空间属性，早期的北极研究主要由人类的北极活动史观察为主，而参与这种历史叙事的主体是探险家和科学家，研究成果则以探险笔记等方式得以流传。例如，弗里乔夫·南森（Fridtjof Nansen）的著作《在北方的迷雾中》，① 记录了19世纪末期北极航行与探险的经历，特别是北极土著人的历史研究，具有重要意义。维尔希奥米尔·斯蒂芬森（Vilhjalmur Stefansson）的《我与爱斯基摩人的生活》② 和《友好的北极：在北极地区五年的故事》③ 等著作，对于由"因纽特人"和"爱斯基摩人"引发的北极土著人统称问题提供了较为详细的资料支持。理查德·沃汉（Richard Vaughan）对于北极问题的研究更聚焦于历史本身，他在《北极：一段历史》的著作中，详细论述了各国在北极的初期探险过程，记载了早期探险者对于北极问题的认识。④ 罗伯特·麦克基（Robert McGhee）在其著作《最后的幻想之地：北极世界的人类历史》中，详细记载了探险者在北极的各类活动，特别是人类对于北极开发和利用的展望，以及土著人发展的历

① Nansen Fridtjof and Chater Arthur, *In Northern Mists：Arctic Exploration in Early Times*, London：Nabu Press, 2010.

② Stefansson Vilhjalmur, *My Life with the Eskimo*（New Edition）, London：The Book Jungle, 2007.

③ Stefansson Vilhjalmur, *The Friendly Arctic：The Story of Five Years in Polar Regions*, London：Nabu Press, 2010.

④ Vaughan Richard, *The Arctic：A History*, London：The History Press, 2008.

史与现状。① 安德鲁·斯图尔（Andrew Stuhl）在其撰写的《解冻北极：科学、殖民主义与因纽特人土地的转变》一书中，详细梳理了20 世纪北极的科考和探险活动，在历史研究和广泛的田野调查基础上，分析科学考察、殖民地控制、因纽特人居民历史等因素对于北极变化的影响，为探索北极变化诱因的完整性提供了有益思考。② 约翰·麦克凯农（John McCannon）的《北极史：自然、开发和探索》一书也主要聚焦于人类对北极探索进程的历史进程梳理，包括从国家战略和外交、环境问题和气候变化、土著人社区参与北极探索的角色，还详细介绍了探索西北航道的案例等。③

随着人类活动的逐步增多，特别是北极作为特殊地理空间的价值性进一步体现，在由主权国家主导下的叙述范式中，北极作为纯粹的生态或历史整体，被分割成数个从属于独立议题的次级单元，有关北极变化的影响也成为学界关注的重点。在气候和环境单元，卡丽娜·科斯齐塔洛（Carina H. Keskitalo）的《北极地区的气候变化与全球化：脆弱性评估的综合方法》提出，气候变化脆弱性评估是一个快速发展的领域，尽管全球化趋势和世界政治与治理体系变化对于塑造地区的气候变化适应力至关重要，但缺乏有效性评估。该书借鉴了北极的林业、渔业和驯鹿养殖业等案例，从有关资源的地理特征和政治经济关系出发，对于生物和非生物资源的北极气候变化适应力进行了评估，并就利益攸关方对于北极气候和环境变化的认知与治理路径进行分析。④ 蒂莫·科伊乌洛娃（Timo Koivu-

---

① McGhee Robert, *The Last Imaginary Place*：*A Human History of the Arctic World*，Chicago：University Of Chicago Press，2007.

② Andrew Stuhl, *Unfreezing the Arctic*：*Science*，*Colonialism*，*and the Transformation of Inuit Lands*，University of Chicago Press，2016.

③ John McCannon, *A History of the Arctic*：*Nature*，*Exploration and Exploitation*，Reaktion Books，2012.

④ E. Carina H. Keskitalo, *Climate Change and Globalization in the Arctic*：*An Integrated Approach to Vulnerability Assessment*，Routledge，2008.

rova）等编写的《北极的气候治理》从制度角度分析了北极气候变化的两个方面，包括相关制度和治理系统如何缓解地区气候变化的影响，以及北极不同的治理安排在多大程度上适应本地区的气候变化发展。[1] 杰奎斯·尼侯尔（Jacques Nihoul）编写的《气候变化对北极和亚北极的影响》一书，对于全球气候变化影响下的北极气候变化趋势做出悲观预测，提出变暖趋势可能将北极系统推向季节性无冰状态，到下个世纪温室气体的增加可能使北极夏季温度升高3℃—5℃，而海平面升高6米，而如何或是否有可能减缓融冰趋势在科学界尚无标准答案。[2] 汉斯·梅尔托夫特（Hans Meltofte）等撰写的《气候变化中的高北极生态动力》文章，就气候变化对于北极生态系统的反馈机制，以及相关要素间的互动形态进行了分析。[3]

在北极问题研究的科学单元中，学界越发重视北极变化的全球性联系，不但分析北极生态环境变化与作为其上层议题的气候变化的关系，还开展更多的"下探式"研究，探讨北极气候环境变化造成的政治经济、社会文化影响。例如，卡特琳·齐尔（Kathrin Keil）和塞巴斯蒂安·内赫特（Sebastian Knecht）编写的《北极变化的治理：全球视角》一书提出，气候变化使北极这一长期被视为边缘地带的地区成为全球各类议程的前沿问题，鉴于北极地区与全球环境、能源、政治安全之间的联系日益紧密，从全球层面、多边治理和多利益攸关方的角度分析北极变化的起因、趋势和治理十分必要。[4] 玛西亚斯·芬格尔（Matthias Finger）和拉塞·海宁恩

[1] Timo Koivurova, E. Carina H. Keskitalo and Nigel Bankes ed., *Climate Governance in the Arctic*, Springer, 2009.

[2] Jacques Nihoul, *Influence of Climate Change on the Changing Arctic and Sub-Arctic Conditions*, Springer, 2009.

[3] Hans Meltofte et al., *High-Arctic Ecosystem Dynamics in a Changing Climate*, Advances in Ecological Research, Volume 40, 2008, p. 22.

[4] Kathrin Keil and Sebastian Knecht, *Governing Arctic Change: Global Perspectives*, Palgrave Macmillan, 2017.

（Lassi Heininen）编写的《全球北极手册》创新性的提出"全球北极"（Global Arctic）概念，从经济和资源、环境和地球系统、人口和文化以及地缘政治和治理四大方面，重点论述全球化时代的北极气候和环境快速变化影响。① 伊斯拉·祖布罗（Ezra B. W. Zubrow）等编写的《大解冻：北方环极地区的政策、治理和气候变化》，从人类学、社会学、人文地理学、区域经济学、政治学、地球物理科学、生态学、气候学等多学科角度，论述气候变化作为全球性问题的主要驱动力之一，如何影响北极的气候与环境，而这些变化又如何造成地区经济社会和文化的转变。②

对于北极的科学合作本身，学界也有所关注。莫妮卡·滕伯格（Monica Tennberg）在其《北极环境合作：政府性的研究》一书中，对 20 世纪 80 年代后期至 1996 年北极理事会成立之间的北极环境合作进行分析，认为北极环境问题主要聚焦于三层关系：一是有关行为体之间的关系；二是有关行动优先顺序的关系；三是区域和相关国家内部不同机制和安排之间的关系。她还提出，在有关北极环境合作中存在三种话语逻辑，包括主权、知识和发展逻辑。在主权逻辑中，国家与土著人之间的有关环境合作至关重要；在知识逻辑中，不同形式知识生产者的合作起到决定因素；在发展逻辑中，可持续发展理念将成为北极理事会的核心理念。③ 道格拉斯·诺德（Douglas C. Nord）撰写的《北极理事会：远北地区的治理》一书，就专门从北极理事会作为科学合作平台的角度，对这一机制过去 20 年的发展和经验进行总结，特别是北极国家、域外国家、非国家行为体在北极理事会层面，就应对北极环境挑战开展科学合作的方式

① Matthias Finger and Lassi Heininen, *The GlobalArctic Handbook*, Springer, 2018.

② Ezra B. W. Zubrow, Errol Meidinger, Kim Diana Connolly ed., *The Big Thaw: Policy, Governance, and Climate Change in the Circumpolar North*, SUNY Press, September 2019.

③ Monica Tennberg, *Arctic Environmental Cooperation: A Studiy in Governmentality*, Ashgate Pub Ltd., 2001.

和重点进行分析，并对未来北极科学合作的经济和政治议程挑战做出判断。① 詹姆斯·弗列明（James R. Fleming）等编写的《极地科学的全球化：重新思考国际极地和地球物理年》一书，梳理了国际极地年和国际地球物理年在推动国际科学合作方面的历史进程，重点论述了极地科学国际合作近 150 年的进展和方向。② 美国国家科学基金会（National Research Council of the U. S. ）在其报告《构建综合北极观测网》中提出，多学科的环境观测网络将提高社会对北极不断发生的系统性变化的理解和应对能力，以及对北极和全球未来变化的预测和响应能力。在国际极地年的大背景下，各国和现有的潜在科学合作网络已实现进展，为构建综合性泛北极观测网络系统，获取完整、可靠和及时的观测数据打下基础。③

地缘政治和安全视角是北极政策单元中的研究重点。奥兰·杨在其著作《北极政治：环北极地区的冲突域合作》中提出，北极政治正处于"善意忽视和新生利益"状态下，因为该地区的人口过于稀少，只是偶尔代表了某些外部团体的利益。④ "北极例外主义"（Arctic Exceptionalism）是他对于北极问题的直接认识，认为北极当地大量的特殊传统加强了这一地区的独特性，特别是土著人对于区域建设的看法和关切与主流思想存在差异。他特别强调很多国家只把北极看作一个可以让人嫉妒的资源腹地或原材料的仓库而严加看守，却无法从北极整体利益出发进行分析。最大的问题则是，"冷战麻痹"（Cold War Paralysis）效应的持续，也就是指北极作为冷战时期大国军事对峙地区的后遗症，大多数观察家在引入国际合作的

---

① Douglas C. Nord, *The Arctic Council*: *Governance within the Far North*, Routledge, 2016.

② James R. Fleming et al. , *Globalizing Polar Science*: *Reconsidering the International Polar and Geophysical Years*, Palgrave Macmilan, 2010.

③ National Research Council, *Toward an Integrated Arctic Observing Network*, National Academies Press, 2006.

④ Young Oran, *Arctic Politics*: *Conflict and Cooperation in the Circumpolar North*, Hanover and London, University Press of New England, 1992, p. 10.

倡议上只能将其看作一个无法兑现承诺的地区。[①]

　　学者们在北极政治的重要性上存有共识，认为北极地缘政治中竞争因素的加强，主要源于北极综合价值的进一步显明。巴里·泽伦（Barry S. Zellen）在《北极的沦陷与繁荣：北极气候变化的地缘政治》一书中提出，人类有关北极的认知正逐步从气候变化的核心区域转向地缘政治的潜在竞争之地。[②] 萨尼亚·查图维蒂（Sanjya Chaturvedi）在《极地区域：政治地理概念》一书中，提出全球化导致北极价值的凸显，从而塑造了相关的政治版图。[③] 查尔斯·易宾格（Charles Ebinger）和艾维耶·查姆贝塔基斯（Evie Zambeta-kis）在《北极融冰的地缘政治》一文中提出，气候变化带来的北极消融使曾经的科考净土成为各国间政治、经济、安全、生态相互竞争的地缘政治要地。[④] 盖尔·奥什连科（Gail Osherenko）和奥兰·杨（Oran Young）合著的《北极时代：激烈冲突和冰冷现实》一书中，对于北极问题中冲突大于合作的现状进行了论述，并且从多个方面提出造成此局面的主要原因是各国在北极地区所形成的竞争态势所致。[⑤] 阿伦·安德森（Alun Anderson）在《冰原之后：新北极的生死和地缘政治》一书中提出，北冰洋受到相关沿岸国的完全控制，而由于资源价值的不断显现，北极也将进入充斥着油气资源开采装备的大型运输船舶的全新政治环境。[⑥] 伊达·索尔特维尔德

---

① Young Oran, *Arctic Politics*：*Conflict and Cooperation in the Circumpolar North*, Hanover and London, University Press of New England, 1992, pp. 6 – 7.

② Barry S. Zellen, *Arctic Doom*, *Arctic Boom*：*The Geopolitics of Climate Change in the Arctic*, ABC-CLIO, 2009.

③ Sanjya Chaturvedi, *Polar Rigions*：*A Political Geography*, John Wiley & Sons, 1996.

④ Ebinger Charles and Zambetakis Evie, The Geopolitics of Arctic melt, *International affairs*, Vol. 85, No. 6, November 2009, pp. 1215 – 1232.

⑤ Osherenko Gail and Young Oran, *The Age of the Arctic*：*Hot Conflicts and Cold Realities*, Cambridge：Cambridge University Press, 2005, pp. 35 – 37.

⑥ Alun Anderson, *After the Ice*：*Life*, *Death and Geopolitics in the New Arctic*, Smithsonian Books, 2009.

（Ida Folkestad Soltvedt）等编著的《北极治理第一卷：法律与政治》一书中，强调北极拥有丰富的油气储备和在贸易与军事领域的特殊地位，但该地区的海上边界仍然不确定。该书提出，北极的法律和政治秩序离不开其区域内的治理结构和海洋法，而特殊的身份认同确保相关国家可以在具体问题上形成特定的认知与合作模式，甚至达成区域性协议，从而构建一个秩序井然的"北极种群"。①

有关北极变化带来的安全风险是学界关注的一大重点。古希尔德·格约尔夫（Gunhild H. Gjørv）等编写的《北极安全手册》全面审视了北极地区的安全问题，既从国家军事化等传统安全视角，也从包括气候、环境、经济、社会安全的广义安全观对北极安全问题进行分析。该书通过北极安全理论、北极大国的实践、北极域外国家和国际组织、本地居民和国家安全等诸多视角，揭示了基于国家或军事化的狭义安全观中各国存在的竞争和互补性，提出北极安全需要涵盖更为广泛的议题范围。② 拉塞·海宁恩等编写的《气候变化与北极安全：寻找范式转变》一书提出，气候变化对于北极地区的安全条件产生影响，甚至会影响当前的北极和平与稳定状态，相关国家将维护北极安全作为其整体战略的首要任务。在该书看来，气候变化视角下的北极安全议题主要指包括北极气候变化的伦理学，北极安全性定义的转变，从传统安全到人类安全等非传统议题的转变，等等。该书还提出，各国应该把对于北极的传统安全主导下的思维模式适当进行范式转换，从而寻求更为直接有效的治理路径。③

发展单元中北极研究主要涉及主权、航道、资源等方面。斯科

---

① Ida Folkestad Soltvedt et al. , *Arctic Governance*：*Volume* 1：*Law and Politics*, I. B. Tauris, 2017.

② Gunhild H. Gjørv et al. , *Routledge Handbook of Arctic Security*，Routledge，2019.

③ Lassi Heininen and Heather Exner-Pirot, *Climate Change and Arctic Security*：*Searching for a Paradigm Shift*, Palgrave Pivot, 2019.

特·罗曼纽克（Scott N. Romaniuk）在《全球北极：北极的主权和未来》一书中提出，在气候变化的影响下，北极的快速变化使其成为备受争议的区域，资源的重要性不但吸引各国的目光，也导致许多国家将各自在北极的主权、管辖权和国家利益作为战略优先，出现对于北极事务主导权的争夺。相关国家具有争议性的主张不可避免地成为国际政治和法律的前沿话题，而部分国家加强北极地区的军事力量部署也表明，竞争和冲突将成为北极未来的关键词。如何建立相应的法律框架应对上述竞争，成为各国开展合作的关键。[①]皮埃尔·贝尔顿（Pierre Berton）在《北极梦：北极点和西北航道的追逐》一书中提出，虽然北极国家最初对于航道的探索主要基于科学研究的需求，但随着技术进步和北极自身的自然环境变化，国家间在航道开辟问题上仍产生矛盾和分歧，最终诱发北极地区呈现整体的矛盾激化。[②]罗伯特·贝克曼（Robert C. Beckman）则在其《北极航运治理：北极国家和其他适用方的利益与权力平衡》一书中，北极航道开发是当前最为重要的北极国际合作议题之一，北冰洋沿岸国既需要通过战略规划和机制构建，维护自身的合法权益，也需要通过拓宽合作渠道和减少障碍，吸引更多的域外投资方和使用方，采取措施维护相关国家在航道开发过程中的权利。[③]

杰西卡·沙迪安（Jessica M. Shadian）有关北极主权问题的论述角度较为特别，她在《北极主权的政治：石油、冰雪和因纽特人治理》一书中，将北极的土著人因纽特人在北极国家国内和国际交

---

① Scott N. Romaniuk, *Global Arctic: Sovereignty and the Future of the North*, Berkshire Academic Press, 2013.

② Berton Pierre, *the Arctic Grail: The Quest for the Northwest Passage and the North Pole* 1818 – 1909 (*New Edition*), Toronto: McClelland and Stewart, 2000.

③ Robert C. Beckman, *Governance of Arctic Shipping, Balancing Rights and Interests of Arctic States and User States*, Brill Nijhoff, 2017.

往中的政治身份作为案例，分析其与北极主权归属的复杂关系。[①]
谢拉格·格兰特（Shelagh Grant）则在其《极地的紧迫：北极的历
史和北美的主权》一书中，以时间排序法详细论述了北极自 19 世
纪初期至 21 世纪的发展史，特别是对于北极当前所面临的冲突和挑
战做出分析。[②] 迈克尔·拜尔斯（Michael Byers）在《谁拥有北
极?》一书中从地缘政治的角度将汉斯岛的主权归属等问题作为主
要议题，还从国家利益层面论述西北航道的归属争议，提出各国应
该在气候变化的挑战中寻求集体治理行动，从而避免"公地悲剧"
（The Tragedy of the Commons）。[③] 伊莲娜·孔德（Elena Conde）和
莎拉·桑切斯（Sara I. Sánchez）在《北极地区的全球挑战：主权、
环境与地缘政治平衡》一书中提出，对北极现有的领土争端和法律
挑战进行了讨论，提出边界和相关利益责任难以确定是北极地区的
固有特征之一。在这种背景下，主权问题与环境和地缘政治交织在
一起，最终影响全球战略平衡和国际贸易，以及保护土著人和居民
基本权利方面的国家政策实践。作者还论述了北极的国际治理态
势，包括北极理事会的作用和域外国家的参与。[④] 罗杰·霍华德
（Roger Howard）在其《北极淘金》一书中提出，当前的北极问题或
许会走向"若隐若现的资源战争"（Looming Resource War），并且
详细分析了俄罗斯、美国和加拿大这三个北极大国以及其他中等国
家在北极资源利用上的目标。他认为未来各国在北极的政治和军事
领域不会发生冲突，各国将围绕气候变化、保护濒危生物、预防和

---

① Jessica M. Shadian, *The Politics of Arctic Sovereignty*: *Oil*, *Ice*, *and Inuit Governance*, Routledge, 2014.

② Grant Shelagh, *Polar Imperative*: *A History of Arctic Sovereignty in North America*, Vancouver: Douglas and McIntyre Publishers, 2010, pp. 20 – 25.

③ Byers Michael, *Who Owns the Arctic? Understanding Sovereignty Disputes in the North*, Vancouver: Douglas and McIntyre Publishers, 2009, p. 128.

④ Elena Conde and Sara I. Sánchez, *Global Challenges in the Arctic Region*: *Sovereignty*, *Environment and Geopolitical Balance*, Routledge, 2016.

消除油船事故污染等全球性挑战方面开展合作，但北冰洋沿岸国、北极国家和相关国家之间可能会发生因资源利用而出现的不信任和争议。①

在治理单元中，伊拉纳·罗伊（Elana W. Rowe）在其《北极治理：跨境合作的力量》一书中，提出北极在冷战后的实质是合作，通过分析俄罗斯在北极理事会中的角色，以及北极土著人的对外交往等案例，提出北极治理正成为北极事务的重要发展形态，而权力在北极治理框架中也发挥重要作用。② 查尔斯·艾莫尔森（Charles Emmerson）在其《北极未来的历史》③ 一书中，通过分析北极历史进程和发展趋势，提出北极问题超越了区域问题的范畴，是与北极区域内和域外国家经济政治紧密相连的综合体，包括欧洲、亚洲和北极国家自身的重大利益。玛丽·杜尔菲（Mary Durfee）和瑞秋·约翰斯顿（Rachael L. Johnstone）所撰写的《世界变化下的北极治理》一书提出，需要从覆盖国家和人类安全、国际政治经济，包括土著人在内的权利、海洋法、航行和环境治理、气候变化应对等多个层面理解和探讨北极事务，使国际关系理论和国际法成为北极合作的基本依据，将北极纳入全球背景下的国际治理框架。④ 埃文·布鲁姆（Evan Bloom）发表的《北极理事会的建立》一文，从组织架构上分析了现有北极治理机制，特别是过激行为体的目标和议程，以及以目标为导向的演变进程。⑤ 维拉·斯莫尔契科娃（Bepa

① Howard Roger, *The Arctic Gold Rush*：*The New Race for Tomorrow's Natural Resources*, London and New York：Continuum, 2009, pp. 218 –219.

② Elana W. Rowe, *Arctic governance*：*Power in cross-border cooperation*, Manchester University Press, 2018.

③ Emmerson Charles, *The Future History of the Arctic*, New York：Public Affairs, 2010, pp. 10 – 16.

④ Mary Durfee and Rachael L. Johnstone, Arctic Governance in a Changing World, Rowman & Littlefield Publishers, 2019.

⑤ Bloom Evan, Establishment of the Arctic Council, *American Journal of International Law*, Vol. 93, No. 2, 1999, pp. 712 –716.

Сморчкова）在其著作《北极：和平与全球合作之地》中，从可持续发展的角度论述了北极相关机制建设的重要性，提出国际机制的建立是北极和平与合作的先决条件。① 艾里诺尔·奥斯特罗姆（Elinor Ostrom）在其《管理共有地区：集体行动机制的演变》一书中提出，北极地区应该被视为一个公共财富系统，或者至少是在某种条件下，成为维持人类社区和生态系统可持续发展的重要区域。特别提出了以共同管理或权力共享为手段，同时考虑土著人传统实践和西方科学程序的一种共同发展理念。② 这种意识的逐步转变，是随着国际政治大环境的缓和以及环境问题加剧恶化所产生的。

有关北极法律问题的研究也是治理单元中的重要内容。克里斯蒂娜·施隆菲尔特（Kristina Schönfeldt）在其著作《国际法和政策中的北极》提出，北极作为日益重要的地区不仅面临气候变化带来的重大挑战，而且面临各方对其生物和非生物资源的觊觎，但北极地区的法律和政策架构仍处于发展过程中。与建立在南极条约体系之上的南极国际合作不同，北极国际治理的法律层面主要指国际法、国内法和其他软法之间的适应协调问题，而在有关海洋划界、环境保护、土著人福祉、交通运输和渔业等诸多方面仍存在较大的发展空间。③ 理查德·赛尔和尤金·波塔波夫合著的《北极的争夺》一书中，谈到对 1920 年签署的《斯瓦尔巴德条约》（The Svalbard Treaty）与 1959 年签署的《南极条约》（The Antarctic Treaty）进行了比较研究，详细论述了北极现有国际条约的内涵与缺陷，提出建立整合性更强的北极条约体系。④ 唐纳德·罗斯维尔（Donald Roth-

---

① Вера Сморчкова, Арктика：регион мира и глобального сотрудничества, *РАГС*, 2003, стр. 12 – 14.

② Ostrom Elinor, *Governing the Commons：The Evolution of Institutions for Collective Action*, Cambridge：Cambridge University Press, 1990, pp. 20 – 32.

③ Kristina Schönfeldt, *The Arctic in International Law and Policy*, Hart Publishing, 2017.

④ Sale Richar and Potapov Eugene, *The Scramble for the Arctic*, London：Frances Lincoln Limited Publishers, 2010, p. 134.

well）的《极地地区和国际法发展》一书，详细阐述了与北极地区相关的国际法发展史，特别是关于北冰洋等水域的法律地位等问题。① 蒂莫·科伊乌洛娃在其《北极环境影响评估：国际法律规范的研究》一书中，对于北极环境保护的法律规范进行了论述，提出要尽快开展北极环境保护政策方面的协调与合作，建立制度性的环境保护框架，从而减少气候变化对于北极环境的影响。② 奥拉夫·斯托奇（Olav Stokke）在其主编的《国际合作与北极治理：机制有效性和北方地区建设》一书中，对于北极制度的成效进行了重新审视。他认为，对于北极问题的研究必须从相关国际制度入手，分析单一机制和其他机制的互动关系，特别是对于北极治理模式最终产生的影响。③

随着全球化的深入发展，学界关注的焦点已经逐步从对抗转为合作，关注的领域也不局限于主权、安全等传统方面，而是更多地强调合作共赢。保罗·贝尔克曼（Paul Berkman）在《北极海域环境安全》④ 一书中，提出推动北极环境治理的国际合作并且避免冲突。2012 年，克里斯托弗·哈姆里奇（Christoph Humrich）和沃尔夫·克劳斯（Wolf Klaus）撰写的《从崩溃到摊牌？》一文，对于当前北极治理所面临的挑战进行了论述，指出主权争议和军事安全考虑在北极治理中的负面作用，提出建立北极条约模式和跨国治理机制，从而应对北极日益增长的矛盾萌芽。⑤ 奥兰·杨在《管理北极：

---

① Rothwell Donald, *the Polar Regions and the Development of International Law*, Cambridge：Cambridge University Press, 1996.

② Koivurova Timo, *Environmental Impact Assessment in the Arctic：A Study of International Legal Norms*, Aldershot：Ashgate Publishing, 2002.

③ Stokke Olav, *International Cooperation and Arctic Governance：Regime Effectiveness and Northern Region Building*, London and New York：Routledge, 2007, pp. 3 – 4.

④ Berkman Paul, *Environmental Security in the Arctic Ocean：Promoting Co-operation and Preventing Conflict*, London and New York：Routledge, 2012.

⑤ Humrich Christoph and Klaus Wolf, *From Meltdown to Showdown*? PRIF-Report, No. 113, 2012, pp. 14 – 15.

从冷战剧场到合作的马赛克》一文中指出，大量的北极跨国合作倡议和机制建设在近年来取得进展，而这些机制是共同治理的关键所在。他认为，全球化带来的影响无法回避，在北极问题上除了积极合作没有其他简单的解决方案。①他还在《机制建设：北极和睦与国际治理》一书中介绍了北极国际机制形成需要的几个阶段，并从议题设定、对话、运作机制这三个方面详细阐述了北极治理的几大要素。②安德烈·扎戈尔斯基（Андрей Загорскии）在其编著的《北极：和平与合作之地》中，就主要围绕如何开展北极问题的国际合作进行了论述，并提出北极在一定程度上的公共属性以及全球性影响，无法通过单边或局限多边的模式解决矛盾，而是应当纳入更多的行为体开展广泛合作。北极的国际合作处于全球化的大背景之下，离不开集体行动和权益分摊等全球治理中的关键环节。③

　　如果按照国别分类，由于各国在北极事务中的身份和能力不同，相关研究在重点上也有所差异。作为最大的北极国家，俄罗斯的北极研究几乎涵盖政治、法律、经济、社会等所有领域，其中比较有代表性的是玛利亚·拉古金娜（Maria L. Lagutina）撰写的《21世纪俄罗斯的北极政策：国家和国际层面》一书，从全球趋势出发对当前俄罗斯的北极政策、主要战略利益和政策基础进行分析，提出北极事务是俄罗斯国内和外交政策的主要优先事项之一，北极的发展决定着俄罗斯的未来。该书提出，一方面，俄罗斯当前的北极政策目标是"复兴"俄属北极地区和推动现代化发展，而北极的"复兴"也是俄罗斯恢复大国地位的重要前提；另一方面，俄罗斯

---

① Young Oran, Governing the Arctic: From Cold War Theater to Mosaic of Cooperation, *Global Governance: A Review of Multilateralism and International Organizations*, Vol. 11, No. 1, 2005, pp. 9 - 15.

② Oran Young, *Creating Regimes: Arctic Accords and International Governance*, Ithaca and London: Cornell University Press, 1998, pp. 5 - 6.

③ Загорский Андрей, *Арктика: зона мира и сотрудничества*, Москва: ИМЭМО, 2011, стр. 40 - 45.

北极战略也在积极适应冷战结束后北极的现实格局，以及全球化带来的新机遇和新挑战。^① 克里斯坦·阿特兰德（Kristian Atland）和托尔比约伦·彼得森（Torbjorn Pedersen）的《俄罗斯安全政策中的斯瓦尔巴德群岛》一文，对俄罗斯在北极地区的安全利益做出了界定，在安全政策上比较俄罗斯与苏联政策的继承性和差异性，并总结了当前俄罗斯北极安全的重点领域。^② 弗拉基米尔·加里亚金（Владимир Калягин）的著作《俄罗斯的北极：灾难的边缘》，更多地批判了俄罗斯国内对北极研究缺乏重视，长年以来缺乏开发北极地区的动力，以至于目前相关机构和资源的严重匮乏。^③ 罗曼·格洛特金（Roman Kolodkin）则在《俄罗斯—挪威条约：划界的合作》一文中，论述了俄罗斯与挪威在北冰洋水域划界问题上的成功经验，以及该条约模式对未来北极争议地区划界问题的借鉴意义。^④

相关研究还立足于俄罗斯北极地区的发展。例如，扎米亚金娜（Замятина Н. Ю）和毕列亚索夫（Пилясов А. Н.）在其著作《俄罗斯的北极：对发展议程的创新认知》中提出，每个国家在北极地区有着不同的发展优先方向，北极的发展是塑造俄罗斯体制、文化、经济和创造力的重要依托，但这一过程面临特殊且不稳定的自然环境，需要政府、企业、社会和本地社区共同努力寻找新的介入方式和发展模式。^⑤ 列柯欣（Лексин В. Н）和波尔菲利耶夫

① Maria L. Lagutina, *Russia's Arctic Policy in the Twenty-First Century: National and International Dimensions*, Lexington Book, 2019.

② Atland Kristian and Pedersen Torbjorn, the Svalbard Archipelago in Russian Security Policy: Overcoming the Legacy of Fear or Reproducing It? European Security Vol. 17, No. 2, 2008, pp. 227 – 251.

③ Владимир Калягин, Российская Арктика: на пороге катастрофы, *Центр экологической политики России*, 1997, стр. 22 – 23.

④ Roman Kolodkin, The Russian-Norwegian treaty: Delimitation for Cooperation, *International Affairs* Vol. 57, No. 2, 2011, pp. 116 – 131.

⑤ Замятина Н. Ю. и Пилясов А. Н., *Российская Арктика: к новому пониманию процессов освоения*, URSS: ЛЕНАНД, 2018.

（Порфирьев Б. Н.）撰写的《俄罗斯联邦北极地区发展的国家治理：任务、问题和解决方案》一书，针对当前俄罗斯北极开发最为重要的航道和油气资源开发问题，提出应加大政府投入力度并修改相应法规，积极引入包括中国、日本等在内的域外投资伙伴。① 波尔科夫斯基（Барковскии А. Н.）等人在《俄罗斯北极地区自然资源和北方海航道的经济潜力》一文中，针对北极地区潜在的资源储备地进行了梳理，提出俄属北极地区约有45%的陆地和70%的大陆架地区蕴含丰富的油气资源，需要积极开展资源开发的国际合作。②

罗伯特·奥尔图（Robert W. Orttung）在《维持俄罗斯的北极城市：资源政治、移民与气候变化》一书中，重点讨论了俄属北极地区的城市发展现状，特别是对于城市如何适应气候变化带来的北极政治、经济、社会和环境挑战，以及在北极能源开发的繁荣和萧条周期内，相关城市的发展路径差异。③ 尤里·巴尔谢戈夫（Юрий Барсегов）在其著作《北极：俄罗斯利益实现的国际环境》中，重点分析了俄罗斯在北极地区的利益界定，特别是俄北部地区和其他北极区域的利益差别，以及在国际合作的外部环境下如何实现自身利益。④ 伊拉娜·罗维（Elana Rowe）编著的《俄罗斯与北方》一书，收录了一系列关于俄罗斯北极政策和战略的研究成果，论述了地缘政治层面俄罗斯在北极地区的外交、经济、安全利益，并从地

---

① Лексин В. Н., Порфирьев Б. Н., *Государственное управление развитием Арктическои зоны Россиискои Федерации: задачи, проблемы, решения*, Научный консультант, 2016.

② Барковскии А. Н., Алабян С. С., Морозенкова О. В. *Экономическии потенциал Россиискои Арктики в области природных ресурсов и перевозок по СМП*, Россиискии внешнеэкономическии вестник. No 12. 2014.

③ Robert W. Orttung, *Sustaining Russia's Arctic Cities: Resource Politics, Migration, and Climate Change*, Berghahn Books, 2018.

④ Юрий Барсегов, Арктика: Интересы России и международные условия их реализации, *Наука*, 2002, стр. 45 – 46.

区合作和环保等问题的角度，探讨俄罗斯参与北极国际合作的方式。[①] 科内绍夫（Конышев В. Н.）和谢尔古宁（Сергунин А. А.）在《北极的国际政治：合作还是竞争》一书中，也强调俄罗斯需要进一步参与北极国际合作，特别是对于实现俄属北极地区发展以及维护北极国家利益方面的具有重要意义。[②]

　　有关加拿大的北极研究以西北航道和其北部地区居民发展问题作为焦点。其中，航道方面的研究主要针对加拿大对西北航道主权的历史和法理论述。例如，亚当·拉杰尼斯（Adam Lajeunesse）在《封锁、封存和冰山：加拿大北极海上主权的历史》一书中，针对1988 年以来加拿大对于西北航道主权主张的历史沿革进行梳理，分析加拿大北极主权主张的演变过程和原因。[③] 詹妮弗·帕克斯（Jennifer Parks）的《加拿大的北极主权：资源、气候和冲突》提出，加拿大对于北极的航道和大陆架主张受到了其他北极国家的关注，而潜在的油气资源和西北航道的经济性也吸引着包括域外国家在内的诸多行为体，巩固在北极的主权成为加拿大北极政策的核心内容。[④] 伊丽莎白·埃利奥特梅瑟尔（Elizabeth Elliot-Meisel）的《北极外交：加拿大和美国在西北航道》一书，从加拿大和美国的国家利益出发，分析了在西北航道问题上两国的冲突源头和各自的战略目标，提出两国应针对航道法理地位的争议加强协调。[⑤] 迈克尔·肯尼迪（Michael Kennedy）在《西北航道和加拿大的主权》一书

---

① Elana Rowe, ed., *Russia and the North*, Ottawa：University of Ottawa Press, 2009, pp. 75 – 76.

② Конышев В. Н. и Сергунин А. А., *Арктика в международной политике：сотрудничество или соперничество?*, Москва：РИСИ, 2011.

③ Adam Lajeunesse, *Lock, Stock, and Icebergs：A History of Canada's Arctic Maritime Sovereignty*, UBC Press, 2016.

④ Jennifer Parks, *Canada's Arctic Sovereignty：Resources, Climate and Conflict*, Lone Pine Publishing, 2010.

⑤ Elizabeth Elliot-Meisel, *Arctic Diplomacy：Canada and the United States in the Northwest Passage*, New York：Peter Lang, 1998, pp. 24 – 26.

中，对于航道法律地位等争议问题进行了论述，将西北航道的利用与开发视为加拿大北极政策的核心，从国家主权和利益层面分析了西北航道的重要性。[1] 伊丽莎白·里德尔迪克逊（Elizabeth Riddell-Dixon）在《北极融冰：主权和北极外大陆架》一书中提出，加拿大对于北极航道的主权和北冰洋大陆架外部界限的主张，是其北极地区发展的核心前提。[2]

在北部地区发展的相关研究中，汤恩·贝里（Dawn A. Berry）在《北美北极地区的治理：主权、安全和机制》一书中提出，尽管土著人在该地区已居住上百年，但相关的治理仍是政府的重要难题。极端温度、遥远距离和广泛分散的定居方式使政府机构难以维护相关基础设施和机构。对于加拿大的北部地区而言，解决非传统安全和环境保护问题，加强对土著人权利的保护是推动其经济发展的必要条件。[3] 克林顿·韦斯特曼（Clinton N. Westman）等编著的《油砂中的家园：环境变化下加拿大亚北极定居者和殖民主义》提出，加拿大的油砂是世界上最重要的能源之一，也是与气候变化和污染有关的全球议题。在加拿大北部开发的历史中，由于特殊的政治和社会结构，加拿大北极地区的开发与其北部居民的种族、性别、职业等多重要素相互交织。[4] 肯科·阿特斯（Ken Coates）等撰写的《北极前沿：在远北方保卫加拿大》一书，详细阐述了加拿大作为北极国家的一员，如何定位战略目标和国家利益，以及如何在

---

① Kennedy Michael, *the Northwest Passage and Canadian Arctic Sovereignty*, Santa Crus: GRIN Verlag GmbH, 2013, pp. 12 – 13.

② Elizabeth Riddell-Dixon, *Breaking the Ice: Canada, Sovereignty, and the Arctic Extended Continental Shelf*, A J. Patrick Boyer Book, 2017.

③ Dawn A. Berry, Nigel Bowles and Halbert Jones, *Governing the North American Arctic: Sovereignty, Security, and Institutions*, Palgrave Macmillan, 2016.

④ Clinton N. Westman, Tara L. Joly and Lena Gross, Extracting Home in the Oil Sands: Settler Colonialism and Environmental Change in Subarctic Canada, Routledge, 2019.

安全问题上处理与其他国家的关系。① 惠特尼·莱肯鲍尔（Whitney Lackenbauer）撰写的《从极地竞赛到极地冒险：加拿大以及环北极世界的整合战略》报告，从防务政策、外交政策和发展政策三个方面分析了加拿大作为北极国家面临的挑战，提出环北极合作的重要性以及学术支撑的必要性。他认为，加拿大未来的外交政策中应当把北极问题作为核心之一，通过与北极国家和其他相关国家的国际合作来避免危机的产生。②

　　美国的北极问题研究开始较早，特别是相关研究机构的报告。威廉·维斯特梅尔（William Westermeyer）等编著的《美国的北极利益：1980—1990》一书，详细阐述了美国早期的北极政策导向及形成背景，显示出美国从自身利益出发，对于北极问题看法的转变过程。③ 美国的北极研究委员会（Arctic Research Commission）作为主要研究机构，发表了大量美国北极问题的研究成果，其中包括：1991 年发布的《变化世界中的北极研究》④、1992 年发布的《北极的义务》⑤、1993 年发布的《指导美国北极研究的目标和优先事项》⑥ 报告等等。

　　早期的美国北极问题研究主要围绕科学这一主题，但随着北极自然环境和政治经济格局的变化，美国的北极研究开始更为关注国家利益的界定和相关能力建设，重点论述美国在北极政策和实践层

① Coates Ken and Lackenbauer Whitney, *Arctic Front：Defending Canada in the Far North*, Toronto：Thomas Allen, 2008, pp. 15 – 17.

② Whitney Lackenbauer, *From Polar Race to Polar Saga：An Integrated Strategy for Canada and the Circumpolar World*, CIC, 2009, pp. 7 – 8.

③ Westermeyer William and Shusterich Kurt, *United States Arctic Interests：The 1980s and 1990s*, New York：Springer-Verlag, 2011, pp. 7 – 8.

④ U. S. Arctic Research Commission, *Arctic Research in a Changing World*, Research Report, 1991.

⑤ U. S. Arctic Research Commission, *an Arctic Obligation*, Research Report, 1992.

⑥ U. S. Arctic Research Commission, *Goals and Priorities to Guide United States Arctic Research*, Research Report, 1993.

面的滞后。阿比耶·丁斯塔德（Abbie Tingstad）撰写的《认识美国海岸警卫队北极能力的潜在差距》报告提出，考虑北极不断变化的环境和美国增加北极存在于活动的需要，目前的海岸警卫队在装备、人员和经验上与俄罗斯等国相比存在较大差距，需要更多的政府投入以减少能力差异。① 瑞秋·伊利胡斯（Rachel Ellehuus）在其《北极趋势的转换：三个北冰洋沿岸国的视角》报告中指出，随着经济活动的增加，地缘战略利益成为北极矛盾频发的关键原因。虽然俄罗斯将自身描绘成北方海航道安全商业航行的推动者，但其征收冰区引航费并要求外国船只在航行前提交申请的做法违反国际法，俄罗斯还加强北极的军事化部署，这些新变化都使美国等其他北冰洋沿岸国必须通过战略资源的重新调配，在政策和规则制定方面综合应对。②

海瑟尔·康利（Heather Conley）等撰写的《美国在北极的战略利益》报告，论述了美国在北极地区的外交政策和安全构想，以及资源开发、航道利用、渔业发展等多个方面的战略构想，把相关问题与美国的全球战略联系在一起，认为北极在后冷战时期和全球化时代中的属性已经发生了根本性的变化，各国对于北极的关注度也有所不同，美国必须从国家安全层面重新界定北极地区的利益范畴，上升至国家战略高度开展对外合作。③ 她在《美国北极政策停滞的影响》报告中，进一步指出虽然历届政府通过政策报告的形式确定了美国在北极地区的基本战略利益，但随着最大的北冰洋沿岸国俄罗斯不断的资源投入，以及域外国家参与北极地缘政治的驱动

---

① Abbie Tingstad, Scott Savitz and Kristin Van Abel et al. , Identifying Potential Gaps in U. S. Coast Guard Arctic Capabilities, RAND Corporation, 2019.

② Rachel Ellehuus, *Shifting Currents in the Arctic*：*Perspectives from Three Arctic Littoral States*, Report of the CSIS Europe Program, 2019, pp. 2 – 6.

③ Conley Heather and Kraut Jamie, *U. S. Strategic Interests in the Arctic*, Report of the CSIS Europe Program, 2010, pp. 25 – 45.

力增强，美国的北极政策正处于"停滞"状态，在维护国家主权和主权权利，提升环境适应力，构建北极国际性机制安排，以及利用北极经济发展机遇等方面没有明确美国的优先方向。[①]

其他北极国家的相关研究主要依据各国在北极的战略排序，以构建"环极地区""高北地区""北极巴伦支地区"等集体身份认同为导向，开展各类议题的研究。例如，延奥德瓦尔·索恩斯（Jan-Oddvar Sornes）等撰写的《文化、发展与石油：高北地区的民族志》针对挪威高北地区的油气资源利用问题，通过分析个体案例解释北极油气资源开发对挪威高北地区发展的重要性，以及经济发展对于土著人传统文化和社会的潜在影响，提出应当建立开发与保护相互平衡的北极战略取向。[②] 阿纳托利·波尔米斯特罗夫（Anatoli Bourmistrov）等编写的《国际北极石油合作：巴伦支海的场景》从地缘政治、国际制度、科学技术、跨国公司和环境的不同角度，分析2025年前挪威在巴伦支海地区的北极石油开发前景，提出包括加强政治资源投入、改善商业环境和提升环境评估水平等多种选择途径。[③] 卡姆鲁尔·侯赛因等主编的《北极巴伦支地区的社会、环境和人类安全》提出，北极巴伦支地区具有共同的社会和文化背景，也面临类似的环境和发展问题，这一身份框架已经得到了诸多国家和国际机制的认可。北极巴伦支地区的脆弱性来自气候变化影响下的环境、健康、食品、水资源和数字安全等诸多方面，以及传统的政治经济安全，相关国家需要针对区域内的共同问题加强

---

① Heather A. Conley, *The Implications of U. S. Policy Stagnation toward the Arctic Region*, Report of the CSIS Europe Program, 2019.

② Jan-Oddvar Sornes, Larry Browning and Jan Terje Henriksen, *Culture, Development and Petroleum: An Ethnography of the High North*, Routledge, 2014.

③ Anatoli Bourmistrov et al., *International Arctic Petroleum Cooperation: Barents Sea Scenarios*, Routledge, 2015.

集体身份和行动的协调。① 乌里克·嘉德（Ulrik Gad）等主编的《北极的可持续发展政治：身份、空间和时间的重新配置》一书提出，在当前北极事务中，多利益攸关方对于北极可持续发展的目标存有共识，但有关社会、经济、文化等方面的共同身份认同只局限于北欧国家、北冰洋沿岸国或北极国家等范围中。此书通过格陵兰、挪威、冰岛和阿拉斯加等一系列案例研究，提供了对北极可持续性话语的全面实证研究，介绍了构建以环境可持续性为基础的集体认同对于北极发展与合作具有重要意义。② 此外，尼克拉什·彼得森（Nikolaj Petersen）撰写的《北极作为丹麦外交的新舞台》一文，系统分析了丹麦在北极问题上所关注的焦点，特别是格陵兰岛地区性政策以及相关国际合作的基础等问题。③ 道格拉斯·诺德（Douglas Nord）在其文章《建构治理与共识的框架：瑞典担任北极理事会和基律那部长级会议主席国的评估》中指出，瑞典担任北极理事会和部长级会议主席国期间，为北极治理结构的转型发展做出了独特贡献，提出了北极环境治理和可持续发展问题的具体行动议程。④

相关研究还以北极治理机制的主体特征、合作原则与路径为重点。例如，乌塔姆·辛哈（Uttam K. Sinha）等主编的《北极：商业、治理和政策》一书提出，随着 5 个亚洲国家于 2013 年正式取得北极理事会观察员地位，北极事务的多利益攸关方格局已经形成，相关各方依赖于不同的政策和战略驱动因素，但也都受到气候变

---

① Kamrul Hossain and Dorothee Cambou ed. , *Society, Environment and Human Security in the Arctic Barents Region*, Routledge, 2018.

② Ulrik Pram Gad and Jeppe Strandsbjerg ed. , *The Politics of Sustainability in the Arctic: Reconfiguring Identity, Space, and Time*, Routledge, 2018.

③ Petersen Nikolaj, *The Arctic as a New Arena for Danish Foreign Policy*, Danish Foreign Policy Yearbook, 2009.

④ Nord Douglas, *Creating a Framework for Consensus Building and Governance: An Appraisal of the Swedish Arctic Council Chairmanship and the Kiruna Ministerial Meeting*, Arctic Yearbook, 2013, pp. 249 – 263.

化、世界格局、国际大宗商品市场和航运布局的影响，在参与北极
事务的目标、原则和路径上有着不同的理解和认知。① 安德雷斯·
莫雷尔（Andreas Maurer）在其《北极地区—欧盟成员国和相关机
制的前景》报告中，详细梳理了欧盟与北极五国、北极八国的关
系，特别是欧盟与美国、欧盟与俄罗斯在北极地区的合作评估，并
对欧盟参与北极事务的方式和政策进行了评估。② 邓肯·德普雷奇
（Duncan Depledge）等撰写的《英国和北极》一文，明确指出了英
国在北极研究上的滞后性，并认为两者之间存在战略性的隔阂。在
北极国际合作中，英国所扮演的角色也较为被动，无法满足与地区
需求。③ 安德雷斯·莫雷尔（Andreas Maurer）和史蒂芬·史丹尼克
（Stefan Steinicke）等学者撰写的《欧盟是否是北极行为体？利益和
治理挑战》报告中，从丹麦和德国在北极事务上的政策来判断欧盟
政策的优先方向，认为欧盟是北极治理中的重要软性力量，并从油
气资源、环境保护、航道利用和安全发展等角度，分析欧盟北极政
策中的核心考量，提出欧洲应该提高自身的能力建设和理念拓展，
成为北极治理中的重要成员。④ 伊丽莎白·维什尼克（Elizabeth
Wishnick）在《中国的北极利益和目标：对美国的影响》一书中提
出，随着国际形势和北极地区形势的变化，美国必须调整自身的北
极战略，包括政治和军事安全目标，以及重视与中国等域外国家在

---

① Uttam K. Sinha and Jo I. Bekkevold ed. , *Arctic： Commerce, Governance and Policy*, Rout-
ledge, 2015.

② Maurer Andreas, *the Arctic Region-Perspectives from Member States and Institutions of the EU*,
Working Paper, SWP Berlin, 2010, pp. 120 – 140.

③ Depledge Duncan and Klaus Dodds, *The UK and the Arctic*, The RUSI Journal, Vol. 156,
No. 2, 2013, pp. 72 – 79.

④ Maurer Andreas and Steinicke Stefan, *the EU as an Arctic Actor？ Interests and Governance Chal-
lenges*, Report on the 3rd Annual Geopolitics in the High North-GeoNor-Conference and joint GeoNor work-
shops, SWP Berlin, 2012, pp. 2 – 3.

北极的互动,强化二者的共同利益和目标,管控潜在的风险。① 詹姆士·玛尼康(James Manicom)等撰写的《东亚国家:北极理事会和北极的国际关系》一文选取了东亚地区这一特殊视角,分析了相关国家在谋求北极理事会观察员地位的不同出发点,以及北极对于东亚国家的战略意义。② 列夫·郎德(Leiv Lunde)等主编的《亚洲国家于北极未来》一书特别分析了亚洲国家的北极政策、立场和相关活动,提出虽然各方与北极国家在气候变化等问题的关注上保持一致,但对于在北极理事会和其他多边和双边层面的合作仍存在重要的认知差异。③

(二)国内研究现状

无论是自然科学还是社会科学层面,中国都是北极研究的"后来者",这是由中国不同于北极国家的身份属性和地理位置所决定的。随着自然环境对北极影响的持续显现,北极地区国际性事件和各类议题的增多,特别是中国于2013年获得北极理事会观察员地位之后,相关的北极社科类研究逐步进入快车道。具体来看,国内的北极研究可以分为接触期和深化期两个阶段。

在国内北极研究的接触期,相关研究主要以介绍北极地区的宏观形势变化为主,在成果形式上多以资料信息类和形势理论动向类的文章出现,较少就单一议题进行理论性分析和探讨。王鸿刚的《北极将上演争夺战?》一文是国内社科界较早关注北极形势变化的成果,该文回顾了近年来北极出现的主权和资源归属的争论现象,

---

① Elizabeth Wishnick, *China's Interests and Goals in the Arctic*: *Implications for the United States*, CreateSpace Independent Publishing Platform, 2017.

② Manicom James and Lackenbauer Whitney, *East Asian states*, *the Arctic Council and international relations in the Arctic*, Lit. Hinw, 2013, pp. 25 - 28.

③ Leiv Lunde, Jian Yang and Iselin Stensdal, *Asian Countries and the Arctic Future*, World Scientific Publishing Company, 2015.

并提出北极已经成为众多国家下一阶段争夺的重点地区。[①]

2007 年，俄罗斯在北冰洋海底的"插旗"行为[②]，引发国内学界一轮北极研究的小高潮。例如，舒先林的《一"旗"激起千层浪——多国北极油气博弈与启示》一文，提出无论是从当今世界油气资源供求现状和争夺态势来看，还是从北极在未来全球油气供应与地缘政治博弈中的地位来看，各国对北极能源的争夺与控制是必然且不可避免的。[③] 赵毅的《争夺北极的新"冷战"》强调了由于俄罗斯在北冰洋海底的插旗行为，激化了各国间关于北极归属的争夺，也使北极重新变为大国划分各自势力的新区域。[④] 李东的《俄北极"插旗"引燃"冰地热战"》认为环北极地区国家先后对北极部分地区提出主权要求，其中争议的症结在于国际法和国际条约的不完善。[⑤]

此外，陈特安的《俄美加缘何角逐北极?》一文对于三国有关北极的主权矛盾和行为进行了分析，提出北极已经进入了权力争夺的时代。[⑥] 郭培清在《北极争夺战》一文中提出，目前大国争夺北极的焦点在于其潜在的资源和航道开发利益，而俄罗斯在当中扮演的角色更为突出。[⑦] 他还在《极地争夺为何硝烟再起》一文中指出，俄罗斯的北极海底插旗行为引起连锁反应，美国、加拿大、丹麦、挪威等环北极国家围绕北极的争夺日益激烈。[⑧] 刘中民的《北冰洋争夺的三大国际关系焦点》从国际关系的角度分析北极问题，特别

[①] 王鸿刚："北极将上演争夺战?"，《世界知识》，2004 年第 22 期，第 33 页。
[②] 2007 年 8 月 2 日，俄罗斯科考船航行至北纬 82 度，借助"和平 1 号"深海潜水器在北冰洋 4261 米深处的洋底插上了钛合金的俄罗斯国旗，以宣示对北极的主权。
[③] 舒先林："一'旗'激起千层浪——多国北极油气博弈与启示"，《中国石油企业》，2007 年第 9 期，第 24 页。
[④] 赵毅："争夺北极的新'冷战'"，《瞭望》，2007 年第 33 期，第 10 页。
[⑤] 李东："俄北极'插旗'引燃'冰地热战'"，《世界知识》，2007 年第 17 期，第 20 页。
[⑥] 陈特安："俄美加缘何角逐北极?"，《思想工作》，2007 年第 9 期，第 40 页。
[⑦] 郭培清："北极争夺战"，《海洋世界》，2007 年第 9 期，第 15 页。
[⑧] 郭培清："极地争夺为何硝烟再起"，《瞭望》，2007 年第 45 期，第 64 页。

是北极对于不同国家的战略意义，以及主权、资源等涉及国家利益
的关键问题产生的背景和原因。① 曾望的《北极争端的历史、现状
及前景》一文较为详细地叙述了北极问题产生的历史背景，从历史
和国际法的角度分析了造成北极争端现状的原因，并对北极未来的
合作前景进行展望。② 可以看到，这一阶段的国内北极研究呈现出
时效性和跟随性特点，研究对象也仅限于"北极争夺战"这一主
题，缺乏针对不同议题和相对深入的讨论。

　　国内北极研究的深化期主要以多样议题研究为特征，分为针对
相关国家政策和战略的研究、北极国际政治安全和法律的研究、国
际治理和中国的参与研究三大类。在国家政策和战略研究方面，有
关美国北极战略或政策的研究最为丰富。孙凯的《奥巴马政府的北
极政策及其走向》一文提出，美国在北极地区的国家安全利益与能
力建设、北极地区的资源开发和环境保护以及通过国际合作重振美
国在北极地区的领导地位成为美国北极战略的优先事项。③ 郭培清
和孙兴伟撰写的《论小布什和奥巴马政府的北极"保守"政策》提
出，小布什和奥巴马政府的北极政策相对温和，利益认知多元化并
倡导北极合作。与其他北极国家相比，美国的北极政策进取性弱、
行动能力落后，导致这一局面的原因包括美国实力相对衰弱，尚未
批准《联合国海洋法公约》，北极利益危机感不同和国内不同势力
相互掣肘等方面。④ 孙凯和潘敏的《美国政府的北极观与北极事务
决策体制研究》一文，提出美国北极事务的决策体制存在参与因素
复杂、协调性差的特点，导致了美国北极事务决策的低效与滞后，

　　① 刘中民："北冰洋争夺的三大国际关系焦点"，《世界知识》，2007 年第 9 期，第 10 页。
　　② 曾望："北极争端的历史、现状及前景"，《国际资料信息》，2007 年第 10 期，第 34 页。
　　③ 孙凯："奥巴马政府的北极政策及其走向"，《国际论坛》，2013 年第 5 期，第 55 页。
　　④ 郭培清、孙兴伟："论小布什和奥巴马政府的北极'保守'政策"，《国际观察》，2014
年第 2 期，第 80 页。

形成共识难度大，政策执行缺乏保障。① 郭培清、邹琪的《特朗普政府北极政策的调整》一文提出，基于在北极事务上"落后"的认识，特朗普政府的政治精英们采取越来越多的措施以重塑其"领导者"角色，包括大力增加北极地区军事部署，重视能源开发，在巩固与北欧盟友关系的同时主动修护美俄北极关系，试图提升影响能力和控制力。②

俄罗斯的北极政策和战略研究也是国内学界所关注的重点。郭培清和曹圆撰写的《俄罗斯联邦北极政策的基本原则分析》一文提出，环境保护原则、国家安全原则和社会经济发展原则贯穿于俄罗斯北极政策，体现于俄罗斯关于北极地区全面综合性规划和其他文件中，对于俄罗斯的北极活动具有普遍指导意义。③ 肖洋的《安全与发展：俄罗斯北极战略再定位》一文提出，当前俄罗斯北极战略的主要目标是推动北极经济发展而非军事扩张。未来俄罗斯北极战略的调整总体上坚持务实主义和防御主义原则，在保护俄罗斯北极合法利益的同时，扩大对外开放，合作推进北极资源开发与环境保护。④

张笑一的《加拿大哈珀政府北极安全政策评析》一文指出，哈珀政府的北极安全战略旨在维护加拿大的主权安全，加强加拿大在北部地区的治理，限制北极域外国家参与北极事务。捍卫北极的主权与安全不仅是哈珀所在保守党的竞选策略，也是其所认同的历史使命。哈珀政府的北极安全政策有效提升了加拿大在北极地区及北极事务中的硬实力与影响力，但也面临诸多制约因素。⑤ 郭培清和

---

① 孙凯、潘敏："美国政府的北极观与北极事务决策体制研究"，《美国研究》，2015 年第 5 期，第 9 页。

② 郭培清、邹琪："特朗普政府北极政策的调整"，《国际论坛》，2019 年第 4 期，第 19 页。

③ 郭培清、曹圆："俄罗斯联邦北极政策的基本原则分析"，《中国海洋大学学报（社会科学版）》，2016 年第 2 期，第 8 页。

④ 肖洋："安全与发展：俄罗斯北极战略再定位"，《当代世界》，2019 年第 9 期，第 44 页。

⑤ 张笑一："加拿大哈珀政府北极安全政策评析"，《现代国际关系》，2016 年第 7 期，第 22 页。

李晓伟撰写的《加拿大小特鲁多政府北极安全战略新动向研究》提出，加拿大小特鲁多政府上台以来开始逐渐调整哈珀政府时期的北极政策遗产，重新寻求与俄罗斯的合作与对话，强调多边合作的重要性。加拿大新国防政策大幅度减少"主权"一词的使用频率，转向重视北极非传统安全。该政策呼吁通过多种举措，监测加拿大北极地区，改善北极地区的通讯状况，增强武装部队在北极地区的作战能力。①

有关其他国家的北极战略研究各有侧重。赵宁宁在《小国家大格局：挪威北极战略评析》一文中提出，挪威是最早颁布北极战略的北极国家，在北极治理机制调整进程中发挥着不可小觑的影响力。挪威虽然是国际社会小国群体中的一员，但其怀有"北极事务大国"的政治抱负，其北极战略在利益定位、政策工具选择等方面体现了强大的国家治理能力和底蕴深厚的外交文化。② 肖洋在《格陵兰：丹麦北极战略转型中的锚点？》一文中提出，格陵兰是丹麦王国参与北极事务的地理依据以及实施北极战略的基石。丹麦王国作为"北极超级大国"的地位，标志着丹麦北极战略从温和保守向主动进取转变。③ 孙凯和吴昊撰写的《芬兰北极政策的战略规划与未来走向》提出，在北极治理新态势的背景下维护北极的安全与稳定，协调众多行为体的利益促进北极地区的合作，推动北极地区经济和社会的发展，以及建构和完善基于规则和善治基础上的北极治理体系，是芬兰北极政策的主要目标和基本任务。④ 曹升生和郭飞

---

① 郭培清、李晓伟："加拿大小特鲁多政府北极安全战略新动向研究"，《中国海洋大学学报（社会科学版）》，2018 年第 3 期，第 9 页。

② 赵宁宁："小国家大格局：挪威北极战略评析"，《世界经济与政治论坛》，2017 年第 3 期，第 108 页。

③ 肖洋："格陵兰：丹麦北极战略转型中的锚点？"，《太平洋学报》，2018 年第 6 期，第 78 页。

④ 孙凯、吴昊："芬兰北极政策的战略规划与未来走向"，《国际论坛》，2017 年第 4 期，第 19 页。

飞在《瑞典的北极战略》一文中提出，瑞典在强调与北极历史联系同时，侧重关注气候与环境、经济发展和人文发展，其北极战略的核心思想是着力强化与北极国家的合作来提升瑞典在北极的影响力。[1] 赵宁宁与欧开飞在《冰岛与北极治理：战略考量及政策实践》一文中提出，重构外交政策重心、挖掘北极变化的经济机遇并应对潜在的环境风险是冰岛积极参与北极治理的主要战略考量。[2]

此外，国内学界还着重讨论了域外国家的北极政策。叶艳华在《东亚国家参与北极事务的路径与国际合作研究》一文中提出，东亚国家通过定期开展北极科考活动、积极参与北极能源勘探与开发、不断谋求加入北极国际组织以及拥护并参与重新修订北极法律等方式，努力增强东亚国家参与北极地区事务的影响力，加大参与北极事务的力度，谋求北极事务话语权。[3] 孙凯在《日本在北极事务中的"立体外交"及其启示》一文中提出，20 世纪 90 年代以来，随着北极地区自然环境的变迁，日本进一步加强了对北极事务的参与。从国家到社会层面，日本的北极外交呈现出多主体、多领域参与的"立体外交"态势。[4] 罗毅和夏立平在《韩国北极政策与中韩北极治理合作》一文中提出，韩国以极地科考为战略出发点，结合自身经贸优势，充分利用大国矛盾，在北极航运、资源开发、规则制定、科研和人文交流方面为其中等强国战略服务，将对外经济政策的着力点放在北极开发上。[5] 李益波在《英国北极政策研究》一文中提出，英国出于经济利益、气候变化、能源安全和参与治理的

---

[1] 曹升生、郭飞飞："瑞典的北极战略"，《江南社会学院学报》，2014 年第 4 期，第 50 页。

[2] 赵宁宁、欧开飞："冰岛与北极治理：战略考量及政策实践"，《欧洲研究》，2015 年第 4 期，第 114 页。

[3] 叶艳华："东亚国家参与北极事务的路径与国际合作研究"，《东北亚论坛》，2018 年第 6 期，第 92 页。

[4] 孙凯："日本在北极事务中的'立体外交'及其启示"，《东北师大学报（哲学社会科学版）》，2019 年第 4 期，第 41 页。

[5] 罗毅、夏立平："韩国北极政策与中韩北极治理合作"，《中国海洋大学学报（社会科学版）》，2019 年第 2 期，第 39 页。

综合考虑，进一步提升了对北极事务的关注度，并力图成为北极治理中的"领导性伙伴"或"首要伙伴"。① 肖洋撰写的《德国参与北极事务的路径构建：顶层设计与引领因素》一文指出，应对全球环境变化的挑战和北冰洋航道开发带来的经济机遇是德国积极参与北极事务的主要驱动力。② 他在《一个中欧小国的北极大外交：波兰北极战略的变与不变》一文中也指出，波兰利用北极理事会的永久观察员国身份，推动北约、欧盟增强在北极事务的存在，创造了加强北极理事会非北极国家与北极国家之间双边关系的"华沙模式"。③

同时，国内学界还讨论了国际组织参与北极事务的方式和目标。何齐松的《气候变化与欧盟北极战略》一文认为，欧盟希望通过执行北极战略来体现其全球气候政策领先者的角色。北极的经济价值驱使欧盟加入北极的地缘政治博弈，其中关键是保证欧盟油气资源的供应，希望借助"软实力"治理北极，作为其多边治理构想确保北极的稳定。④ 杨剑的《北极航道：欧盟的政策目标和外交实践》一文提出，欧盟北极战略依托"多支点型外交"，寻找资源开发与保护之间的平衡点，扮演负责任的"公共物品提供者"。利用自身的市场优势，成为北极综合发展的"重要合作方"。⑤ 李尧的《北约与北极——兼论相关国家对北约介入北极的立场》一文提出，北约一方面希望在北极发挥重要作用，另一方面却未能推出统一的北极战略或政策。内部难以达成一致和外部存在压力两方面原因，

---

① 李益波："英国北极政策研究"，《国际论坛》，2016 年第 3 期，第 24 页。
② 肖洋："德国参与北极事务的路径构建：顶层设计与引领因素"，《德国研究》，2015 年第 1 期，第 4 页。
③ 肖洋："一个中欧小国的北极大外交：波兰北极战略的变与不变"，《太平洋学报》，2015 年第 12 期，第 63 页。
④ 何齐松："气候变化与欧盟的北极战略"，《欧洲研究》，2010 年第 6 期，第 59—73 页。
⑤ 杨剑："北极航道：欧盟的政策目标和外交实践"，《太平洋学报》，2013 年第 3 期，第 41—50 页。

造成了北约对待介入北极态度的现状。①

在北极政治安全和法律研究方面，赵宁宁和欧开飞在《全球视野下北极地缘政治态势再透视》一文中提出，俄美欧三方都有保持北极区域和平与稳定的利益诉求，也都有意切割区域政治与域外政治事件的联系，这在很大程度上阻隔了激烈的地缘政治竞争在北极区域重演。② 李振福和刘同超撰写的《北极航线地缘安全格局演变研究》一文提出，北极航线地缘安全扩大了北极地区地缘安全的范围，能够为北极地区地缘安全提供保障，是其他大北极国家参与北极地区地缘安全的切入点，也是北极地缘安全的重要组成部分。③ 于宏源撰写的《气候变化与北极地区地缘政治经济变迁》一文提出，气候变化不断推动北极生态系统和政治经济地缘关系处于变化之中，相关域内和域外国家将围绕环境保护、资源开发和地缘利益等进行合作与竞争。④

此外，刘凯欣撰写的《北极国际法律制度研究》一文提出，目前各国之间关于北极的争端愈发激烈，主要包括北极海域划界及资源归属之争和北极航道之争，而现行北极国际法制存在缺陷，不能较好实现北极事务的治理。⑤ 章成撰写的《北极大陆架划界的法律与政治进程评述》一文提出，各国对于北极地区的大陆架划界方法的立场不同，立场相同或近似的划界当事国也可能会对同一划界规则的适用存在不同理解，地理因素、地质地貌因素和社会经济因素等都是可能影响北极地区 200 海里以内大陆架划界效果的有关"特

---

① 李尧："北约与北极——兼论相关国家对北约介入北极的立场"，《太平洋学报》，2014年第 3 期，第 53 页。

② 赵宁宁、欧开飞："全球视野下北极地缘政治态势再透视"，《欧洲研究》，2016 年第 3 期，第 30 页。

③ 李振福、刘同超："北极航线地缘安全格局演变研究"，《国际安全研究》，2015 年第 6 期，第 81 页。

④ 于宏源："气候变化与北极地区地缘政治经济变迁"，《国际政治研究》，2015 年第 4 期，第 73 页。

⑤ 刘凯欣："北极国际法律制度研究"，《法制博览》，2018 年第 20 期，第 68 页。

殊情况"。① 白佳玉和李玲玉撰写的《北极海域视角下公海保护区发展态势与中国因应》一文提出，现有的公海保护区实践预示着公海保护区的数量将缓慢增长，约束公海保护区的全球性条约将出现，公海沿岸国与公海使用国之间的监督与合作关系愈来愈明显，北极海域国家及相关国际组织对公海保护区的探索符合公海保护区的发展趋势。② 罗猛和董琳撰写的《北极资源开发争端解决机制的构建路径——以共同开发为视角》一文提出，对于解决北极资源开发问题，应当建立以《联合国海洋法公约》为适用基础，以共同开发为实现路径，以谈判协商为主、调解为补充的多层次争端解决机制。③

在国际治理和中国参与的相关研究中，张胜军和郑晓雯撰写的《从国家主义到全球主义：北极治理的理论焦点与实践路径探析》一文提出，北极已经由"边缘军事战区"急剧转变为"国际政治区域"，其在国际舞台上的形象也从一个"被动客体"演变为"活跃主体"。北极地区正在进入一个以管辖权冲突为特征、以自然资源开采为核心、以全球性大国为主角的"大竞争"时代。④ 阮建平和王哲撰写的《善治视角下的北极治理困境及中国的参与探析》一文提出，面对参与主体多元化及其利益诉求的矛盾，当前北极治理体系的机制碎片化和滞后等问题导致了日益严重的挑战。各方需要超越当前北极国家主导的治理模式，从利益协调、机制整合和共识塑造等方面共同推进北极区域性和全球性公共利益的最大化。⑤ 王传

① 章成："北极大陆架划界的法律与政治进程评述"，《国际论坛》，2017 年第 3 期，第 32 页。

② 白佳玉、李玲玉："北极海域视角下公海保护区发展态势与中国因应"，《太平洋学报》，2017 年第 4 期，第 23 页。

③ 罗猛、董琳："北极资源开发争端解决机制的构建路径——以共同开发为视角"，《学习与探索》，2018 年第 8 期，第 97 页。

④ 张胜军、郑晓雯："从国家主义到全球主义：北极治理的理论焦点与实践路径探析"，《国际论坛》，2019 年第 4 期，第 3 页。

⑤ 阮建平、王哲："善治视角下的北极治理困境及中国的参与探析"，《理论与改革》，2018 年第 5 期，第 29 页。

兴撰写的《论北极地区区域性国际制度的非传统安全特性——以北极理事会为例》一文，提出北极的区域性国际制度不具有对成员国构成法律约束力的决策能力，且大多涉及非传统安全领域的议题，这种特点在北极地区最重要的区域性国际制度北极理事会中得到了充分的体现。① 吴雪明撰写的《北极治理评估体系的构建思路与基本框架》一文，全面评估与分析了北极地区的安全态势、发展水平、生态环境、合作空间，以及主要国家、国际组织和其他行为体在北极地区的存在与活动。②

在中国的参与方面，夏立平的《北极环境变化对全球安全和中国国家安全的影响》一文指出，北极环境变化事关人类未来的生存，"和谐北极"的概念应当成为人类解决北极问题的根本思路。③ 夏立平和谢茜撰写的《北极区域合作机制与"冰上丝绸之路"》一文提出，北极区域合作机制有助于"冰上丝绸之路"建设中北极航行的保障，可以为"冰上丝绸之路"油气资源开发提供一定的法律依据，同时为"冰上丝绸之路"有关科学合作提供便利。④ 孙凯和郭培清撰写的《北极治理机制变迁及中国的参与战略研究》一文，提出应促进北极治理机制的约束能力，谋求建立北极多层治理体系，拓展北极理事会等现有机制的协调作用。⑤ 唐尧和夏立平撰写的《中国参与北极油气资源治理与开发的国际法依据》一文提出，中国可以加强与有关国家和国际组织的双多边合作、加强对国际司

---

① 王传兴："论北极地区区域性国际制度的非传统安全特性——以北极理事会为例"，《中国海洋大学学报（社会科学版）》，2011 年第 3 期，第 1—6 页。

② 吴雪明："北极治理评估体系的构建思路与基本框架"，《国际关系研究》，2013 年第 3 期，第 38 页。

③ 夏立平："北极环境变化对全球安全和中国国家安全的影响"，《世界经济与政治》，2011 年第 1 期，第 124 页。

④ 夏立平、谢茜："北极区域合作机制与'冰上丝绸之路'"，《同济大学学报（社会科学版）》，2018 年第 4 期，第 48 页。

⑤ 孙凯、郭培清："北极治理机制的变迁及中国的参与战略研究"，《世界经济与政治论坛》，2012 年第 2 期，第 118—128 页。

法判例的研究，积极参与北极油气资源治理与开发。[①] 肖洋撰写的《中俄共建"北极能源走廊"：战略支点与推进理路》一文提出，东北航道有望成为北极能源向欧亚运输的新通道，同步推进北极航道与北极能源开发，尽快建成"北极能源走廊"是俄罗斯北极战略的核心支柱。[②] 郑英琴撰写的《中国与北欧共建蓝色经济通道：基础、挑战与路径》一文提出，北欧国家对中国参与北极事务持积极态度，又有现实需求与共同利益的推动，并具有一定的合作实践为基础，因此中国与北欧国家共建蓝色经济通道具备现实可能性。但中国与北欧国家的合作也面临着价值观层面的分歧、北欧各国身份及利益差异、地缘政治博弈所带来的风险等种种制约。[③]

随着国内北极研究进入深化期，北极研究的学术性著作逐步增多。其中，郭培清撰写的《北极航道的国际问题研究》是国内较早的著作类成果，该书从航道开发的历史，以及东北、西北航道的政治与法律入手，分析中国参与北极航道相关机制的障碍和战略，认为其中的外部环境威胁是"与北极航道的地缘关系"和"北极航道国际协调机制的利益倾向"。[④] 陆俊元的《北极地缘政治与中国应对》一书，从地缘政治的角度梳理了各国相关北极战略，提出中国参与北极事务的方式。[⑤] 刘慧荣和杨凡撰写的《北极生态保护法律问题研究》一书以国际法不成体系剖析和解决北极生态保护法律冲突，指出应从北极生态保护的全球性框架公约、北极生态保护的区域性法律以及北极生态保护的国内立法三个层次构建保护北极的生

---

① 唐尧、夏立平："中国参与北极油气资源治理与开发的国际法依据"，《国际展望》，2017年第6期，第131页。

② 肖洋："中俄共建'北极能源走廊'：战略支点与推进理路"，《东北亚论坛》，2016年第5期，第109页。

③ 郑英琴："中国与北欧共建蓝色经济通道：基础、挑战与路径"，《国际问题研究》，2019年第4期，第34页。

④ 郭培清：《北极航道的国际问题研究》，海洋出版社，2009年版，第2—3页。

⑤ 陆俊元：《北极地缘政治与中国应对》，时事出版社，2010年版，第7页。

态法律，提出未来北极区域性生态法可以考虑扩展"北极环境战略"的生态保护内容，增强其执行力，赋予北极理事会执行的权力，从而促进和加强北极生态系统的保护。[①]

2013 年之后，随着中国正式成为北极理事会的观察员，有关国别和议题研究的学术研究著作更加丰富。例如，杨剑的《北极治理新论》是国内学界较早以治理视角分析北极问题的著作，该书从治理理论和体系探索、治理机构和行为体研究、领域治理的案例研究三个层面分析了北极治理的理论和实践进程。[②] 王泽林撰写的《北极航道法律地位研究》主要关注北极航道途经的海峡是否构成"用于国际航行的国际海峡"，北极航道途经水域是否属于"历史性内水或历史性海峡"，相关直线基线的划定是否符合国际法，北冰洋沿岸国家制定的国内法规是否构成对国际法的违反等方面。[③] 杨剑编写的《亚洲国家与北极未来》针对北极治理的使命与演进，国际治理机制的域外因素，北极航道的国际化使用等方面，分析亚洲国家在其中的角色。[④] 肖洋的《冰海暗战：近北极国家战略博弈的高纬边疆》一书从气候变化、极地地理信息需求、北极地区日益增长的经济商机成为具有国际影响力的大国雄心等因素，剖析北极国家和中国、日本、韩国、德国、波兰等域外国家制定北极战略或政策的动因。[⑤] 陆俊元的《中国北极权益与政策研究》提出，中国作为一个"近北极国家"，与北极地区存在天然的、紧密的、交互式的相互影响关系，中国在北极地区和北极事务中存在合法的权益和合理利益，同时中国肩负着保护北极地区环境、维护国际社会共同利

① 刘惠荣、杨凡：《北极生态保护法律问题研究》，人民出版社，2010 年版。
② 杨剑：《北极治理新论》，时事出版社，2014 年版，第 2 页。
③ 王泽林：《北极航道法律地位研究》，上海交通大学出版社，2014 年版。
④ 杨剑：《亚洲国家于北极未来》，时事出版社，2015 年版。
⑤ 肖洋：《冰海暗战：近北极国家战略博弈的高纬边疆》，人民日报出版社，2016 年版。

益和人类整体利益的责任。①

匡增军的《俄罗斯的北极战略：基于俄罗斯大陆架外部界限问题的研究》是国内学界从单一国家视角讨论北极外大陆架界限问题的首部著作，以国际法、国际关系和海洋测绘相结合的多学科视角和跨学科研究方法，分析了大陆架外部界限的基本理论问题，从战略、法律、科技和外交等方面评析俄罗斯在大陆架外部界限问题上的政策措施。② 白佳玉的《船舶北极航行法律问题研究》也聚焦于中国在北极航行中面临的法律问题，分析国际海洋法、国际海事公法、国际海事私法针对北极航行的规定，以及中国与北极航道沿岸国和利益攸关方的合作前景。③ 王新和的《推进北方海上丝绸之路：“北极问题”国际治理视角》将“一带一路”倡议引入北极问题的讨论视阈中，将北极问题系统化和概念化，倡导融合和谐理念与国际治理思想，把握北极国际治理的域外因素。④

2018年1月，《中国的北极政策》白皮书正式发布，其中提出“中国愿依托北极航道的开发利用，与各方共建‘冰上丝绸之路’”⑤，这一概念也得到了国内学界的关注。钱宗旗的《俄罗斯北极战略与冰上丝绸之路》通过对沙俄时代、苏联时期北极开发史的回顾，以及分析新世纪俄罗斯北极地区发展国家战略和发展的阶段性成就，探讨了中俄共建“冰上丝绸之路”的前景。⑥ 高天明的《中俄北极冰上丝绸之路合作报告》以大量文献为基础，从俄罗斯的视角展现其北极开发战略。⑦

① 陆俊元：《中国北极权益与政策研究》，时事出版社，2016年版，第3页。
② 匡增军：《俄罗斯的北极战略：基于俄罗斯大陆架外部界限问题的研究》，社会科学文献出版社，2017年版。
③ 白佳玉：《船舶北极航行法律问题研究》，人民出版社，2017年版。
④ 王新和：《推进北方海上丝绸之路：‘北极问题’国际治理视角》，时事出版社，2017年版。
⑤ 中华人民共和国国务院新闻办公室：《中国的北极政策》，人民出版社，2018年版。
⑥ 钱宗旗：《俄罗斯北极战略与冰上丝绸之路》，时事出版社，2018年版。
⑦ 高天明：《中俄北极冰上丝绸之路合作报告》，时事出版社，2018年版。

　　杨剑等撰写的《科学家与全球治理：基于北极事务案例的分析》创造性地将科学与北极治理政策的联系，科学家与治理体系中各类行为体的互动等作为论述核心，从全球层面、区域层面、次区域层面的治理机制中，梳理出科学家群体发挥治理作用的模式和特征，还原"从知识到行动"的社会机理，是国内学界有关北极治理的少有的创新性研究。① 肖洋的《北极国际组织建章立制及中国参与路径》则提出北极理事会作为国际组织已进入建章立制的关键期，其机制化加速的趋势也引发各国的战略调整，进而提出应制定符合中国利益的规制方案。② 刘慧荣和李浩梅撰写的《国际法视角下的中国北极航线战略研究》提出，开发利用北极航线对中国具有重要的战略价值，应作为"冰上丝绸之路"的一部分被纳入"一带一路"愿景之中。③

（三）国内外现有研究差异和不足

　　经过梳理可以看到，国外的北极研究在基础方面有着较为明晰的历史沿革，特别注重北极历史的研究。国外对于北极问题的研究所涉及的范围更广，兴趣点和角度更为独特，研究延续性更强，特别是在北极土著人传统文化史、北极航道史、北极生态进化史等方面都有相关研究成果。

　　在对象方面，国外的北极研究以国别和议题作为普遍对象，但近期的研究成果更加倾向于非传统议题，关注次国家地区、非国家行为体、科学团体、传统社群等更为精细化的对象。而在议题层面，虽然传统的政治、经济、安全、法律和社会等划分标准依旧存在，但国外的北极研究更加关注交叉学科和议题的研究，甚至包括

---

① 杨剑：《科学家与全球治理：基于北极事务案例的分析》，时事出版社，2018 年版。
② 肖洋：《北极国际组织建章立制及中国参与路径》，中国社会科学出版社，2019 年版。
③ 刘慧荣、李浩梅：《国际法视角下的中国北极航线战略研究》，中国政法大学出版社，2019 年版。

北极自然科学和社会科学语境之间的问题探索。

在观点方面，国外的北极研究较为多元化。学者对于北极政治、经济和社会发展形势的评估存在多种不同声音，而对于不同国家战略或政策的评估也非常丰富。国外北极研究非常重视论据的可靠性，乐于使用多层次的理论工具寻找与议题的实际联系，相关学术观点极具客观性和批判性。但与此同时，几乎所有相关研究都没有放弃自身的国家认同，在碰到有关海洋划界争端、航道法律地位等争议问题时，保持着与本国政策立场的一致。

在导向方面，国外的北极研究非常重视相关理论的创新和建构。学者对于北极问题的研究不以单纯的议题或区域研究为主，而是希望通过北极研究来进行理论创新。国外的北极研究在有关北极国际治理机制、北极国际法律体系、北极区域和多边合作模式的构建方面进行了诸多的理论创新，部分甚至成为相应的国际合作实践。

与国外的北极研究相比，虽然以气候学、生物学、气象学和地理学为视角的北极自然科学研究已较为丰富，但包括国际政治、经济、外交和国际治理层面的北极社会科学研究仍然属于国内学术界的新兴领域，相关研究无论在学术积累、层次和领域覆盖、角度和方法创新等多个方面与国外相关研究存在差距。

第一，缺乏整体性研究是国内外北极研究的共同"短板"。从国内外研究现状来看，学界重视有关气候变化对北极造成的多重影响研究，解释当前北极政治、经济、安全、社会领域的主要矛盾。但是，北极研究没有成为世界或地区研究连贯的有机组成部分，而是被切割成不同的研究片段，从探险和历史研究为主导，到以政治和安全研究为导向，再到法律、发展或社会研究，北极作为历史或空间单元的研究整体呈现断裂和分割状态。

第二，国内的北极研究大多属于"解释型"或"跟跑型"研究。一方面，国内研究主要以国外北极研究的前沿话题作为重点，大多数成果实际上是对国外成果的介绍或二次论述。另一方面，国内相关研究善于追逐短期热点问题，而对于较长时间段北极政治、安全、经济和社会文化的系统性梳理尤为欠缺。例如，在"冰上丝绸之路"倡议提出后，国内的北极研究在短时间内达到了成果产出高峰，但其中出现了较多的重复性分析和论述。而有关人类对北极的科学探索史，北极航道的开发史和土著人文化和社群发展史等问题，却大多只能引述国外现有研究成果。

第三，国内的北极研究在导向上重"涉我性"而轻"公共性"。通过梳理可以看到，国内北极研究起步较晚且以现实需求为导向，集中在国别或对象与中国的关联性之上。例如，俄罗斯、美国、加拿大等国的战略评估，东北航道、西北航道的商业开发，俄罗斯和美国的油气资源开发等问题是国内北极研究的重点，相对缺乏对北极环境与生态承载力、北极地区社群的构建和发展，北极传统文化保护等议题的关注，在提供北极学术公共产品方面与国外北极学界存在差距。

最后，国内的北极研究大多受限于传统思维束缚。在国别类的研究中，往往通过罗列对象国的政策战略或国际组织的文件，加以分析后得出结论，由于过度强调北极问题中的国家主导和现实博弈，导致缺乏全球层面的制度因素讨论。在领域类的研究中，也缺乏通过分析国家战略意图和利益考量，判断国际制度的发展趋势的讨论，相关研究结论往往停留在对策建议之上，未能将研究抽象化和理论化，上述不足为本书的研究间接提供了空间。

第三节　研究框架

总体而言，从国际治理的角度分析北极问题，在国内外学界仍有很大空间，对治理的范式、模式研究需要更多地关注和填补。本书由"导论"，北极的"自然维度""科学维度""政策维度""发展维度""治理维度"共6章组成，旨在全面评估北极自然气候和地缘政治格局及其演变，总结北极国际治理相关行为体的政策战略取向，分析域内外国家在北极国际治理中的利益构成与参与路径，以及不同维度下北极国际治理的基本特征、核心要素、矛盾和挑战。在此基础上，提出多维度参与北极国际治理的路径选择。

一、基本框架

第一章是全书的导论。本章主要介绍当前北极国际治理的新变化，对已有的北极问题研究成果进行综述，在此基础上提出"多维北极"概念并提出本书的主要研究目标和基本框架。

第二章从"自然北极"的维度入手，主要分析嵌入全球气候变化中的北极变化，北极环境变迁的特征与影响，由此论述北极"气候—生态—环境"综合治理与挑战，并将北极理事会的成立和发展作为案例，分析其治理作用评估与发展趋势。本章认为，北极问题在近年来得到世界的广泛关注，很大程度上是由于气候变化带来的北极融冰加剧所导致的。但是，北极问题并不是近年来的全新产物，而是在人类长久以来对北极的探索过程中不断变化。在大的趋势上，可以看到北极问题由无序到有序的转变，随着外部条件的变化自行繁衍蜕变，也反映出"竞争—矛盾—合作"的三步走态势。这种演变与人类的科技发展水平，客观的自然环境与主观的国家战略调整有着密切的联系。

第三章以"科学北极"为分析维度，主要探讨北极的科技发展进步与挑战，从国家视角下分析北极知识权力和收益，对北极国际合作中的"科学先导"原则进行评估，并以国际海洋考察理事会参与北极渔业治理为案例，分析科学家群体这一特殊治理主体的知识治理范式。本章认为，科学家及科学家组织在北极治理中的作用十分显著，科学家群体在重要治理领域与政策和社会的关系表现为：为国家政府的治理制度和治理行为提供智力支撑；为政府间国际组织提供科学依据和技术层面的工具；为非政府组织的环境保护和生态保护提供科学支撑；提出与政府和政府间国际组织相竞争的治理方案。科学家组织的社会功能的发挥，能够在科学技术成果和政策之间、在各国政府之间、在学界与政府及社会之间、在政府和非政府组织之间架起有助于通往有效治理的桥梁。科学家组织在当地国、区域和全球层面推动国际社会利益和在地责任的可实现方案，在具体领域治理的同时，建立其全球的规范和道德。科学家组织从制度建设、政策制定、方案实施和监测管理多个环节的全程参与，使之成为北极治理的重要组织者。

第四章将"政策维度"作为重点，分析当前北极地缘政治格局发展趋势，并评估北极军事安全与法律争议形势，重点论述包括北极国家和主要非北极国家在内的战略和政策取向，并以中俄北极可持续发展合作为案例，分析北极域内外良性互动模式。本章认为，行为体的多元化发展、北极事务的专业性以及领域的多样化等特点使得北极地缘政治格局总体上向多层面的复杂结构方向发展，北极国家仍将在未来北极地缘政治格局建造过程中发挥中心作用。北极国家间的互动聚焦于地缘政治的支配权、地缘经济的主导权和北极治理的话语权。北极地缘政治格局正处在发展与变动的过程之中，地缘政治关系可能出现复杂的变化，并可能导致发展存在局部的不确定性。非传统安全领域的发展强于传统安全领域，北极地缘政治格局在传统安全领域与非传统安全领域的发展具有相互促进、相互制约的关联。

第五章主要分析北极的"发展维度"，包括提出北极保护与开发的动态平衡原则，分析当前北极开发的相关国家实践和态势，尝试性提出北极开发国际合作的动力与阻力，并以共建"冰上丝绸之路"倡议为案例，分析北极开发国际合作前景。本章认为，以资源开发和航道利用为代表的北极商业潜力与战略价值将形成新的利益与权力空间及其再分配。在北极开发的大环境下，区域化发展将得到有效推进，围绕搜救、环保、可持续发展等具体领域的国际合作也将持续增多，但仍面临区域内外的身份认同、利益认知和地缘政治影响下的博弈与竞争问题。

第六章将北极的"治理维度"作为论述重点，分析北极国际治理的前景，提出包括多边主义共生治理理论和全球治理在内的北极国际治理体系论，分析北极国际治理的目标、要素与机制构成，尤其注重评估北极域外国家在北极国际治理中的作用与价值。

总的来看，在不同认知维度下，北极国际治理的范式构成、主体资格、参与路径等方面仍存在较多不确定性。随着各国和非国家行为体北极活动的不断增加，治理能力的赤字现象也逐渐突出。本书旨在从北极问题的综合性、复杂性和跨域性特征出发，对北极的国际治理进行多维度的分析评估，有益于判断北极问题演变的趋势，有益于各方发挥相应的作用并承担合适的义务，也有益于化解中国参与北极区域体系时的整体身份和分支领域中的身份、角色所处层级的不平衡性，探索参与北极国际治理的合理路径。

二、理论工具和研究方法

治理理论是本书最主要的分析工具。在传统概念中，特别是在英美体系的政治理论光谱中，治理的核心是指以政府为核心的合法的强制性权力垄断，在这一过程中，政府拥有排他性的决策地位和执行能力，也就是在民族国家层面上运作以维系公共秩序、便于集体行动的正式而制度化的过程。① 但治理理论研究的发展使政府统治的含义有了变化，政府统治的条件已经不同于前，其含义也发生了变化，出现新的管制过程，② 包括以区域主义或多边主义为主体的超越国家层面的治理。随着治理理论进入以多种统治过程和互相影响的行为体互动带来的结果，③ 这些思潮发展也推动了全球治理理论的逐步兴起。在以国际治理的视角展开的北极研究中，对于治理理论的梳理显得尤为重要。

按照北极问题的区域性属性，区域主义似乎是北极治理研究中首选的理论工具。区域主义本身强调集体的身份与路径认同，但由于一体化的范围限定，以此作为治理工具势必会造成局限性和封闭性的弊端。如果将北极纳入多边主义的治理框架，似乎更需要关注跨区域、领域性机制建构，通过多边制度规范行为，形成共同参与治理的局面。而按照国际政治研究的领域划分，北极问题具有明显的全球性特征，也被视为是 21 世纪以来全球性问题深入发展的结果。从这一标准来看，全球治理应该是分析这一问题的理论工具。但是，气候变化将北极问题推向了地缘政治的中心，把一个科学考察的区域引入了商业竞争、国防安全、环境保护等问题的综合体，对现有的国际法律制度和政治体系产生了重要影响。北极本身被各国的领土领海、专属经济区、大陆架延伸等法律范围所涵盖，也无法避免出现重叠区域和争议区域，这些问题都属于传统意义上的地缘政治研究范畴。因此，作者根据北极问题的特点和治理现状，用多边治理和共生治理和全球治理作为理论工具，分析不同维度中北

---

① ［英］格里·斯托克著，华夏风译："作为理论的治理：五个论点"，《国际社会科学杂志（中文版）》，2019 年第 3 期，第 23—31 页。

② Rhodes R., The Noew Governance：Goverinig without Government, Political Studies, 44, 1996, pp. 652 –653.

③ Kooiman J., Van Vliet M., Governance and Public Management in Eliassen K. and Kooiman J. eds., Managing Public Organisations, London：Sage, 1993, p. 64.

极治理的基础、互动特点、治理路径和治理效果。其次，本书还进行有关的案例分析。案例分析法是社会科学中的一个重要的研究方法，其根本一方面包括了对各种观念的解释，而另一方面则充实相关理论假设的根基。

本书注重理念与思潮的发展。一般而言，理念和思潮等要素影响着国家间关系和国际格局整体。北极同样受到各类国际思潮的影响，从而其自身在国际议程中的排序，在地区合作中的位置，以及在国内层面的战略规划或不同要素间互动关系的变化。因此，本书希望从不同行为体的战略和政策规划中，以及在相应的案例中寻找治理理念和思潮的变化，特别是有关的理念性创新元素，以及在这些变迁中所产生的新工具与新途径。

案例研究是本书的重要部分。通过不同的案例分析与比较，可以更多反映出北极事务多维性中的内部关联度和外部依存性。在有关罗瓦涅米进程的分析中，主要围绕域内国家间的互动展开，更多反映出区域治理的要素和局限性。而关于国际海洋考察理事会的分析中，更多体现了多边治理和共生治理的基本特征。在发展维度中，北极开发的案例围绕域内和域外国家间的互动合作展开。上述案例可以较为清晰地展示治理主体、路径和绩效差异，以及不同维度之间的相互联动程度，成为提出多维北极的国际治理路径的重要支撑。

本书希望规避国内外学界当前北极研究的短板，强调多维北极自身在视角、议题和要素上的内部联动性，把北极的自然、科学、政策、发展和治理作为地区研究连贯的有机组成部分，以整体性看待北极不同单元内部的联系和其相互间的依赖关系。同时，本书希望突破国内学术界过于强调国家主导和现实博弈的倾向，在章节设置和内容结构上，并未刻意突出中国的利益或参与渠道，而是强化研究的"公共性"，客观地分析多维北极的北极国际治理目标、架构和路径，通过整体性论述强化北极的跨域性认同，为当前国别或单一议题主导下的国内北极研究增添新的视角，也间接为国外有关北极国际治理研究提供中国思路。

第二章

自然维度：北极气候环境边界的探索

　　全球性的气候变化使北极成为世界上最为脆弱的地区之一。温度的持续升高使北极脆弱的环境生态系统面临重大挑战，这些变化不但对当地土著人和其他居民的生产生活造成影响，还透过气候、海洋和生态系统的联动性效应加强了与域外的联系，并进一步削弱了其自身的适应力（Resilience）。跨域性是北极问题的最显著特征。虽然北极范围内的领土归属北极国家，但其变化的影响却超越地域限制。作为地球的两大冷源之一，北极左右着全球增暖过程。特殊环境下形成的生物种群及生态系统成为地球基因库的重要组成部分，也是全球生物多样性的重要成员。特殊的北极土著人文化背景，形成了世界文化宝库中的瑰宝之一。

　　自然维度下北极问题的兴起和凸显并非偶然，它与全球气候变化的影响具有"强相关性"。因此，厘清北极问题的新发展和新挑战，首先需要确定研究客体的边界，也就是从自然维度的概念界定入手，在此基础上分析北极变化的域内影响和溢出（Spill-over）效应。总的来看，自然维度中的北极问题范围由地理因素、气候因素和生态因素三个方面所决定，而相关行为体对北极变化的认知也成为地区政治和经济环境、行为规范的主要影响因素，最终形成北极国际治理的基本标准和架构。

第一节 嵌入全球气候变化中的北极

气候变化是当今世界的主要挑战之一。世界气象组织（WMO）的最新评估报告显示，2015—2019 年，全球地表平均温度比工业化前升高 1.1 摄氏度，与 2011—2015 年期间相比升高了 0.2 摄氏度。[①] 2019 年 5 月至 8 月，北半球 29 个国家共打破 396 项最高温纪录，录得 1200 次前所未有的高温。[②] 政府间气候变化专门委员会（IPCC）[③] 发布的《全球 1.5℃ 增暖》特别评估报告显示，2006—2015 年，全球地表平均温度比 1850—1900 年的均值升高了 0.87 摄氏度，并以每十年 0.2 摄氏度的速率继续上升。[④] 该报告还认为，要将温升控制在相比工业化前不超过 1.5 摄氏度，需要使全球 2030 年二氧化碳排放量在 2010 年基础上减少 45%，并在 2050 年左右达到净零排放；这不仅要求在能源、土地、城市、基础设施和工业系统领域实现大规模、前所未有的快速转型，同时还需要借助碳移除（CDR）等较为激进的减排技术，各行业面临的减排压力均大幅增加。有学者提出，"气候变化带来了全球性的挑战，其影响范围和幅度可能

[①] WMO, Global Climate in 2015 – 2019：Climate change accelerates, 22 September 2019, https://public.wmo.int/en/media/press-release/global-climate – 2015 – 2019 – climate-change-accelerates.

[②] "396 项最高温纪录被打破意味着什么"，《中国科学报》，2019 年 10 月 17 日，第 1 版。

[③] 联合国政府间气候变化专门委员会（Intergovernmental Panel on Climate Change）成立于 1988 年，属于世界气象组织的下属机构，由世界气象组织和联合国环境规划署共同创立。政府间气候变化专门委员会的主要作用是，在全面、客观、公开、透明的基础上，通过吸收世界各地的数百位专家的工作成果，对世界上有关全球气候变化的科学、技术和社会经济信息进行评估，其特殊地位使它能够在全球范围内为决策层和科研领域提供科学依据与数据。近年来，政府间气候变化专门委员会正在越来越多地关注北极地区的气候变化，并组织研究和做出评估。

[④] Masson-Delmotte, V., P. Zhai, H. O. Pörtner et al, Summary for Policymakers, in Global Warming of 1.5℃, an IPCC Special Report on the impacts of global warming of 1.5℃ above pre-industrial levels and related global greenhouse gas emission pathways, in the context of strengthening the global response to the threat of climate change, sustainable development, and efforts to eradicate poverty, 2018.

是人类所面临的最严重的环境问题。"①

针对这一全球性的挑战，全球气候变化合作的政治经济行动于20世纪80年代就已开始。2015年，《联合国气候变化框架公约》第21次缔约方大会暨《京都议定书》第11次缔约方大会（COP21）达成了气候治理历史上最重要的《巴黎协定》，提出把全球平均气温升幅控制在工业化前水平以上低于2摄氏度以内，并努力将气温升幅限制在工业化前水平以上1.5摄氏度以内。② 此外，还进行了一系列制度创新，对减排义务分配原则和体系进行重构，更新了对"共同但有区别的责任和各自能力原则"的解释，废除了《京都议定书》以二分法处理发达国家和发展中国家减排义务的模式，并首次以国际条约形式确认了缔约方"自上而下"提出国家自主贡献的减缓合作模式。③ 但是，国家间博弈和部分国家针对气候治理的责任义务分配的国内斗争，特别是作为全球气候治理中核心国家的美国宣布退出《巴黎协定》，对全球气候治理的实践和制度建设造成直接影响。

根据1970年以来的科学观测，由全球变暖引发的北极气候变化包括空气和水温的升高，海冰的融化和格陵兰冰盖消失，以及部分地区的低温异常现象，相关影响还包括洋流变化，海洋中的淡水增加④和海洋酸化等问题。⑤ 较为特殊的是，北极的气候和自然变化影响还产生了诸多跨域性影响，其中包括导致中纬度国家和地区的极

---

① 杨洁勉：《世界气候外交和中国的应对》，时事出版社，2009年版，第210页。

② United Nations, Paris Agreement, 2015, https://unfccc.int/sites/default/files/english_paris_agreement.pdf.

③ 于宏源：《全球环境治理内涵及趋势研究》，上海人民出版社，2018年版，第131页。

④ Graeter K. A., "Ice Core Records of West Greenland Melt and Climate Forcing". *Geophysical Research Letters*, Vol. 45, No. 7, 2018, pp. 3164 – 3172.

⑤ Rabe B. et al, "An assessment of Arctic Ocean freshwater content changes from the 1990s to the 2006 – 2008 period", *Deep Sea Research Part I*, Vol. 56, No. 2, 2011, p. 173.

端天气①、火灾或干旱、生态环境、生物的迁徙和多样性、自然资源压力和灾难频发等诸多问题。② 这些问题还会对人类的健康问题造成潜在影响，包括由于冻土层的融化向空气中释放的甲烷等气体。③ 北极理事会与国际北极科学委员会共同发布的《北极气候影响评估》报告指出，"北极变暖的速度是全球变暖速度的两倍，它所造成的融冰加速现象，将严重威胁北极地区的生态环境。"④ 可以说，北极地区成为全球变暖的放大效应地区，被视为全球气候变化的指示器。⑤ 还有研究显示，1980—2016 年整体温度上升了 0.5℃，这与北极的气候变化具有间接关系。⑥

　　政府间气候变化委员会的研究表明，北极地区的升温和世界其他地方一样明显。⑦ 融冰造成的海平面上升将威胁各国沿岸主要城市，逾 20 亿人面临着水荒、居住、粮食等问题。根据学者估算，这种威胁会造成全球约 20%—30% 物种灭绝的危机。⑧ 2014 年，政府间气候变化委员会发布《气候变化 2013：自然科学基础》评估报告，指出 "1979 至 2012 年间北极海冰范围以每十年 3.5% 至 4.1% 的速度缩小，达到 45 至 51 万平方公里。根据这种趋势观察，北冰

---

① Cohen J. et al. , "Recent Arctic amplification and extreme mid-latitude weather", *Nature Geoscience*, Vol. 7, No. 9, 2014, pp. 627 – 637.

② Grebmeier J. , "Shifting Patterns of Life in the Pacific Arctic and Sub-Arctic Seas". *Annual Review of Marine Science*, No. 4, 2012, pp. 63 – 78.

③ Schuur, E. A. G. et al, "Climate change and the permafrost carbon feedback", *Nature*, Vol. 520, No. 7546, 2015, pp. 171 – 179.

④ ACIA, *Arctic Climate Impact Assessment*. New York: Cambridge University Press, 2005, pp. 95 – 155.

⑤ See: Tedesco M. et al. , "Arctic cut-off high drives the poleward shift of a new Greenland melting record", *Nature Communications*, No. 7, 2016.

⑥ Acosta Navarro J. C et al. , "Amplification of Arctic warming by past airpollution reductions in Europe", *Nature Geoscience*, Vol. 9, No. 4, 2016, p. 277.

⑦ McCarthy J. J. , *Climate Change 2001: Impacts, Adaptation and Vulnerability. Contribution of Working Group II to the Third Assessment Report of the Intergovernmental Panel on Climate Change*, New York: Cambridge University Press, 2011.

⑧ Antholis William, A Changing Climate: The Road Ahead for the United States, *The Washington Quarterly*, Vol. 31, No. 1, 2007, p. 176.

洋在本世纪中叶前就可能出现在 9 月份无冰的情况"。① 有研究报告指出，1974 至 2004 年间，北极地区的年平均海冰量下降了约百分之八，面积减少了近一百万平方公里，超过美国得克萨斯州和亚利桑那州面积的总和，北极地区的冰层融化导致全球海平面平均上升近 8 厘米。② 与此同时，"超过约 41% 的北极永久海冰已经完全消失，每年还有数以万计平方英里的海冰逐步消失，北极冰帽的范围已经比上世纪中期缩小近一半"。③ 按照大多数科学家的计算，北极海域将在本世纪中期甚至更早将出现季节性无冰的现象。④

有学者提出，北极冰雪消融的最大危险就是全球气候变化可能达到"临界点"，从而导致全球气候变化进程加速，并面临失控的风险，造成一系列不可逆转的连锁反应。⑤ 气候变化影响下的北极变暖速度和范围逐渐超过预期，对北极植被生长带来广泛影响，也造成北极物种的多样性和分布发生变化。同时，诸多北极沿海设施面临气候变化引发的暴风威胁，气温升高导致的北极融冰加速可导致全球海洋盐度降低，改变洋流并造成极端气候增多。陆地融冰打乱了北极现有交通、建筑等基础设施建设布局，北极土著人群体也受到外部经济和文化"入侵"的影响。⑥ 气候变化引发的北极多重变化相互作用，将对其生态系统产生巨大影响。除了因气温升高的直接影响外，气候变化还对北极造成部分潜在的间接影响。例如，

---

① Intergovernmental Panel on Climate Change, *Climate Change* 2013: *The Physical Science Basis*, 2014, https://www.ipcc.ch/report/ar5/wg1/.

② Arctic Climate Impact Assessment, *Impacts of a Warming Arctic*, Synthesis Report, Cambridge: Cambridge University Press, 2004.

③ Howard Roger, *The Arctic Gold Rush: The New Race for Tomorrow's Natural Resources*, London and New York: Continuum, 2009.

④ National Intelligence Council, *Global Trends* 2025: *A Transformed World*, 2008, http://www.aicpa.org/research/cpahorizons2025/globalforces/downloadabledocuments/globaltrends.pdf.

⑤ Stephenson, Scott R. and Laurence C. Smith, "Influence of Climate Model Variability on Projected Arctic Shipping Futures," *Earth's Future*, Vol. 3, No. 1, 2015, pp. 331 – 343.

⑥ Arctic Climate Impact Assessment, *Impacts of a Warming Arctic*, Synthesis Report, Cambridge: Cambridge University Press, 2004.

北极未曾出现的病原微生物适应了新的环境，造成了蜱媒脑炎（TBE）和脑膜炎等疾病的传播。冻土层消融造成大量温室气体的释放，并对饮用水源构成污染威胁。包括多氯联二苯（PCB）等高浓度有机污染物和汞等重金属进入空气和水源，不但导致人类发病率的增高，甚至可能造成食物链的污染。[①] 此外，北极土著人和其他以传统方式生活的居民依靠生物自然资源为生，例如驯鹿畜牧者、猎人、渔民和手工业者，都依赖于北极高度的生物多样化和生态系统的完整性，气候变化将导致许多传统习俗和生活方式更加难以维持，由这些问题造成的社会和心理压力也间接影响着北极居民的社会福祉和身心健康。目前，已有大量关于北极环境影响各方面的研究，但针对上述影响因素如何相互作用的研究较少。

除了导致世界范围内的极端气温频繁出现以外，当前北极合作与博弈的焦点领域均是建立在气候变化引发的连锁效应之上，气候变化的程度、速度和趋势，直接决定了北极问题演变的方向。部分国家把气候变化造成的北极变化视为灾难性的挑战，担心由此引发陆地海洋生态系统的崩溃，但融冰增速也为人类利用北极提供条件，包括自然资源开采、航道开发、生物与非生物资源等多个方面的开发与利用更为便捷。[②] 最新的研究显示，截止 2018 年，北极地区 9 月的夏季最低气温相对于 1981—2010 年的平均值的下降趋势为每十年 10.8%。[③] 温度的变化不仅导致北极海冰消融、冰川消逝、冻土融化、岸上活动增多的侵蚀和植被区的转移[④]，也为其逐步成

---

① Ministry of Foreign Affairs of Sweden, Sweden's strategy for the Arctic region, 2011, http：//www. government. se/content/1/c6/16/78/59/3baa039d. pdf.

② Scott G. Borgerson, Arctic Meltdown, The Economic and Security Implications of Global Warming, *Foreign Affairs*, March/April 2008.

③ Rebecca Lindsey and Michon Scott, Climate Change：Arctic sea ice summer minimum, September 26, 2019, NOAA, https：//www. climate. gov/news-features/understanding-climate/climate-change-minimum-arctic-sea-ice-extent.

④ Lawson Brigham, Thinking about the Arctic's Future：Scenarios for 2040, *The Futurist*, September-October 2007, p. 27.

为国际航运走廊提供了条件。2008 年夏季，北极实现了历史上首次西北、东北航道的同时通航，使各航运大国重新聚焦于此。[①] 根据估算，从日本横滨港出发经东北航道前往荷兰的鹿特丹港的航程比传统的苏伊士运河航线缩短近 5000 海里，航运成本节约 40%，而从美国西雅图经西北航线抵达鹿特丹则比传统的巴拿马运河航线节省 2000 海里的航程和 25% 的航运成本。[②]

可以看到，北极变化与全球气候变化息息相关，而北极陆地和海洋融冰加剧同样对全球气候整体态势形成反向影响，二者的发展逻辑已相互嵌入，互为因果。因此，全球气候条约中的要求和减少温室气体排放的措施对北极来说也至关重要。减少包括二氧化碳在内的温室气体的排放是应对北极变暖最为重要的措施，短期措施也会减轻煤烟、对流层臭氧和甲烷等短期气候强迫因子的影响。政府间气候变化委员会认为，尤其在阿尔卑斯山脉地区和北极，煤烟可能具有较大的增温作用，因为这些物质的沉积会使大气层变热并加速雪和冰的融化。短期气候强迫因子的减少，特别是煤烟排放的减少可应对北极升温加剧，并有助于减缓雪和海冰的融化速度。[③] 因此，北极理事会、国际北极科学委员会（IASC）等都积极开展针对北极变化与全球气候变化关联性的研究和监测工作，通过发展和传播北极受到气候变化影响的知识，进而在全球气候治理中发挥作用。

---

① Humpert, Malte and Raspotnik Andreas, "*The Future of Shipping Along the Transpolar Sea Route*", The Arctic Yearbook. Vol. 1, No. 1, 2012, pp. 281 – 307.

② U. S. Arctic Research Commission and International Arctic Science Committee, Arctic Marine Transport Workshop, 2004, http://www. arctic. gov/publications/other/arctic _ marine _ transport. pdf; 贾桂德、石午虹："对新形势下中国参与北极事务的思考"，《国际展望》，2014 年第 3 期。

③ Paul J. Hezel, IPCC AR5 WGI: Polar Regions Polar Amplification, Permafrost, Sea ice changes, Working Group I contribution to the IPCC Fifth Assessment Report, 2013.

第二节 北极的基本边界特征与影响

北极边界的界定是讨论气候变化影响下环境变迁及其影响的前提。综合来看，北极问题的范围由地理因素、气候因素和生态因素三个方面所决定，北极问题的地理边界以北极圈作为衡量指标，气候边界以等温线作为衡量指标，而生态边界则由海域和树线作为衡量指标。

关于地理概念中的北极有着多种划分方式，"北极圈"是其中最为常见的一种。北极的概念源于北纬 90 度的北极点。《不列颠百科全书》将其解释为"地球轴线的北端，在北冰洋之上，距离格陵兰岛北部约 450 英里。"[①] 也就是指地球的自转轴与地球表面的两个交点之一。在该区域，太阳每年只会分别升起和落下一次，从而带来连续 6 个月的持续日光和连续 6 个月的夜晚，也就是气象学所称的"极昼"和"极夜"。科学家们在研究北极问题时，将北纬 66°30′平行或环绕地球的纬度线作为边界，将该纬度线以北的区域称为北极区域或北极圈内地区。这部分区域最明显的标志是，高于该纬度的地区在夏至时太阳不会落下，而在冬至时太阳也不会升起。这部分区域由北冰洋以及周边陆地组成，其中陆地部分包括了美国、加拿大、俄罗斯、挪威、瑞典、芬兰的北部地区，以及格陵兰和冰岛大陆以北约 40 千米的格里姆塞（Grímsey）岛。北极圈是目前最为普遍的北极范围界定标准，但学界对此仍存在争议。例如，北极理事会下辖的北极监测与评估工作组则认为这样的定义过于简单化，因为没有考虑到因气候带来的温度变化，可以导致山脉分布、大型水

---

① ［美］不列颠百科全书公司编著，国际中文版编辑部编译：《不列颠百科全书》，中国大百科全书出版社，2007 年版，第 255 页。

体和多年冻土分布的差异。①

　　气候是另一种北极边界的界定方式，包括"等温线划分法"②和"冻土带划分法"。所谓等温线划分法主要指按照特定气温在地图上划界，在这条等温带以北的区域 7 月份的平均温度为 10 摄氏度，这条等温线也就构成了北极的南部边界。③ 按照这一划分标准，北冰洋、格陵兰岛、斯瓦尔巴群岛、冰岛大部分地区、俄罗斯的北部沿海地区及部分岛屿、加拿大和美国阿拉斯加地区都进入了北极的地理范畴。④ 但与北极圈的静态划分方式不同，随着气候变化影响带来的气温变化，等温线划分法所囊括的具体地区是动态变化的。例如，在挪威北部的大西洋海域，随着北大西洋洋流的热传输效应导致等温线向北偏移，斯堪的纳维亚半岛只有其最北部地区可以被划入北极。⑤ 北冰洋盆地地区而来的冷水和冷空气则会导致该等温线在北美和东北亚地区向南偏移，将东北拉布拉多、魁北克省北部、哈德逊湾、堪察加半岛中部和白令海的大部分地区囊括其中。⑥ 换句话说，依照"等温线划分法"所界定的北极边界直接受到全球气候变化的影响。所谓冻土带划分法主要指将永久冻土带（Permafrost）地区认定为北极地区，这些区域的独特气候特征导致其冻土层（Tundra）处于 0 摄氏度以下并超过两年。但是，随着气候变化影响下北极地区的不断升温，这种纯粹以温度划分的方式显然无法满足客观研究的需求。

────────────

① Arctic Climate Assessment Programme, *Assessment Report*, Cambridge：Cambridge University Press，2005，Chapter 2.

② 等温线（Isotherm）指同水平面上空气温度相同各点的连线，等温线曲线的分布受海陆、地势、洋流等因素的影响。

③ Linell Kenneth and Tedrow John, *Soil and Permafrost Surveys in the Arctic*, Oxford：Clarendon Press，1981，p. 279.

④ Stonehouse Bernard, *Polar Ecology*, London：Springer，2013，p. 222.

⑤ Arctic Climate Assessment Programme, *Assessment Report*, Cambridge：Cambridge University Press，2005，Chapter 2.

⑥ Stonehouse Bernard, *Polar Ecology*, London：Springer，2013，p. 223.

生态指标是界定北极的方式之一，其中最为常见的是在亚寒带针叶林带和北极苔原之间的过渡地带划线，该树线（Tree Line）以北地区由于土壤冻结以及气候原因，只有稀疏的乔木和灌木混杂植被，仅苔藓和地衣可以生存并最终变成苔原地貌。[①] 从地图来看，这一划分在大多数地区与等温线一致，但部分区域的树线比等温线的位置向南部偏移 100—200 千米，涵盖阿拉斯加西部和阿留申群岛西部。此外，北极监测与评估工作组（AMAP）按照植被生长区进行划界，把北极细分为"高北极"（High Arctic）、"低北极"（Low Arctic）和"亚北极"（Subarctic）植物区。这一划分标准的问题在于，不同地区的过渡地带在宽度上差别较大。例如，北美地区的北极苔原和亚寒带针叶林带之间的过渡区较为狭窄，而在欧亚大陆地区最高可达 300 千米的宽度。[②] 由于植被生长范围的差异化，难以从地理学上给出树线的确切位置和地理坐标，气候变化同样是其中最为重要的影响因素。

海洋概念中的北极同样存在界定问题。以北冰洋为例，其面积约 1475 万平方千米，约占世界大洋面积的 3.6%。平均深度 1200—1300 米，为世界大洋平均深度的 1/3。最深处为南森海盆（Nansen Basin），为 5450 米。北冰洋洋面上有占其总面积 2/3 的永久海冰层，平均厚度约 3 米。北冰洋底部有广阔的大陆架，最宽达 1200 千米以上，所占面积达到总面积的 33.6%，其中包括罗蒙诺索夫海岭（Lomonosov Ridge）和门捷列夫海岭（Mendeleyev Ridge）将北冰洋分为波弗特海盆（Beaufort Basin）、马卡罗夫海盆（Makarov Basin）和南森海盆。在附属海方面，包括巴伦支海（Barents Sea）、楚科奇海（Chukchi Sea）、喀拉海（Kara Sea）、东西伯利亚海（East Siber-

---

① Linell Kenneth and Tedrow John, *Soil and Permafrost Surveys in the Arctic*, Oxford: Clarendon Press, 1981, p. 279.

② Stonehouse Bernard, *Polar Ecology*, London: Springer, 2013, p. 222.

ia Sea)、挪威海（Norwegian Sea）、格陵兰海（Greenland Sea）、波弗特海（Beaufort Sea）以及拉普捷夫海（Laptev Sea）。从传统概念来看，北极的海洋部分主要指北冰洋。但如果按照联合国粮农组织（FAO）的划分，北极海域包括以巴伦支海、挪威海东部和南部、冰岛及东格陵兰周边水域为主的东北大西洋海域；以加拿大东北水域、纽芬兰和拉布拉多周边水域为主的西北大西洋海域；以俄罗斯与加拿大、美国之间的西南陆地界限沿岸水域为主的西北太平洋海域；以白令海水域为主的东北太平洋海域。[①] 而美国国家海洋与大气管理局（NOAA）则划分出总面积超过 20 万平方千米的北极大型海洋生态系统。[②]

由于存在北极地理、气候和生态等多种边界认定标准，北极问题的"范围"也存在多种解释路径。例如，从面积来看，北极圈内的陆地总面积约 2100 万平方千米，但按照气候边界来计算则可能达到 2700 万平方千米。更为重要的是，除了直接的自然边界之外，分析北极问题还离不开因气候和生态环境变化导致的潜在影响边界，这包括相关国家自身对于北极地理范围的主观认定，以及以北极文化和传统为划分标准的人文地理边界。气候变化对北极的影响直接反映至本地社会中，随着气候变化导致的北极生态环境变化，社会层面的北极范围界定也出现一定的不确定性。[③] 因此，北极人文地理边界更多可以参考土著人（Indigenous People，又译为"原住民"）这一特殊因素。土著人源于 19 世纪人类学和人种学的学科，有学者称其为"某一群体的人团结于一个共同的文化、传统意义上的血缘关系，他们通常有着共同的语言、社会机构和信条，而且往

---

① Arctic Climate Impact Assessment, *Scientific Report*, Cambridge：Cambridge University Press, 2005.

② The National Oceanic and Atmospheric Administration, http：//www. lme. noaa. gov/index. php? option = com_content&view = article&id = 47&Itemid = 41.

③ Hassol S. J. , *Impacts of a warming Arctic*, UK：Cambridge University Press, 2004.

往构成了一个不受支配的有组织团体。"① 在中文里，"土著"与"土著人"的区别是土著作为统称，或仅指涉土著人个人作为在异族统治下的民族国家中受到内部或外部殖民的个别土著人个体。而土著人则强调各族群作为一个"民族"在国际法上应有包括追求民族自决等相应的集体权利。判定土著居民或土著人的标准主要依据是，在时间上比外来群体更早到达和定居，自发或自愿地使有别于外来文化的文化独特性得以延续，并且屈就于强势庇护的外来文化之下，逐渐被边缘化的族群。他们在一定程度上被剥夺了原先所拥有的物质或土地，并且具有一定的身份自我认同。②

美国的北极土著人主要居住在阿拉斯加地区，加拿大则分布于魁北克和拉布拉多省。俄罗斯的北极土著人在数量和分布范围上均居首位，在其北部的楚科奇自治区、萨哈共和国、泰梅尔自治区、涅涅茨自治区、亚马尔涅涅茨自治区和摩尔曼斯克州居住着大量的土著人群体。从人口总量来说，学界还存在着一些差异。有学者认为，目前北极地区的土著人人口约有 200 多万，包括鄂温克人（Evenks）、因纽特人（Inuit）、库雅特人（Koryat）、涅涅茨人（Nenets）、汉特人（Khanty）、楚科奇人（Chukchi）、萨米人（Sami）和育卡格赫人（Yukaghir）等。③ 也有学者提出，北极地区居住的总人口约 400 万，其中土著人占 1/10 左右。④ 这种统计差异的出现，主要因民族迁徙和通婚等原因导致，针对气候变化影响下北极人文地理边界变化的研究逐步推进。《北极人类发展报告》（The Arctic Human Development Re-

---

① Lewinski Silke Von, Indigenous Heritage and Intellectual Property: Genetic Resources, Traditional Knowledge, and Folklore, *Kluwer Law International*, 2004, pp. 130 – 131.

② Hitchcock Robert and Vinding Diana, *Indigenous Peoples' Rights in Southern Africa*, IWGIA, 2004, p. 8.

③ 张侠："北极地区人口数量、组成与分布"，《世界地理研究》，2008 年第 4 期，第 132—141 页。

④ Koivurova Timo, *Indigenous Peoples in the Arctic*, Arctic Centre, 2008, http://www.arctic-transform.eu.

port）对北极地区的民族和人口问题进行了分析，特别是气候变化带来的影响和经济发展程度评估。2010 年，该报告的后续文件《北极指标》（The Arctic Indicators）[①]，分别从健康水平、物质生活、教育水平、文化生活、生态环境等多方面进行分析。总的来看，气候变化影响下环境变迁及其影响与北极边界的界定存在较强的关联性，而在不同认定标准下的北极地理气候、生态环境和人文边界均有所差异，这是多维北极的国际治理研究必须面对的现实。

第三节　北极国家的主观认知和治理重点

北极国家是北极变化最为直接的承受方。在地理、气候、环境和人文等各个层面，北极国家的北极认知对形成世界范围内的认知共识至关重要，而其战略选择和政策导向也反向影响北极变化的趋势。如果北极国家的认知程度和政策工具不符合北极变化的发展速度，可能导致北极治理机制的滞后和能力赤字，而超越客观趋势的判断则又可能对人类可持续利用北极造成障碍。因此，理解北极国家的认知和政策选择对于从自然维度探索北极气候与环境边界，并在此基础上分析国际治理的模式至关重要。

一、俄罗斯

俄罗斯是陆地领土最为广袤的北极国家，也是北极土著人数量最多的国家。有研究显示，俄罗斯北极地区的总面积约为 300 万平方千米，占其国土总面积的约 18%，其中陆地面积 220 万平方千

---

① Nordic Council of Ministers, *Arctic Social Indicators*: *A Follow-up to the Arctic Human Development Report*, 2010, http://www.norden.org/en/publications/publikationer/2010-519.

米。俄属北极地区人口 250 万，不足俄总人口的 2%，却占北极地区总人口的 54% 以上，① 北极环境变化对其影响最为直接和深远。因此，俄罗斯非常重视北极环境变化对人类的直接影响，提出研究环境中有害因素对居民健康的威胁，制定保护居民和北极工作人员健康的标准，论证其生存环境和疾病预防的综合改善措施，并制定了一系列北极环境和生态安全的保护措施。②

在气候变化对北极环境持续影响的背景下，俄罗斯提出保护北极动植物和生物多样化，发展和扩大联邦级特殊自然保护区的土地面积和水域，扩大区级北极特殊自然保护区；监督生态系统和植物界物种状况；扩大联邦和地方级特殊自然保护区土地和水域；消除北极地区经济、军事和其他活动所产生的遗留生态后果，包括评估相关活动引发的生态损失和清理污染源；将现有经济和其他活动对北极环境造成的负面影响降至最低限度，并对此开展相关的研究、论证和必要措施；推动运用新技术降低负面环境影响和生态危机；采取措施改进生态监督机制，有效提升北极地区经济和其他活动的环境标准与效率。此外，俄罗斯还提出开展北极环境评估，使用现代化技术开展海空一体式的环境污染监控，发现和分析北极地区极端自然变化和负面气候现象，及时发现和分析自然和技术性突发事件，研究和推行促进再生产和合理利用矿产、生物资源、能源资源储备机制。实行俄联邦北极地区生态安全保障措施，包括消除过去遗留的经营和其他活动的生态后果，恢复北极海域环境，清理核、放射性污染物。③ 在普京总统的倡议下，俄于 2010 年启动了对北极

---

① Российские владения в Арктике. История и проблемы международно-правового статуса，ТАСС-ДОСЬЕ，28 мая 2017，https：//tass. ru/info/6312329.

② Ю. Н. Глущенко，А. С. Шишковым，С. А. Михаиловым，Арктика в современной системе международных отношений и национальные интересы России，*Проблемы национальной стратегии*，2014，№ 5，с. 26.

③ *Основы государственной политики Российской Федерации в Арктике на период до 2020 года и дальнейшую перспективу*，18. 09. 2008 г，Пр – 1969.

地区的俄属领土和北冰洋海域垃圾清理计划，并积极寻求在北极理事会框架下加强环保合作，推动完善海洋环境监测和保护的有效机制。俄已在北极地区设立了 23 个联邦及自然保护区和 86 个地区级自然保护区，2020 年底前俄还将再设立 3 个联邦自然保护区。[①]

国际合作是俄罗斯应对北极环境变化的重要手段，包括与相关国家定期交换环境信息、北极气候资料及其动态，通过国际合作完善北极气候的水文气象监控系统，组织有关冰情、海洋污染和生态系统研究的国际科考活动，分析气候变化对环境的影响，开展北极国家、地区和城市之间的对话，交流气候研究和能源政策等方面的经验。[②] 近年来，俄罗斯还通过举办"北极：对话之地"国际论坛，围绕北极地区气候变化趋势、减小经济活动对北极地区生态环境的不利影响等问题不断开展深入讨论。

二、挪威

挪威认为，气候变化、海洋酸化以及人类活动增加不但对北极环境本身造成影响，也对国家的自然资源管理和保护部门带来挑战，使其必须满足对知识和适应力的新需求。必须发展以知识为基础的环境和资源管理机制，以确保不可避免的气候变化进程不会引起重要物种栖息地和生态系统退化，亦或生物资源的损耗。[③] 随着气候变化和海洋酸化影响的增加，物种和生态系统将会因为这些额外的负担而变得更加脆弱。为了使人类活动对生态系统的集聚压力

①　"'北极—对话之地'论坛：北极资源开发需环保先行"，中国广播网，2013 年 9 月 30 日，http://news.cnr.cn/gjxw/list/201309/t20130930_513728098.shtml。

②　Правительство Российской Федерации, *Стратегия развития Арктической зоны Российской Федерации и обеспечения национальной безопасности на период до 2020 года*, 20 февраля 2013 года.

③　Ministry of Foreign Affairs of Norway, *The Norwegian Government's High North Strategy*, http://www.regjeringen.no/upload/UD/Vedlegg/strategien.pdf.

不至难以承受，需要为高北地区①的人类活动建立准则，针对北极活动设定严格的环境条件，不断增加应对环境危机的安全准备，以此推动北极的可持续发展。② 因此，挪威提出"尽管北极开发逐渐成为国际焦点，但挪威永远站在北极环境保护的最前线"。③

从国家综合实力来看，挪威并不属于传统意义上的北极大国，在应对北极环境变化和自然资源的可持续发展，北部海域管理机制和立法进程方面离不开与其他北极国家或非国家行为体之间的密切合作。挪威提出，将继续保持严格的环境标准作为新的人类活动的基础，并且保护这一脆弱地区，在制定出新的行为准则前，采用基于研究（Research-based）的方法评估北极环境。④ 积极开展北极环境保护和海洋生物资源可持续管理合作，包括制定挪威海域长期综合管理的方案，在保持生态系统结构、运转和效率的框架内鼓励价值创造。有学者认为，挪威的北极战略目标主要是维护北极地区的和平、稳定及可预测性，在充分考虑环境保护利益基础上创建整体发展体系，通过国际合作采取措施促进高北地区发展。⑤

挪威提出，依照预防性原则、累积环境影响评价原则，以及挪威《自然多样性法案》（The Nature Diversity Act）来保护可持续利用原则，并通过《斯瓦巴德群岛环境保护法案》等，跟进气候与环境方面的国家目标和承诺，继续为商业活动设定较高的环境和安全标准，其

---

① 在战略和政策规划中，挪威将其北极地区称为"高北地区"（The High North）。

② Norwegian Ministry of Foreign Affairs, *The High North：Visions and Strategies*, 2012, https：//www. regjeringen. no/globalassets/upload/ud/vedlegg/nordomradene/ud _ nordomrodene _ en _ web. pdf.

③ Government of Norway, Balancing Industry and Environment-Norwegian High North Policy, Foreign Minister Børge Brende's speech at the Arctic Frontiers 2016 conference in Tromsø 25 January, January 25, 2016, https：//www. regjeringen. no/en/aktuelt/speech-arctic-frontiers/id2472163/.

④ Norwegian Ministry of Foreign Affairs, *Norway's arctic policy*, 2014, https：//www. regjeringen. no/globalassets/departementene/ud/vedlegg/nord/nordkloden_en. pdf.

⑤ Владимир Коптелов, Россия и Норвегия в Арктике, Аналитические статьи, РСМД, 24 мая 2012, https：//russiancouncil. ru/analytics-and-comments/analytics/rossiya-i-norvegiya-v-arktike/.

中包括：继续在构建基于生态系统的综合海洋管理机制中扮演领导角色；鼓励所有对挪威周边海域具有管辖权的国家共同制定综合管理计划；将适应气候变化纳入北极理事会和高北地区其他论坛的中心议题，推动适应北极气候变化的战略发展；建立确保特别脆弱地区和物种保护的全球和区域合作；逐步减少高北地区短期气候强迫因子（Short-lived Climate Forcers）的排放；确保高北地区气候变化知识在国际气候谈判中得到传播并优先考虑；增强与俄罗斯的海洋环境合作，建立巴伦支海挪威—俄罗斯综合监测系统；在 2020 年前完成巴伦支海罗弗敦（Loften）地区海床的绘图；与芬兰在可持续性渔业和恢复塔纳河流域稀缺鲑鱼储量的措施方面展开合作等多个方面。①

作为北冰洋沿岸国家，挪威是重要的北极航运和渔业合作参与方。在挪威看来，北极海洋环境变化不但创造了潜在的商业运输条件，也使这一挑战的辐射区域超越北极的地理限制，成为所有贸易与航运大国、船舶制造业大国的重要关切。超过 80% 的北极海上交通都会经过挪威的水域，气候变化造成的融冰不但增加了北极海上运输的商业吸引力，也使挪威在该领域的重要性显著增强。但是，冰情的复杂性，冰区航行知识和技术的特殊性，搜救设施和能力的不完善等诸多因素对北极航运活动提出了挑战。挪威主张借助国际海事组织（IMO）②、北极理事会等平台加强合作。③ 除了多边协议之外，挪威还和与瑞典、芬兰和俄罗斯签署了关于巴伦支海的预

---

① Norwegian Ministry of Foreign Affairs, *New Building Blocks in the North-The Next Step in the Government's High North Strategy*, 2009, http：//www. regjeringen. no/upload/UD/Vedlegg/Nordområdene/new_building_blocks_in_the_north. pdf.

② 国际海事组织的前身是 1959 年 1 月 17 日成立的政府间海事协商组织，1982 年 5 月 22 日改为现名。它是联合国系统中负责处理海运技术问题的专门机构，其核心职能是针对世界各海域进行政府间的海事协商。国际海事组织的宗旨是，促进各国的航运技术合作，鼓励各国在促进海上安全、提高船舶航行效率、防止和控制船舶对海洋污染方面采用统一的标准，处理有关的法律问题。国际海事组织在北极地区有关航运安全、海洋环境保护等标准与规则方面发挥重要作用。

③ Ministry of Foreign Affairs of Norway, *The Norwegian Government's High North Strategy*, http：//www. regjeringen. no/upload/UD/Vedlegg/strategien. pdf.

防、应急准备和危机管理的协议。①

三、美国

美国与俄罗斯一样同为北极大国。有观点认为，美国对北极气候问题的认知经历了由"模糊"到"清晰"的过程，其内涵和外延不断拓展和延伸。② 冷战结束以来，气候问题在美国政治议程中经历了从边缘地位到战略性关注的变化过程。③ 历届美国政府也在政策和战略制定中逐步重视气候变化对北极的影响，包括要求最大限度地降低北极开发对环境所带来的负面影响，④ 提出保护北极环境是美国国家利益的组成部分，⑤ 防止因外部物质介入带来的北极环境污染，⑥ 强调要注意气候变化对美国北极地区带来的影响⑦等。2013 年，美国出台《北极研究计划：2013—2017》，大力加强对于北极变化的科学研究。⑧ 阿拉斯加州作为美国的北极前沿（Arctic Frontier），对于气候变化造成的北极环境变化感受最为直接，对于

① Agreement between the governments in the barents euro-arctic region on cooperation within the field of emergency prevention, preparedness and response, December 2008, https://www.barentsinfo.fi/beac/docs/Agreement_Emergency_Prevention_Preparedness_and_Response_English.pdf.

② 杨松霖："美国北极气候治理：主体、特点及走向"，《中国海洋大学学报（社会科学版）》，2019 年第 2 期，第 28 页。

③ 李海东："从边缘到中心：美国气候变化政策的演变"，《美国研究》，2009 年第 2 期，第 28 页。

④ National Security Council, National Security Decision Memorandum 144, December 22, 1971, https://fas.org/irp/offdocs/nsdm-nixon/nsdm-144.pdf.

⑤ National Security Decision Directive (NSDD-90), *United States Arctic Policy*, April 14, 1983.

⑥ Presidential Decision Directive/National Security Council (PDD/NSC-26), *United States Policy on the Arctic and Antarctic Regions*, June 9, 1994.

⑦ National Security Presidential Directive and Homeland Security Presidential Directive, NSPD-66/HSPD-25, https://www.fas.org/irp/offdocs/nspd/nspd-66.htm.

⑧ Executive Office of the President National Science and Technology Council, Arctic Research Plan: FY 2013-2017, February 2013, https://obamawhitehouse.archives.gov/sites/default/files/microsites/ostp/2013_arctic_research_plan_0.pdf.

开发和利用北极的期待也最高。2015 年，阿拉斯加州北极政策委员会发布报告，强调保护本地生态环境，应对气候变化挑战，提高原住民生活质量是阿拉斯加州的核心利益。[①]

虽然针对北极的研究日见增多，但人类对北极仍然知之甚少。海冰和冰川的消退、冻土消融、海岸侵蚀等变化，以及来自北极区域内外的污染物等基本数据较为匮乏。在美国看来，北极正在经历千年之久的气候转换周期，当前的变暖趋势不同于任何历史记录。北极的环境独一无二且多变，人类活动在北极地区的增加将会对北极环境带来额外压力，给北极社区和生态系统造成严重后果。同时，气候变化将引发能源供应、食物保障、淡水资源缺乏等一系列问题，给美国的国家安全带来挑战。[②] 随着北极温度的持续升高，海冰和冻土中的污染物将会被释放，这一趋势连同北极及其周边地区日益增多的人类活动，导致更多的污染物侵入北极，包括汞等持久性污染物和煤烟等漂浮污染物。[③] 北极海冰出现令人意外和持续的缩减，密集的多年冰正在被季节性薄冰所取代，更多的区域有可能实现全年通航。关于北极潜在油气和矿产资源的评估激发了北极商业活动和基础设施建设的预期，气候变化导致部分北冰洋海域更加适合通航，使各方对包括北方海航道在内的北极航道和资源开发的兴趣与日俱增。

在经济机遇日益凸显的同时，北极开发也将带来现实挑战。在环境方面，日益减少的海冰对土著人、渔业和野生动物造成直接影

---

① Alaska Arctic Policy Commission, AAPC Submits Final Report, Introduces Arctic Policy Legislation, Janurary 28, 2015, http://www.akarctic.com/aapc-submits-final-report-introduces-arctic-policy-legislation/.

② Allan W. Shearer, Whether the Weather: Comments on "An Abrupt Climate Change Scenario and Its Implications for United States National Security", Futures, Vol. 37, No. 6, 2005, pp. 445 – 463.

③ Patricia F. S. Cogswell, National Strategy for the Arctic Region Announced, The White House, May 10, 2013, https://obamawhitehouse.archives.gov/blog/2013/05/10/national-strategy-arctic-region-announced.

响，持续的海洋变暖和冰川融化将导致影响深远的环境结果，包括改变低纬度地区的气候，导致格陵兰岛冰盖的不稳定情况等多个方面。北极冻土融化加速造成甲烷这一气候变化的主要影响物以及主要环境污染物汞加速释放，产生于化石燃料的黑炭和其他物质排放污染的增加，对气候变化的发展趋势和北极环境生态系统将产生难以预料的后果，在北极地区设定国家优先方向是美国的当务之急。[①]

为了应对北极的变化，美国将"保护北极独特且易变的环境"作为其核心政策目标，提出了具体的应对措施，其中包括：了解全球气候波动及变化对北极生态系统造成的后果，引导北极自然资源长期有效管理；根据北极物种分布的变化趋势，不断探寻各种方法保护和可持续管理北极物种，建立适当的强制性力量保护海洋生物资源；寻求针对美国管辖范围之内和之外的生态保护国际合作，以便有效地进行生态管理；获取污染物对人类健康和环境不利影响的科学信息，加强减少主要污染物侵入多边合作；保护北极地区脆弱的海洋生态系统，应对破坏性渔业捕捞和北极日益扩张的商业捕捞，包括考虑通过国际协议或国际组织管理北极未来的渔业发展，推行基于海洋生态系统的管理模式等方面。[②]

四、加拿大

在加拿大的认知中，极少国家与其一样受到北极气候变化的直接影响。北极环境正受到域外变化的影响，对本地区独特且脆弱的生态环境构成重大挑战。冻土和冰川的消融、海冰减少对加拿大北

---

① The White House, National Strategy for the Arctic Region, May 10, 2013, https：//obam-awhitehouse. archives. gov/sites/default/files/docs/nat_arctic_strategy. pdf.

② The White House, Implementation Plan for The National Strategy for the Arctic Region, January 2014, https：//obamawhitehouse. archives. gov/sites/default/files/docs/implementation _ plan _ for _ the _ national_strategy_for_the_arctic_region_ – _fi…pdf.

方居民产生显著的文化和经济后果，北极开发计划所造成的污染，威胁着北方居民的健康和该地区脆弱的生态系统。虽然西北航道短期内难以成为安全可靠的国际运输航道，但海冰持续减少和通航期延长为科考、商业航运和旅游创造了先决条件。加拿大将保护自身的环境遗产，为后代保存北部地区脆弱而又独特的生态系统，减少气候变化的负面影响，针对北方地区的敏感环境采取综合性环境保护措施，确保养护措施与社会发展进度一致等作为其应对北极气候与环境变化的政策目标。

在具体措施上，加拿大通过退耕措施保护了大片的北方地区土地，并在大奴湖东支新国家公园和 Sahtú 安置区建设保护措施，扩建作为世界遗产的纳汉尼国家公园保护区；为了保护当地的生物栖息地，加拿大在巴芬岛及其周围地区建立国家级野生动物区域；与拉布拉多因纽特人签定土地协定，奠定了加拿大托恩盖特山保护区国家公园的法律地位，创建拉布拉多北极荒野国家公园；加强保护海洋环境，推动建立兰开斯特海峡海洋保护区；评估加拿大应对北极海洋污染的能力，确保在发生紧急情况时拥有必要的设备和反应系统；针对废弃矿山和其他污染源造成的环境破坏制定相应的修复计划；加强北方社区对于污染事件的反应能力，促进与国内和全球伙伴在基于生态系统的综合性海洋管理方面的合作；针对北方地区开展工业活动的公司进行严格的环境评估，建立环境修复或补救计划，设定符合业务运行和环境安全标准，满足包括渔业法在内的各种法律要求。①

在国际合作层面，加拿大提出与北极邻居及其他机构共同推广生态系统的管理方案，继续努力解决国际上北极气候变化成因和影响等问题。为此，加拿大也提出解决环境问题的相关措施，其中包

---

① Government of Canada, *Canada's Northern Strategy*: *Our North*, *Our Heritage*, *Our Future*: *Canada's Northern Strategy*, 2009.

括提升和加强国际标准，加强北极科学研究以及巩固国际极地年的遗产等方面措施。①

五、芬兰

芬兰认为，气候变化是北极所面临的最重要的挑战之一。北极地区受气候变化影响而气温上升的速度是全球平均水平的 1.5—2 倍。北极地区植被稀疏、环境恶劣、生态系统适应性极差，气候变化对北极物种造成直接威胁。北极地区对全球气候而言具有降温作用，然而目前海冰和冻土融化正加速全球气候变化趋势。造成全球变暖的主要温室气体包括二氧化碳、甲烷和氮氧化物，但黑炭、低空臭氧和甲烷等短期气候强迫因子是影响北极气候变化的主要原因，这些污染物对于促进北极变暖的作用比世界上任何地区都更为明显。同时，北极自然环境的脆弱性主要包括极端低温、干旱、光强和光质变化剧烈、生长期短限制了可在北极生存的物种数量，只有海洋生态网络保有大量物种和复杂的食物链。冰雪和冻土融化将影响生态系统并可能造成部分物种的永久灭绝。北极环境所受到的任何污染即便能恢复，其过程也极为缓慢。在其他地区产生的重金属、有机污染物经由气流、河流的远距离传播到达北极，进而在北部地区食物链中不断积累，最终影响到人体健康。在格陵兰岛和加拿大北部等地，远距离传播有害物已明确威胁到人体健康，特别是对于保持传统饮食习惯的土著人。②

此外，北极变暖及其带来的影响具有全球效应，海冰、冰川和

---

① Government of Canada, *Statement on Canada's Arctic Foreign Policy: Exercising Sovereignty and Promoting Canada's Northern Strategy*, 2010, http://www.international.gc.ca/arctic-arctique/assets/pdfs/canada_arctic_foreign_policy-eng.pdf.

② Finland's Strategy for the Arctic Region 2013, Government Resolution on 23 August 2013, Prime Minister's Office Publications 16/2013, Edita Prima, 2013.

积雪覆盖区通过洋流和大气运动可能使全球变得更加寒冷。除了远距离传播污染物，北极还受到本地区及相邻地区资源开发和利用活动的影响，自然资源的利用、相关工业活动及运输都增加了北极的环境压力。在芬兰看来，北极的生态多样性和自然保护具有全球价值和意义。每年约有 300 余种数百万计的濒危北极候鸟返回北极繁殖，约 10% 的全球渔获量来自于北极海域，良好的生态系统对生物种群的价值无法估量。气候变化和经济开发都可能对北极生物多样性构成影响，造成自然栖息地面积减少和分散，依赖于栖息地的物种数量不断减少。对生物资源的开发利用也会危害生物多样性，包括过度捕捞对整个海洋生态系统功能的影响。[①]

芬兰认为，北极环境极为敏感且生态恢复缓慢，生态系统和物种已经适应了极端气候条件和较短的生长期，人类活动在全球或局部地区造成的不良影响可能导致北极生态系统承受永久性变化。虽然北极自然环境为人类提供了极为重要的水、食物、能源等资源，但在北极的资源开发计划必须遵循生态系统路径。[②] 基于此，芬兰北极政策聚焦于气候变化、跨界污染物、北极自然资源的可持续利用、环境限制标准和各领域的环境保护活动。北极地区的经济和其他人类活动必须以环境风险防范和预防污染为基础，制定专门措施以提高依赖于北极环境的生计方式的适应能力；进一步提高气候测算模型的精准度；利用和管理好水资源，包括防范更加频繁的洪水灾害；承担减少温室气体和短期气候强迫因子的排放责任；最大程度降低北极环境污染风险，充分利用技术并采取符合北极状况的措

---

① Prime Minister's Office Finland, Government Policy Regarding the Priorities in the Updated Arc-tic Strategy, The Government's Strategy session on 26 September 2016, https：//vnk. fi/documents/10616/334509/Arktisen + strategian + päivitys + ENG. pdf/7efd3ed1 – af83 – 4736 – b80b – c00e26aebc05/Arktisen + strategian + päivitys + ENG. pdf. pdf.

② Finland's Strategy for the Arctic Region 2013, Government Resolution on 23 August 2013, Prime Minister's Office Publications 16/2013, Edita Prima, 2013.

施流程，通过评估社会经济和环境影响、开展多学科交叉研究项目，加入相应的国际条约准确避免环境风险；加强政府和科学界北极环境和气候问题的交流对话等。①

六、丹麦

在地理位置上，丹麦本身并不处于北极圈内，其北极身份认同主要来自作为丹麦王国一部分的格陵兰岛和法罗群岛。这一特殊身份导致丹麦的北极气候和环境变化认知与其他北极国家有所共识，但也存在一定的差异，特别是在有关北极开发和环境保护之间的平衡问题上。

丹麦认为，随着气候变化影响的不断加深，北极问题已逐渐成为国际议程的一部分，而全球发展也同样影响着北极。科学研究显示，北极气温自 1980 年以来不断升高，速度是全球其他地区的两倍。2005 年至 2010 年间，北极达到了 1840 年记录以来的最高平均气温。自 2005 年北极理事会发布《北极气候影响评估》（Arctic Climate Impact Assessment）开始，世界逐渐意识到北极变化的重要性和严重后果。北极变暖意味着融冰速度的加快，这一变化将导致海平面上升、大气层温室气体含量变化、全球洋流变化等广泛而深远的连锁反应。北极变化对全球气候和环境而言至关重要，在预测全球气候和环境演变趋势时，首先需要理解气候变化如何影响北极，以及北极如何反作用于全球气候变化的趋势。由于北极生态系统必须借助低温环境才能实现逐步进化，北极的自然环境和生物多样性显得尤为独特。外来污染物的累积可能通过食物链对北极生态产生

① Prime Minister's Office Finland, Action Plan for the Update of the Arctic Strategy, The Government's Strategy Session on 27 March 2017, https：//vnk. fi/documents/10616/3474615/EN_Arktisen + strategian + toimenpidesuunnitelma/0a755d6e – 4b36 – 4533 – a93b – 9a430d08a29e/EN_Arktisen + strategian + toimenpidesuunnitelma. pdf.

影响，从而进一步作用于格陵兰和法罗群岛的北极土著人。全球变暖导致北极夏季无冰区增多，而海冰情况也会对北极物种分布产生影响。无冰区的范围扩大和时间延长为相关的人类活动提供了便利，但包括油气资源开发、航运、渔业和旅游业都可能构成环境污染和事故的风险。航运的增加也可能构成外来物种大量入侵的风险，导致有害化学物质的降解过程更为缓慢，交通量的不断增加还会干扰、侵蚀生物栖息地或使其碎片化。①

对于丹麦而言，格陵兰在其北极战略中发挥基点作用。② 因此，丹麦致力于加强对北极变化的全球和区域性影响评估，包括北极环境生态系统、海冰和冰盖变化趋势等方面的知识积累，利用区域气候模型研究格陵兰岛气候持续变暖，推动格陵兰、法罗群岛的研究中心参与监测和研究。就北极环境压力和影响而言，加强有关持久性有机污染物（Persistent Organic Pollutants）对北极种群和生态系统的破坏性研究和监测非常必要。丹麦认为，要基于最佳科学知识和标准治理北极的气候和环境，而以尊重北极的脆弱条件为前提的国际合作则是重要支撑。结合土著人的传统知识，加强对北极变化社会影响的研究和措施，确保《联合国土著人权利宣言》（UN Declaration on the Right of Indigenous Peoples）的原则得到遵守，协助加强土著人在国际气候治理中发声。

此外，对格陵兰岛及周边海洋环境进行风险分析，包括人类和商业活动增多可能造成的污染风险，在此基础上加大关于污染控制的国际知识和经验共享，促进海上应急准备国际协作。丹麦提出根

---

① Ministry of Foreign Affairs of Government of Denmark, Department of Foreign Affairs of Government of Greenland, Ministry of Foreign Affairs of Government of the Faroes, Kingdom of Denmark Strategy for the Arctic 2011 – 2020, August 2011, http：//library. arcticportal. org/1890/1/DENMARK. pdf.

② Marc Jacobsen, Denmark's Strategic Interests in the Arctic：It's the Greenlandic Connection, The Arctic Institute, May 4, 2016, https：//www. thearcticinstitute. org/denmark-interests-arctic-greenland-connection/.

据《有毒有害物品污染事故防备与响应和合作议定书》（HNS Proto-col）关于有害物质赔偿条款，以及减少入侵物种侵害的《压载水管理公约》（Ballast Water Convention），大力推动北极海洋环境保护的相关措施，并与北极理事会和国际海事组织加强联合预防措施的合作。

七、瑞典

　　瑞典与北极的联系可追溯至遥远的中世纪，萨米族被视为北极圈内最为古老的瑞典少数民族，拉普兰（Lapland）地区也一直是瑞典王国的重要组成部分。18 世纪中叶起，瑞典在北极地区进行了大量科学研究，安东·罗兰森·马丁（Anton Rolandson Martin）于 1758 年搭乘瑞典捕鲸船抵达斯匹次卑尔根岛，开展气象和水温研究。阿道夫·埃里克·诺登舍尔德（Adolf Erik Nordenskiold）随后成为北极科研的先驱，并在 1875 年成为首个到达叶尼塞河源头的欧洲人。瑞典参与北极事务的实践持续整个 20 世纪，二战后曾开展小规模的北极考察，关注地质学、植物学、动物学和考古学的探索。1980 年夏天，瑞典破冰船"于默号"（Ymer）进行的北冰洋科考成为当代瑞典北极研究的开端。在瑞典看来，北极与世界其他地区一样深受气候变化的影响。全球变暖导致北极冰雪和冻土层的急剧退化，改变了北极的生物多样性，并影响北极土著人的生存条件，对其传统文化造成严重影响。北极夏季升温导致冰层覆盖的减少，为连接亚洲和欧洲的新航道开辟创造了机遇，但冰区航行仍存在巨大风险。[①]

　　为适应北极的气候和环境变化，瑞典认为不仅要加强有关科技

---

　　① Nima Khorrami, Sweden's Arctic Strategy: An Overview, April 16, 2019, https://www.thearcticinstitute. org/sweden-arctic-strategy-overview/.

的知识积累，也要搭建合作研究网络，吸纳自然科学和人文社会科学共同开展综合性研究。例如，瑞典北部地区的阿比斯库（Abisko）和塔尔法拉（Tarfala）科研站，以及位于基律纳（Kiruna）的欧洲非相干散射科学协会（EISCAT）雷达设施是主要的瑞典北极科研站。阿比斯库科研站组织各国科学家进行地区温度、沉降、融冰、动植物网络等方面的综合性环境监测项目已持续上百年，位于凯布纳凯瑟（Kebnekaise）山区域的塔尔法拉科研站主要进行基础研究，包括冰川监测、气象和水文分析以及冻土研究。①

　　针对北极气候和环境变化带来社会挑战，瑞典提出促进保护传统生活方式和提高土著人适应性的知识积累，吸纳土著人群体参与决策，在超越知识鸿沟的基础上提供政治方案。根据《北欧萨米公约》，瑞典有义务维持萨米人传统的生活方式，保护其语言和文化，并认可萨米人的文化和生活依赖于传统萨米定居点的驯鹿养殖等方式。瑞典还提出尽可能地减少污染物源头，通过巴伦支合作的框架促进俄罗斯北极地区的工业化升级，聚焦于更为有效的北极环境治理，减少因气候和环境变化出现的有害化学物质对人类的威胁等方面。②

八、冰岛

　　从地理意义上看，冰岛是距离北极"最远的"北极国家，除了其大陆以北约40千米的格里姆塞岛之外，冰岛绝大部分领土都位于

---

① Government Offices of Sweden, Sweden's Strategy for the Arctic Region, 2011, https://www.government.se/49b746/contentassets/85de9103bbbe4373b55eddd7f71608da/swedens-strategy-for-the-arctic-region.

② Ministry of the Environment and Energy, Swedish Environmental Policy for the Arctic, January 27, 2016, https://www.government.se/4901d4/globalassets/regeringen/dokument/miljodepartementet/pdf/160125 – environmental-policy-for-the-arctic.pdf.

北极圈外。但是，这丝毫没有减弱冰岛对于北极气候与环境变化的担忧，特别是可能因此引发的政治、经济和社会效应。冰岛认为，由于围绕气候变化、自然资源、新航道开辟、大陆架主张和社会变化的多重博弈，北极在国际事务中的重要性在近年来大大增加。但需要看到，北极生态系统仍极为脆弱，资源利用受到各种政治、经济、环境和社会条件所制约，北极国家的大陆架主张尚未在包括《联合国海洋法公约》在内的国际法框架内得到解决，北极的资源开发和环境变化将显著影响该地区居民的经济和社会状况，世界贸易也可能会受到北极海冰融化导致的连接北大西洋、北冰洋和太平洋的新航道影响，而这一切问题的根源都来自北极的气候和环境变化。

冰岛提出使用一切可能手段预防人为引起的北极气候变化，全力确保北极经济活动的增加有助于促进资源的可持续利用，以负责任的态度处理脆弱生态系统和生物保护，提高北极居民和社区的福祉，为保护北极地区土著人独特的文化和生活方式做出贡献。冰岛主张通过民事手段和反对北极任何形式的军事化努力，保障在北极地区广义的安全利益，加强与其他国家在生物研究、观测能力、搜援、污染防治的国际合作，特别在北极气候治理和环境保护、社会福利和自然资源的可持续利用等领域维护冰岛利益。①

第四节　"罗瓦涅米进程"的制度形态和展开逻辑

1989 年的北极环境保护协商会议和 1991 年的《北极环境保护

———————————

①　A Parliamentary Resolution on Iceland's Arctic Policy，Approved by Althingi at the 139th Legis-lative Session March 28，2011，http：//www. mfa. is/media/nordurlandaskrifstofa/A-Parliamentary-Reso-lution-on-ICE-Arctic-Policy-approved-by-Althingi. pdf.

战略》是"罗瓦涅米进程"① 的起源，以北极理事会为框架的北极气候和环境治理机制是该进程的主要成果。② 作为高层次的政府间论坛，北极理事会是北极合作的重要里程碑，为多利益攸关方针对北极可持续发展和环境保护问题，进行合作、协调和互动提供手段。③ 这一进程的主要目标是控制污染物排放和应对外部输入性污染，深化北极环境治理与合作，强调北极域内的身份塑造和认同，以及治理客体范围的区域集中性、利益争端的区域协商性以及终极目标的区域概念性。

一、"罗瓦涅米进程"的制度设计

制度设计是"罗瓦涅米进程"的重要环节。理论上看，制度作为约束个体行为的"游戏规则"，在其形成的过程当中无法避免个体意志与价值导向的介入。制度设计既强调制度对个体的约束和协调效应，更重视制度形成的起源和逻辑，强调理性主义的选择过程，④ 研究个体（设计者）对制度本身的影响。对于个体行为的共同预期和约束下的利益最大化是进行制度设计的基本逻辑，部分国家在研究制度设计时强调"理性主义范式"⑤、跨国行为者和民主合

---

① 作者将北极理事会奠基文件《北极环境保护宣言》的签署地芬兰罗瓦涅米归纳为这一机制进程的名称。

② Declaration On The Protection Of Arctic Environment, http：//iea. uoregon. edu/pages/view_treaty. php? t = 1991 - DeclarationProtectionArcticEnvironment. EN. txt&par = view_treaty_html.

③ The Arctic Council, *Declaration on the Establishment of the Arctic Council*, Ottawa, Canada, 19th of September, 1996.

④ Koremenos Barbara, Lipson Charles and Snidal Duncan, The Rational Design of International Institutions, *International Organization*, Vol. 55, No. 4, 2001, pp. 761 – 799.

⑤ Coglianese Cary, Globalization and the Design of International Institutions, Nye Joseph and Donahue John eds. *Governance in a Globalizing World*, Brookings Institution Press, 2000, pp. 297 – 318. Alexander Wendt, Driving with the Rearview Mirror: On the Rational Science of Institutional Design, *International Organization*, Vol. 55, No. 4, 2001, pp. 1019 – 1049. John Duffield, The limits of Rational Design, *International Organization*, Vol. 57, No. 2, 2003, pp. 411 – 428.

法性的作用①以及制度的"规范性"②，从不同的侧重点观察影响制度设计的因素。从"罗瓦涅米进程"的实践来看，不同于巴伦支欧洲—北极理事会、北极地区议员大会和北欧部长理事会等普遍性区域治理平台，北极理事会在其成员代表性、议题设置能力、机制化建设和成果约束性等方面占有绝对优势。在代表性方面，北极圈内8国为北极理事会的成员国，每两年轮流担任理事会轮值主席国。除了北极国家外，北极理事会还吸纳了6个北极本地社群组织作为永久参与方（Permanent Participant），以及13个域外国家、14个政府间或议会间组织和12个非政府组织作为观察员。（见表2.1）

在机制化建设层面，北极理事会不但设立了定期会议制度，还组建了海洋环境保护工作组（The Protection of the Arctic Marine Environment Working Group，PAME）、监测与评估工作组（Arctic Monitoring and Assessment Programme Working Group，AMAP）、突发事件预防、准备和反应工作组（Emergency Prevention，Preparedness and Response Working Group，EPPR）和动植物保护工作组（Conservation of Arctic Flora and Fauna Working Group，CAFF）。

表2.1　北极理事会相关参与主体

永久参与方		阿留国际协会（AIA）、北极阿撒巴斯卡议会（AAC）、哥威迅国际议会（GCI）、因纽特北极圈会议（ICC），俄罗斯北部地区土著人协会（RA IPON）、萨米理事会（SC）
观察员	域外国家（加入年份）	法国（2000）、德国（1998）、意大利（2013）、日本（2013）、荷兰（1998）、中国（2013）、波兰（1998）、印度（2013）、韩国（2013）、新加坡（2013）、西班牙（2006）、瑞士（2017）和英国（1998）

---

①　Tallberg Jonas，*The Design of International Institutions：Legitimacy，Effectiveness，and Distribution in Global Governance*，Collaborative Project at Stockholm University，Funded by the European Research Council forthe Period 2009 – 2013.

②　朱杰进："国际制度设计中的规范与理性"，《国际观察》，2008年第4期，第53—39页。

观察员	政府间或议会间组织	国际海洋考察理事会（ICES）、红十字会与红新月会国际联合会（IFRC）、国际海事组织（IMO）、世界自然保护联盟（IUCN）、北欧部长理事会（NCM）、北欧环境金融公司（NEFCO）、北大西洋海洋哺乳动物委员会（NAMMCO）、东北大西洋海洋环境保护委员会（OSPAR Commission）、北极地区议员常设委员会（SCPAR）、联合国欧洲经济委员会（UN-ECE）、联合国开发计划署（UNDP）、联合国环境规划署（UNEP）、世界气象组织（WMO）、西北欧理事会（WNC）
	非政府组织	海洋保护咨询委员会（ACOPS）、北美北极研究所（AINA）、国际驯鹿养殖者协会（AWRH）、极地自然保护联盟（CCU）、国际北极科学委员会（IASC）、国际北极社会科学协会（IASSA）、国际环极健康联盟（IUCH）、国际土著人事务工作组（IWGIA）、北方论坛（NF）、世界海洋保护组织（Oceana）、北极大学（UArctic）、世界自然基金会北极规划小组（WWF-Global Arctic Program）

北极理事会的成员构成与权责划分是其制度设计的重要部分。2011 年，北极理事会发表《努克宣言》[①]（Nuuk Declaration），提出采用北极高官会议（Senior Arctic Officials）报告附件（Annexes to the SAO Report），对观察员地位所享有的权利和义务提出了一系列明确的约束限制。[②] 具体来看，这些约束要求观察员承认北极圈国家在该地区的主权和派生权利，以及相应的管辖权，接受《联合国海洋法公约》等现有多边法律框架在该地区的适用性。文件特别提

[①] Nuuk Declaration 2011 of Arctic Council，http：//www. arctic-council. org/index. php/en/document-archive/category/5 – declarations？download =37；nuuk-declaration – 2011.

[②] Senior Arctic Officials Report to Ministers，May 2011，http：//Arctic-council. npolar. no/accms/export/sites/default/en/meetings/2011 – nuuk-ministerial/docs/SAO_Report_to_Ministers_ – _Nuuk_Ministerial_Meeting_May_2011. pdf.

出，需要尊重土著人的价值观、文化、传统和相应的利益。同时，观察员应展示自身的合作意愿，特别是一定的资金能力，促进永久参与方或土著人群体的发展，以及自身利益诉求与北极理事会趋同，对北极理事会工作表现出相应的能力和意愿需求，将成员国或永久参与方作为代理方，向北极理事会转达关切议题。

换言之，"罗瓦涅米进程"作为北极气候与环境治理的核心平台，依照"核心—外围"的治理框架对治理主体进行划分。其中，成员国和永久参与方作为"核心主体"，扮演了观察员的代理方。观察员作为"外围主体"，只能通过这一代理者表达自身意愿和诉求，并且没有对任何决议的实质性否决权。不但如此，外围主体的旁听权利也受到严格限制，必须得到核心主体的许可和邀请。但是，为了提高北极理事会相应的项目运行能力，外围主体获得了部分项目的资金参与权，也就是通过北极理事会各类工作组的项目计划，开展项目资助活动。值得注意的是，这种资助的额度被严格限制在核心主体的资助额度以下。同样，外围主体只有经轮值主席国批准，才可以针对相关议题发表看法或提交书面意见，而这种意见表述行为也必须位列于核心主体之后。[①] 可以看到，核心主体的构成符合宏观区域的定义，也就是因地理关系或相互依存程度联系在一起的有限数量的国家，以地理意义上的北极地区为治理范围，其工作组的设置标准也符合以推动域内的合作协调应对未来环境挑战的治理议题。

虽然"罗瓦涅米进程"强调建立北极国家间良性竞争和与非北极国家的限制性互动模式，在兼容性上更为关注国际体系和地区间关系的兼容作用，重视外部输入性的整合动力，在认同标准上除了

① Senior Arctic Officials Report to Ministers，May 2011，http：//Arctic-council. npolar. no/acc-ms/export/sites/default/en/meetings/2011 – nuuk-ministerial/docs/SAO_Report_to_Ministers_ – _Nuuk_Ministerial_Meeting_May_2011. pdf.

强调单一的利益认同，还关注跨国家、跨民族、跨区域的利益及规范认同。但是，其通过制度设计对于主体行为能力实施限制措施，强调域内的身份认同和利益排他，势必导致相关制度以身份和地域特征为主，强调共同利益和对外立场的一致性，这在客观上也反映出北极国家在应对北极跨域影响和维护治理区域集中性上存在悖论。

二、"罗瓦涅米进程"的展开逻辑

环境塑造是罗瓦涅米进程的重要推进要素。从概念上讲，这种环境塑造包括北极国家气候与环境合作的内部环境，治理主体的互动意愿和治理结构的主客观环境。"罗瓦涅米进程"通过环境塑造有效提升了其区域一体化动力，明确了参与主体的身份和权责划分标准，增强了自身作为气候和环境治理核心平台的议题设置能力和影响力。具体来看，这种环境塑造分为以下两个层次。

第一，身份环境塑造。身份环境是指对于某种特定身份认同的一种建构方式，代表了成员在特定社会系统中所扮演的角色，以及不同身份所享有的权利和责任义务，通过特定身份在系统内参与整合。按照"罗瓦涅米进程"的展开逻辑，其治理建立在区域认同这一核心标准之上，包括区域身份和区域利益认同等多个方面。从实践来看，"罗瓦涅米进程"中的核心主体强调拥有共同的地域身份认同，塑造出参与治理的固定范围。例如，在环境问题上北极国家将其塑造为"内部事务"而拒绝外部参与。加拿大提出，北极国家有能力通过内部协调妥善解决现有北极问题，而域外国家是这其中的补充性力量。加拿大认为，北极五国协调机制与北极理事会机制是北极治理中的关键平台，增强区域内的合作将有效促进北极治理关键伙伴间的互动。①

　　除了地理身份，由地理联系而产生的利益交汇和重叠被视为"罗瓦涅米进程"中的利益身份。相较于地理身份而言，利益身份又可以被看作为间接身份更易被建构和塑造。例如，在面对北极气候和环境变化影响下出现的油气资源和航道开发问题时，存在的经济利益直接受益方和环境代价客观承受方，在北极气候和环境问题上的积极保护方和消极应对方等等。值得注意的是，这些利益差异虽然将不同国家捆绑于不同的身份认同，但始终是处于北极区域这一地理身份之下的间接身份。身份认同的建构首先以固定的北极区域为平台，也就是地理上的共享关系，是一种自然形成的共性特征。而对于不同利益身份的建构则产生于行为体的主观意愿，这也包括在面对共同威胁、挑战或针对共同目标所进行的主观建构。②

　　第二，意识环境塑造。从北极的区域治理层面来看，北极国家所强调的身份认同虽然可以激发域内协调的动力，但在某些问题上难免触及"公地悲剧"或"囚徒困境"等集体行为面临的普遍性矛盾，也就是作为治理主体的国家因其理性行为可能带来集体的非理性化结果。在应对和化解这一悖论上，有着以制度约束为主的控制派和以放任自由为主的自由派，以及产生于二者之上的自主治理学说。所谓自主治理就是强调低外部压力环境下，小规模群体形成较为固定的治理框架，通过对于公共物品的自主管理域使用，达到有效治理。③ 有学者提出，"自主治理必须遵从清晰界定边界原则、收

------

① Government of Canada, *Statement on Canada's Arctic Foreign Policy*: *Exercising Sovereignty and Promoting Canada's Northern Strategy*, 2010, http：//www. international. gc. ca/arctic-arctique/assets/pdfs/canada_arctic_foreign_policy-eng. pdf.

② 赵隆："北极区域治理范式的核心要素：制度设计与环境塑造"，《国际展望》，2014 年第 3 期，第 32 页。

③ 这一理论认为，由于组织成员之间以及组织成员与公共资源之间利益的高度相关性，他们比任何外部的权力中心更关心资源的良性发展和存续问题，以及如何对公共资源进行治理才能保证这种良性发展和存续的实现，这种多中心的自主制度是解决"公地困境"的最好选择。

益和成本对称原则、集体选择的安排原则、监督原则、冲突解决机制原则、对组织权最低限度的认可原则等方面。"① 自主治理强调普遍性权威下的行为一致，认为行为体出于对自主治理框架的认同，促进集体行为的产生。② 自主治理不但强调内部的政治、经济、社会相互依赖程度，还强调对于区域机制的认可程度，而其灵活的制度安排则避免了制度约束过强可能引发内部合作意愿与外部利益诱惑的矛盾失衡现象，而制度约束赤字则又会导致组织结构松散。③ 北极治理目标的复杂性和跨域性，无法仅以单一方式进行治理④等特征，恰好符合自主治理的前提条件，而这种自主治理意识也是构建由域内行为体提供相应的公共物品，以制度或非制度安排的协商性治理为工具的互动模式的重要保障。这种自主治理意识的塑造也反映在北极域内协商和对外排他等部分狭义区域治理实践中。

理解和分析北极的自然维度，首先要从北极的多重界定入手。这种界定不仅可以厘清北极自然变化本身的范围，也可以梳理导致北极问题复杂化和影响跨域化的主要驱动因素。同时，探讨北极国家对北极气候、环境、生态变化的认知和政策导向，并将"罗瓦涅米进程"的制度设计和展开逻辑作为案例，则能准确把握自然维度下北极变化的国家驱动力，以及国际治理向科学维度传导的路径。

---

① ［美］埃莉诺·奥斯特罗姆著，徐逊达译：《公共事物的治理之道——集体行动制度的演进》，上海三联书店，2000 年版，第 51 页。

② Buck Susan, Book Reviews on Elinor Ostrom's Governing the Commons: The Evolution of Institutions for Collective Action, *Natural Resources Journal*, Vol. 32, No. 2, 1992, pp. 415 – 417.

③ Ostrom Elinor, *Understanding Institutional Diversity*, Princeton NJ: Princeton University Press, 2005, pp. 35 – 37.

④ Anderies John, Janssen Marco and Ostrom Elinor, A Framework to Analyze the Robustness of Social-ecological Systems from an Institutional Perspective, *Ecology And Society*, Vol. 9, No. 1, 2004, p. 18.

科学维度：知识分享与认知共同体建设

科学是理解北极问题的"钥匙"，更是应对北极变化的核心工具。北极特殊的地理位置和自然环境决定了其重要的科学价值，北极是大气海洋物质能量交换的重要地区之一，在全球大气气候系统形成和变化中起重要作用。没有一代代探险家和科学家们持续不断的探索，没有现代科学技术的发展和进步，北极自然变化广泛而深远影响难以得到各国和人类社会的关注，有效的国际治理也无从谈起。而更为关键的是，相关国际治理机制的科学路径以及科学家群体，不但能够将北极科学这一抽象概念从思想、观念和精神领域，移入到人类现实生活之中，还可以推动科学对国家政策和行动产生广泛影响。因此，分析国际治理机制、国家行为体和科学家这一特殊主体的治理路径，有助于理解北极自然变化下各类行为体的应对方式，形成跨域性的北极科学治理共识。

第一节 涉北极国际机制中的科学路径

北极气候和环境的快速变化是引发各方关注的主要因素，也是北极相关国际性治理机制成立的主要动因。包括北极理事会、国际北极科学委员会等治理平台在成立之初，就确定了其科学先导的核心属性，以及在制度设计方面为科学家参与治理提供便利的核心思想。但是，通过分析可以发现，不同机制中的科学治理路径也有所差异，特别是科学家参与的方式和效果也不尽一致，构成多样化的科学治理路径。

一、次级实体创设和报告引领：来自北极理事会的经验

次级实体（Subsidiary Body）是北极国际治理机制中科学路径的一种形态。其中最具代表性的应属北极理事会下辖的特定任务导向的工作组（Working Group），任务组（Task Force）和专家组（Expert Group）的设置。（参见表3.1）科学家是上述次级实体的构成主体，通过相应的科学研究，科学家可以在工作组和专家组层面形成共识，并通过报告发布的形式引导北极理事会相关合作议程，从而间接推动国家行为体和非国家行为体的政策规划和执行。任务组是北极理事会框架内的独特机构设置，其主要功能是推动各方达成具有普遍和法律约束力的协定，以及相应的短期合作项目。截至目前，北极理事会曾经设立的11个不同的任务组均已完成各自使命从而自动撤销，其中3个任务组成功推动理事会达成相应的多边协议。[①]

北极理事会的次级实体在组织架构上兼顾了"科学—政策—行动"的相互连通性，各工作组均设有主席、管理委员会和指导委员会，并建立常设秘书处，而管理委员会的成员由成员国相应部委的政府机构代表和永久参与方的代表组成。同时，相关次级实体还重视北极的域内外联系，观察员可以出席工作组会议并参与项目，工作组也可以邀请其他专家参会。从权力来源来看，工作组项目的执

---

① Arctic Council, Task Forces of the Arctic Council, 07 May 2015, https：//arctic-council. org/index. php/en/about-us/subsidiary-bodies/task-forces.

行依据北极理事会部长会议授权，每年在部长级会议和高官会之前召开会议，并对部长级会议负责，一致同意原则是工作组的基本运行原则。专家组的主要功能是为相关工作组提供具体科学支持，而任务组的主要职能是完成在部长级会议上确立的具体合作项目。

表 3.1　北极理事会下辖的次级实体

工作组	任务组（均已自动撤销）	专家组
北极污染物行动计划（ACAP）	北极海洋合作任务组（TFAMC）	应对黑碳和甲烷行动框架执行专家组
北极监测与评估计划（AMAP）	促进北极互联互通任务组（TFICA）	
北极动植物保护工作组（CAFF）	北极通讯基础设施任务组（TFTIA）	
应急预防、准备与反应计划（EPPR）	加强北极科学合作任务组（SCTF）	
北极海洋环境保护工作组（PAME）	北极海洋油污预防任务组（TFOPP）	
可持续发展工作组（SDWG）	黑碳和甲烷特别任务组（TFBCM）	基于生态系统的管理专家组
	创建环极商务论坛任务组（TFCBF）	
	机制事务任务组（TFII）	
	搜救任务组（TFSR）	
	北极海洋油污防范和应对任务组（TFOPPR）	
	短期气候因子任务组（SLCF）	

　　具体来看，北极污染物行动计划（Arctic Contaminants Action Program，ACAP）成立于 2006 年，是北极理事会下辖的 6 个常设工作组之一，其主要职能是通过科学家的合作，推动各国采取行动减少排放和其他污染物，从而对全球范围内的减排和环境保护做出贡献。北极国家代表团是工作组的正式成员，北极理事会永久参与方也可以参会。该工作组由主席领导运行，主席职位由北极国家每两年轮替担任，副主席一般是新一届主席的主要候选者。工作组每年

召开 2 次全体会议，确定工作计划和优先事项，包括由工作组授权下新的研究计划。目前，挪威担任该工作组的主席。该工作组还设有 4 个专家组，包括"持久性有机污染物和汞"（POPs & Mercury）、"有害废弃物"（Hazardous Wastes）、"土著人污染行动计划"（IP-CAP）、"短期气候污染物"（Short-Lived Climate Pollutants）。

根据挪威任期内的规划，工作组将在 2019—2021 年期间重点推动减少北极地区持久性有机污染物、汞和其他化学品威胁，减少废物和短期气候污染物排放。为此，挪威于 2019 年启动减少并最终消除对北极环境的污染风险试点项目。工作组还强调借助传统知识的必要性，与北极土著人社区共同制定研究项目。工作组对固体废料管理问题的关注日益增加，特别是由此造成的微塑料海洋污染等问题。

科学报告是所有工作组引领北极理事会研究与合作议题的重要工具。在北极污染物行动计划工作组内，科学家们提供了多种形式的报告，包含研究与评估报告、信息简报、行动建议报告等。值得注意的是，北极污染物行动计划工作组的报告除了具有单一的科普性质之外，还具备很强的政策操作性。例如，2016 年 9 月出台的《北极环境和人类污染应对战略》以政策报告形式，为相关国家提供了具体的行动目标清单，以及相应的资金支持计划。[①] 工作组还于 2015 年提出《关于减少居民木材燃烧产生的黑碳排放建议措施》，为相关国家提出包括"自愿性黑碳排放测试和生态标签""针对特定区域设置木材燃烧禁令""清洁燃烧设备替换计划""定期炉灶检查和维护""建立薪柴燃烧准则并促进燃料的均质性""开发和使用更高燃烧效率或增强储热能力的炉灶""支持燃木炉灶到颗粒

---

① ACAP Strategy to Address Contamination of the Arctic Environment and its People，September 2，2016，https：//oaarchive. arctic-council. org/bitstream/handle/11374/2111/ACAP_2016_10_04_Strategic_Plan_APPROVED-by-SAOs. pdf？sequence = 1&isAllowed = y.

炉的过渡计划"等具体的行动措施①，提高了工作组以科学建议影响相关国家政策和行动的能力。

北极监测与评估计划（Arctic Monitoring and Assessment Programme，AMAP）成立于1991年，并于1996年正式成为北极理事会首批设立的工作组之一。其总部设立在挪威首都奥斯陆，成员包括来自北极八国的代表、北极理事会永久参与方、北极理事会观察员代表以及工作组本身的观察员组织。其主要职能是针对北极环境现状和挑战提供可靠充足的信息，支持北极国家政府应对气候变化和环境污染，并为相关行动提供科学建议。工作组负责监测北极所有区域污染物等影响，包括污染趋势、污染物的来源和途径，并针对污染造成的北极动植物和土著居民的影响做出评估，在此基础上向北极理事会部长级会议提供政策和行动建议。工作组也支持其他国际性应对污染物和气候变化行动，包括《联合国气候变化框架公约》《关于持久性有机污染物的斯德哥尔摩公约》和《长距离跨境空气污染公约》等。

工作组监测和评估的主要污染物和领域包括持久性有机污染物（POPs），汞、镉和铅等重金属和放射性物质，次区域范围内的酸化和北极霾，石油碳氢化合物污染问题，全球气候变化对北极的环境影响和生物影响，平流层臭氧消耗等引起的生物效应，臭氧消耗和气候变化导致紫外线辐射增加的影响，以及污染物和其他压力因素对生态系统和人类的综合影响等多个方面。北极监测与评估工作组自成立以来还发布了一系列高质量的报告，包括北极地区的人类健康、北极持久性有机污染物、北极气候影响评估、北极油气资源评估等，为相关国家的政策制定提供了科学依据和决策参考。

---

① Recommended Actions of the ACAP Report on the Reduction of Black Carbon Emissions from Residential Wood Combustion，2015，https：//oaarchive. arctic-council. org/bitstream/handle/11374/387/ACMMCA09_Iqaluit_2015_ACAP_ACAPWOOD_report_pamphlet_web. pdf? sequence =1&isAllowed = y.

1997 年，工作组发布首份《北极污染问题：国家北极环境评估报告》，改变了传统概念中俄罗斯（苏联）是北极污染物主要来源地的认识，提出包括北极和非北极国家的所有北半球国家都是造成北极水和土壤污染的来源，而最主要的污染源则来自军事行为、矿业和冶金业等方面。[①] 上述研究成果通过北极理事会和相关土著人代表更广泛地传递至其他国际性机制和论坛中，最终形成了有关应对北极地区污染的国际性协议或行动。《关于持久性有机污染物的斯德哥尔摩公约》的形成和最终通过就是最典型的案例之一。此外，该报告最终还促成了俄罗斯西北部放射性燃料、废弃物的清除行动。2004 年发布的《北极气候影响评估》（ACIA）报告引起了世界的广泛关注，使更多的国家关注气候变化对北极的影响，逐步将北极研究和监测作为其科学研究的优先领域，来自部分非北极国家的科学家也参与了报告的撰写。[②]

2013 年，工作组发布《北极地区海水酸化评估》报告，使更多国家关注北极面临的海洋治理问题。报告提出了人类活动造成的二氧化碳排放增加是海洋酸化的主要原因，而北极对海洋酸化更加脆弱和敏感。报告还指出，海洋酸化对北极海洋生态系统影响巨大，甚至存在导致部分物种灭绝的可能，海洋酸化还会对北极地区经济和社会产生潜在影响，包括海洋的生物资源以及人类的生活方式等多个方面产生影响。[③] 工作组就此提出加强研究和观测，敦促各国切实减少排放，采取共同行动应对等具体建议。基于该报告，相关国家在 2013 年瑞典基律那北极理事会部长级会议上，明确了各国共同采取行动应对北极海洋酸化问题的决心，提出"肯定北极酸化的

---

① AMAP, Arctic Pollution Issues: A State of the Arctic Environment Report, Oslo, Norway, 1997.

② ACIA, Arctic Climate Impact Assessment, ACIA Overview Report, Cambridge University Press. 2005, p. 10.

③ AMAP, Arctic Ocean Acidification 2013: An Overview, Oslo, 2014, p. 11.

评估工作……同意报告中的各项建议，认同减少二氧化碳排放是治理海洋酸化最有效的方法，要求所有北极国家能采取措施，跟踪并减缓海洋酸化过程"等具体措施。[1] 从专家评估报告到国家层面的正式宣言，再次印证了国际机制中的科学路径可以间接且有效地塑造议题，影响政策和相关行动。

北极动植物保护工作组（Conservation of Arctic Fauna and Flora, CAFF）同样起源于 1991 年的《北极环境保护战略》，由北极理事会成员国、永久参与方、土著人社群组织和观察员委派科学家就北极动植物的保护、生态多样性和物种栖息地保护展开合作研究。通过将相关的评估与监测报告提交给北极理事会部长级会议和高官会（SAOs），北极动植物保护工作组同样成为北极科学研究、知识创造和政策行动之间的重要桥梁。2013 年，工作组发布了《北极生物多样性评估》（Arctic Biodiversity Assessment），提出了将气候变化作为生物多样性变化趋势的参照系，提倡基于生态系统的管理模式，将北极生物多样性指标纳入北极的政策制定、标准设定和活动规则等多项建议，不但成功地将应对气候变化、确定生物多样性保护等重点领域、应对生物多样性应激源、增进知识与公众意识等重要问题纳入北极理事会的议题框架中，也奠定了工作组在北极生物多样性监测领域的核心地位。

科学网络建设是北极国际治理机制的科学路径之一。以北极动植物保护工作组为例，其为相关科学家构建了全球性的数据共享平台和联系网络，并于诸多科学家组织或非政府组织签署合作协议，共同推动北极动植物保护领域的科学合作，包括与极地青年科学家协会（Association of Polar Early Career Scientists, APECS）签署协

---

[1]　U. S. Department of State, Kiruna Declaration: On the Occasion of the Eighth Ministerial Meeting of the Arctic Council, May 15, 2013, https: //2009 - 2017. state. gov/r/pa/prs/ps/2013/05/209405. htm.

议，鼓励青年科学家参与工作组的科学项目；与《联合国生物多样性公约》（UN Convention on Biological Diversity，CBD）合作提升北极生物多样性在全球生物多样性保护中的重要性；与《联合国迁徙物种公约》签署合作协议，协助迁徙物种的跨区域管理，与非北极国家开展信息共享；与《非欧亚水鸟协议》（African-Eurasian Water-bird Agreement，AEWA）签署合作协议开展候鸟协同保护；与东亚—澳大利亚候鸟迁徙路径伙伴关系（East Asian-Australasian Flyways Partnership，EAAFP）达成合作意向；与《拉姆萨尔公约》（Ramsar Convention on Wetlands）合作协调北极湿地的保护等。①

应急预防、准备与反应计划（Emergency Prevention，Prepared-ness and Response，EPPR）也是 1991 年《北极环境保护战略》成立之初就设立的四个工作组之一，于 1996 年纳入北极理事会的框架，其主要职责是推动北极国家之间的合作，实现北极地区环境保护和可持续发展。工作组每年召开年度大会和团长会议。与其他工作组一样，应急预防、准备与反应计划工作组向北极理事会部长级会议和高官会议直接提交报告。应急预防、准备与反应计划工作组的主要目标是有效应对突发性石油泄漏和毒害物质污染，以及放射性物质所引发的突发事件和自然灾害。2000 年，该工作组发布了《应对突发事件的当前国际安排和协议有效性》的评估报告，并于 2009 年提出建立相应国际机制应对国际水域中的石油和毒害物质污染的突发事件，随后发布了《北极突发事件：当前和未来的风险、减缓和应对的国际合作》报告，针对北极可能出现的毒害物质泄漏或污染事件提供应对方案。工作组的相关报告得到了成员国的高度认可，俄罗斯根据相关建议加强自身的北极搜救能力，提倡设立北极应急反应机制。最为重要的是，工作组的研究成果在客观上推动了

---

① CAFF, Resolution of cooperation, https：//www.caff.is/resolutions-of-cooperation.

2013 年北极理事会达成的《北极海空搜救协议》，成为理事会历史上首份具有法律约束力的多边协议。

海洋环境保护和可持续利用问题由北极海洋环境保护工作组（Protection of the Arctic Marine Environment，PAME）负责，该工作组同样是北极理事会首批成立的工作组之一，其关注的主要问题包括减少和应对北极海洋环境污染，确保北极海洋生物多样性及生态系统的运行功能，促进北极地区居民的健康和繁荣以及推进北极海洋资源的可持续利用。① 北极海洋环境保护工作组在成员构成、运行机制等方面与其他工作组并无明显差别，而借助自身的广泛科学网络和评估能力，该工作组成为《2015—2025 年北极理事会海洋战略规划》（Arctic Environmental Protection Strategy，AEPS）的主要参与者和贡献者，为保护北极海洋和沿海生态系统，促进海洋的可持续发展提供行动指导。② 此外，工作组还是有关环北冰洋区域性海洋环境保护行动计划的牵头人，促进构建北极海洋环境免受陆源或海上活动污染影响的法律框架，成为北极海洋环境国际合作的独特科学平台。

可持续发展工作组（Sustainable Development Working Group，SDWG）成立的宗旨是从更为广泛的意义上理解北极问题。该工作组所研究的内容涵盖北极土著人和本地社区的环境、经济、文化和健康，以及整个社会的可持续发展，为应对北极地区的挑战及造福北极社区而提供知识和实践，帮助北极土著人提高能力建设。目前，可持续发展工作组开展的主要研究包括：提高北极地区居民和土著人健康与福祉的实质性措施；北极社会经济和居民健康问题——加强有关人类活动影响的认知；气候变化适应度问题——应

---

① The Protection of the Arctic Marine Environment Working Group, About PAME, https：//www. pame. is/index. php/shortcode/about-us.

② The Arctic Council's Arctic Marine Strategic Plan 2015 – 2025, PAME, https：//www. pame. is/images/03_Projects/AMSP/AMSP_2015 – 2025. pdf.

对北极气候变化的错失与行动；能源与北极经济社会发展问题——环境友好型开发模式问题；自然资源管理问题；北极航运、油气开发、渔业、采矿业综合管理措施问题；北极地区的可持续经济发展问题；保护北极传统文化和语言问题等。① 可以看到，可持续发展议题本身涉及北极问题的方方面面，在工作组的研究议题上均有所涉入且相互联系，而其发挥影响的科学路径也与其他各工作组相似，通过相应的研究报告直接或间接影响决策者的认知，以及北极理事会作为机制性平台的议题框架与工作重点，形成了较强的"科学决策力"。

二、网络化建设：国际北极科学委员会的运作模式

自 1986 年起，北极国家召开了有关成立专门性北极科学委员会的系列会议。1990 年，国际北极科学委员会（International Arctic Science Committee，IASC）正式成立，成为世界上首个特别针对北极地区的全学科科学组织。作为非政府间的国际科学组织，国际北极科学委员会的主要任务就是促进所有从事北极问题研究的相关国家、学术团体、科学家之间的交流与合作，加强北极的综合性多学科研究，提升人类整体对北极的认知。在组织机制上，国际北极科学委员会由理事会、执委会和秘书处组成。理事会由来自 22 个国家的科学机构代表组成，每年在北极科学高峰周会议（Arctic Science Summit Week，ASSW）期间召开理事会。国际北极科学委员会执委会负责理事会召开期间之外的日程管理，由相应的主席、副主席和常设秘书组成。自国际北极科学委员会成立以来，北极地区在科学、环境、经济和政治上都发生了巨大变化。为此，委员会也成立

① SDWG, Sustainable development working group Mandate, https：//www. sdwg. org/about-us/mandate-and-work-plan/.

了陆地、海洋、冰冻圈、大气、社会和人文科学工作组，从而有效识别科学重点，发起和促进多学科的科学合作项目。科学工作组是国际北极科学委员会的主要工作实体，科学家们在此平台上制定科学研究计划，提出科学目标和建议。委员会同时下设极地战略执行组、地球科学战略执行组和数据政策战略执行组等战略执行工作组，就中长期的科研活动计划与需求向理事会提供建议。通过打造品牌性的学术研讨会、中长期科学计划、广泛的网络化建设国际北极科学委员会形成了一套行之有效的科学路径，从而引领前沿科学研究方向，引导国际科学合作项目，并最终为促进北极科学发展提供政策性建议。北极科学高峰周会议是委员会重要的品牌性会议之一，于 1999 年由国际北极科学委员会发起，先后已举办 21 次会议。北极科学高峰周会议为北极科学研究各领域的科学家们提供交流与合作的平台，探讨话题范围从纯粹的科学理论到实质性的业务管理，以及相关科研计划的执行机制与后勤保障等诸多问题，目前已成为北极科学研究中最为重要的国际会议。

除了不同领域的科学家和研究人员，国际北极科学委员会还发起组织了北极科学高峰周会议国际协调小组，将诸多科学家组织或平台纳入，其中包括极地青年科学家协会（Association of Polar Early Career Scientists，APECS）、欧洲极地委员会（European Polar Board，EPB）、北极研究运营者论坛（Forum of Arctic Research Operators，FARO）、土著人秘书处（Indigenous Peoples' Secretariat，IPS）、国际北极社科协会（International Arctic Social Sciences Association，IAS-SA）、新奥尔松科学管理者委员会（The Ny-Alesund Science Managers Committee，NySMAC）、太平洋北极工作组（Pacific Arctic Group，PAG）和北极大学网络（UArctic）。

按照北极科学高峰周会议的传统，在奇数年中，北极科学高峰周会议举办为期 3 天的科学研讨会和相关组织会议。这些专题讨论会为交流知识与合作创造了平台，吸引了来自世界各地的科学家、学生、决策者和其他专业人员参与。在偶数年中，北极科学高峰周会议的框架内主要包括相关组织会议和北极观测峰会（AOS），该峰会每两年召开一次，为北极观测系统的设计、实施、协调和长期合作提供科学指导。[①]

除了为科学家群体提供交流与合作平台之外，国际北极科学委员会积极支持和构建相应的科学研究网络。其中部分科研网络由国际北极科学委员会独立创设，也有少部分网络主动纳入到委员会的框架下，获取相关的资助和支持。截至 2015 年，相关科学研究网络包括：北极冰川学网络（NAG）、极地考古学网络（PAN）、北极海岸动力学（ACD）、北极气候系统网络（ACSNet）、古北极空间和时间门户（PAST Gateways）、快速转型中的北极（ART）、北极淡水系统集成（AFS）、北极变化国际研究（ISAC）、北极陆地研究和检测国际网络（INTERACT）。[②] 国际北极科学委员会自 2006 年以来还先后与多个国际组织签署了谅解备忘录、合作协议或合作备忘录，打造北极科学的伙伴关系网。[③]（参见表 3.2）

表 3.2　合作伙伴

组织名称	协议类型	签署时间
亚洲极地科学论坛	谅解备忘录	2016
极地青年科学家协会（APECS）	谅解备忘录	2008
环极地健康研究网络（CirchNet）	合作协议	2011

① International Arctic Science Committee, About ASSW, https：//www. iasc. info/assw/about-assw.

② International Arctic Science Committee, Networks, 24 August, 2015, https：//iasc. info/assw/16 – site-content/networks/179 – networks.

③ International Arctic Science Committee, Partnerships, https：//iasc. info/iasc/partnerships.

组织名称	协议类型	签署时间
欧洲极地委员会（EPB）	谅解备忘录	2014
北极研究运营者论坛（FARO）	谅解备忘录	2013
国际北极社会科学协会（IASSA）	合作协议	2008
国际冰冻圈科学协会（IACS）	合作协议	2008
国际海洋调查委员会（ICES）	合作协议	2010
国际冻土协会（IPA）	谅解备忘录	2009
太平洋北极工作组（PAG）	合作协议	2009
南极研究科学委员会（SCAR）	合作协议	2006
北极大学（UArctic）	合作协议	2011
世界气候研究项目气候和冰冻圈（CliC）	合作备忘录	2008

成立于2011年的北极可持续观测网（Sustaining Arctic Observing Networks，SAON）是国际北极科学委员会主导打造的重要科学网络。[1] 这一科学网络的核心在于促进北极的全球性价值，向各国提供开放和精确的科学数据，增加北极研究的社会效益。在这种核心理念的引领下，北极可持续观测网通过强化现有科学家之间的合作协同，促进北极观测活动的效能提升，以及相关数据和信息的共享集成。为了强调北极土著人的特殊作用，北极可持续观测网特别邀请北极理事会的永久参与方共同参与，北极理事会成员国代表、北极理事会相关工作组以及世界气象组织（WMO），包括受邀的非北极国家代表也都是这一观测网重要的参与者。目前，北极可持续观测网董事会作为主要管理机构，负责确定相关重点研究学科和具体研究项目批准审核，以及相关资金支持安排等事宜，而其执委会负责日常科研活动的管理。[2]

---

[1] International Arctic Science Committee, Sustaining Arctic Observing Networks, https：//www. iasc. info/data-observations/saon.

[2] Sustaining Arctic Observing Networks, Activities, https：//www. arcticobserving. org/activities.

北极研究计划国际大会（International Conference on Arctic Research Planning，ICARP）是国际北极科学委员会创设的北极科学中长期规划项目，指导着北极科学研究的宏观发展方向。1995年，美国主办首届北极研究计划国际大会，与会代表回顾了北极科学研究面临的现状，并讨论了国际北极科学委员会支持的相关科学研究项目。2005年，第二届北极研究计划国际大会在丹麦哥本哈根召开，科学家们在会上提出12个前瞻性北极科学计划，并在随后的国际极地年（IPY）行动框架下促成了多个北极科学国际合作项目。其中，第二届北极研究计划国际大会还制定了11项科学计划与背景文件，其中包括可持续发展与北极经济、土著人与北极的变化、北极沿海进程、北冰洋深部中部盆地研究、北冰洋的边际和门户问题、北极大陆架海区、陆地低温和水文系统、陆地和淡水生物圈与生物多样性、北极气候和生态系统的建模和预测、北极的适应度和快速变化、公共利益中的科学、持久性有机污染物石油碳氢化合物问题。①

2015年，日本主办了第三届北极研究计划国际大会，为促进北极地区开展跨领域、跨学科合作和发展提供了重要机会。在此次大会上，科学家们提出要建立协调北极科学重点的机制，并将相关的科学研究成果以及在此基础上的政策建议，直接传递至北极决策者、土著人和其他社区，引发所有人对于北极变化的关注。与前两届大会不同的是，第三届北极研究计划国际大会尤其强调对于北极的前瞻性观测和跨学科研究，以及加强国际北极科学委员会与北极大学、国际北极社会科学协会等方面的跨学科合作。从实际效果来看，第三届北极研究计划国际大会所提出的相关研究重点，成为近年来北极科学研究的主流方向，不但在学术界发挥了相应的引领作

---

① International Conference on Arctic Research Planning, Eleven Science Plans and Backgroud Paper of Second International Conference on Arctic Research Planning, https：//icarp. iasc. info/icarp-ii.

用，也成为相关国家在政策规划过程中的重要参考。[①]

三、综合性治理：联合国政府间气候变化专门委员会

联合国政府间气候变化专门委员会（Intergovernmental Panel on Climate Change，IPCC）成立于 1988 年，属于世界气象组织（World Meteoreological Organization，WMO）的下属机构，由世界气象组织和联合国环境规划署共同创立，在瑞士日内瓦设有秘书处。[②] 该委员会向联合国环境规划署和世界气象组织的所有成员开放，主席和主席团由委员会全体会议选举产生。

考虑到人类活动的规模已开始对全球气候等复杂的自然系统产生了很大干扰，许多科学家认为，气候变化会造成严重的或不可逆转的破坏风险，并认为缺乏充分的科学确定性不应成为推迟采取行动的借口。决策者们需要有关气候变化成因、其潜在环境和社会经济影响以及可能的对策等客观信息来源，联合国政府间气候变化委员会的地位能够在全球范围内为决策层以及其他科研等领域提供科学依据和数据等，为决策者提供气候变化的相关资料。从本质上讲，委员会本身并非科学研究机构，而是通过梳理每年各国、各种机构出版的数以千计有关气候变化的专业性论文，每 5 年出版综合性的气候变化评估报告，总结关于气候变化的现有知识。但是，委员会在职能和结构上又具备"强科学性"，发挥重要的科学治理功能。截至目前，委员会先后于 1990 年、1995 年、2001 年、2007 年和 2014 年完成了 5 份评估报告，这些报告已成为国际社会认识和了解气候变化问题的主要科学依据。目前，委员会处于第 6 次评估周

---

① International Conference on Arctic Research Planning，Integrating Arctic Research-A Roadmap For The Future，https：//icarp. iasc. info/icarp.

② Intergovernmental Panel on Climate Change，About IPCC，https：//www. ipcc. ch/about/.

期。在此周期内将发布 3 份特别报告和 1 份有关国家温室气体清单报告，委员会的第 6 份评估报告（AR6）将于 2021 年完成。①

联合国政府间气候变化委员会下设 3 个工作组和 1 个任务组。每个工作组或专题组设 2 名联合主席，分别来自发展中国家和发达国家。第一工作组（WGI）主要关注科学基础，负责从科学层面评估气候系统及变化，包括大气中的温室气体和气溶胶问题，空气、陆地和海洋的温度变化，水文循环和不断变化的降水（雪）模式，极端天气问题，冰川和冰盖问题，生物地球化学和碳循环问题，气候敏感性等。② 第二工作组（WGII）主要关注人类对气候变化的适应性，从生态系统和生物多样性的全球与区域视角，以及不同社会人群和文化视角评估气候变化的影响，包括与之相关的气候脆弱性和适应性，从而减少与气候相关的风险和能力局限性，通过公平、综合的方法缓解和适应气候变化，促进不同地区和社群的可持续发展。③ 第三工作组（WGIII）关注气候变化的减缓措施，负责评估限制温室气体排放或减缓气候变化的可能性，研究如何可停止导致气候变化的人为因素。温室气体有着多种来源，而减缓温室气体排放的需要也适用于能源、运输、建筑、工业、农业、林业等不同行业。其研究既涉及政府和私营部门决策者的意见，也包括技术可行性、环境成本、政策工具、公共风险和社会接受度等多个层面，具有高度的跨学科性质。④ 任务组（TFI）的成立源于 1991 年第一工作组与经合组织（OECD）、国际能源署（IEA）的合作项目，主要

① Intergovernmental Panel on Climate Change, AR6 Climate Change 2021：The Physical Science Basis, https：//www. ipcc. ch/report/sixth-assessment-report-working-group-i/.

② Intergovernmental Panel on Climate Change, Working Group I The Physical Science Basis, https：//www. ipcc. ch/working-group/wg1/#wg1 - intro - 1.

③ Intergovernmental Panel on Climate Change, Working Group II Impacts, Adaptation and Vulnerability, https：//www. ipcc. ch/working-group/wg2/#wg2 - intro - 1.

④ Intergovernmental Panel on Climate Change, Working Group III Mitigation of Climate Change, https：//www. ipcc. ch/working-group/wg3/#wg3 - intro - 1.

负责联合国政府间气候变化委员会的《国家温室气体清单》计划。①

联合国政府间气候变化委员会的主要职责包括：在全面、客观、公开和透明的基础上，通过吸收科学家群体的研究成果，对有关全球气候变化的科学、技术和社会经济信息进行评估，其特殊地位使它能够在全球范围内为决策层和科研领域提供科学证据和数据。该机构既不从事研究也不监测与气候有关的资料或其他相关参数，它的评估主要基于经过细审和已出版的科学技术文献。联合国政府间气候变化委员会的另一项主要活动是定期评估对气候变化的认知水平，并在独立的科学信息和咨询基础上撰写专题"特别报告"和"技术报告"，通过其有关《国家温室气体清单》的工作为《联合国气候变化框架公约》（UNFCCC）提供支持。

近年来，联合国气候变化委员会的关注点越来越多地侧重于极地问题，特别是由气候变化带来的北极融冰加速，以及由此带来的航运、资源开发、基础设施建设等人为活动的增加，对环境造成的潜在影响。委员会在 2007 年和 2014 年的第四和第五次评估报告中，有针对性地对北极环境的现状进行了专业性的评估和预测，相关结论也成为各国参与北极治理时的重要依据。②

四、区域对接：巴伦支欧洲—北极理事会

1993 年，为了消除巴伦支海域存在的国家间矛盾，以及冷战期间遗留下来的集团对立"后遗症"，促进相关国家加强在这一海域的合作，挪威政府倡议建立一个机制化的协调组织，并在希尔克内

---

① Intergovernmental Panel on Climate Change, The Task Force on National Greenhouse Gas Inventories, https：//www. ipcc. ch/working-group/tfi/#tfi-intro - 1.

② AR5 Climate Change 2014：Impacts, Adaptation, and Vulnerability, Full Report Part B：Regional Aspects, IPCC, https：//www. ipcc. ch/site/assets/uploads/2018/02/WGIIAR5 - PartB_FINAL. pdf。

斯 (Kirkenes) 召开了外长级巴伦支欧洲—北极区域合作会议。此次会议共有 6 个国家的外交部长作为城市成员参加，其中包括挪威、俄罗斯、丹麦、瑞典、冰岛、芬兰，欧共体委员会 (Commission on the European Communities) 也派出代表作为正式代表出席。此外，还有 9 个观察员方，包括美国、加拿大、德国、法国、意大利、荷兰、波兰、日本和英国。会后，各方发布了《巴伦支欧洲——北极地区合作宣言》 (Declaration on Cooperation in the Barents Euro-Arctic Region)，提出 "巴伦支欧洲——北极地区的合作将有效推动和维护欧洲整体发展的稳定性和可持续性，从而以伙伴关系来代替曾经的对抗状态。通过这种合作，也将有效维护世界和平和安全。各方将巴伦支欧洲北极合作视为欧洲一体化进程中的一部分，为安全与合作提供了新的维度。"① 从组织机构的属性来看，巴伦支欧洲—北极理事会属于政府间国际组织，其运行的形式以论坛为主，主要职能是协调和推动相关成员国合作，促进北部欧洲与欧洲大陆，以及俄罗斯在北极区域的合作，开发俄罗斯和北欧国家的北极圈内地区，并促进各国在能源、运输业、林业、环保等问题上的务实合作。由于冷战结束的特殊背景，这一组织的建立也被视为俄罗斯与欧洲关系缓和的开始。欧洲以北极地区作为切入点，不但表示对俄罗斯进行的政治与经济改革提供必要的支持，特别是在推动民主、市场经济和地区建设上的努力提供帮助，也建立了与北欧国家间的实质性联系，从而将这一进程纳入欧洲治理新架构中。虽然该组织的建立背景较为特殊，具有一定的政治含义，但其治理区域始终没有脱离北极，治理目标也同样关注各国北极地区的开发与利用，理应被视为北极治理中的重要一环。

---

① Declaration on Cooperation in the Barents Euro-Arctic Region, http：//www. barentsinfo. fi/be-ac/docs/459_doc_KirkenesDeclaration. pdf.

第二节　科学家群体的北极治理角色

进入全球化时代以来，随着国家间相互依赖程度的加深，国际事务的影响也随之扩散，非国家行为体逐渐作为特殊的全球治理主体逐步登上国际舞台，推动国际政治格局的变革和新型政治空间的形成。在这一变化过程中，科学家群体借助于信息化时代的技术变革，有机会将自身的知识创造通过相应的制度安排转化为治理能力，成为部分全球性议题倡议、组织机制在发展和进步过程中不可或缺的组成部分。与此同时，网络化治理时代的到来使科学家群体更加组织化，为其发挥超越地域、领域的国际影响力提供基础，而科学本身的广义"客观性"，则保障了科学家群体塑造其自身民主、中立、公共的主体特征。

从普遍意义上来讲，科学家作为北极治理中的"特殊主体"，不具备独立的政策制定、战略规划、信息沟通和义务承担能力的主体，在治理中也没有决策权和行为能力，但却是具体议题的参与方或行为人，或其立场可以间接影响作为"次级主体"的行政单元、地方政府，以及作为"独立主体"的主权国家的决策与行为。科学家参与治理的主要特点是在法律上不具备独立资格，却又在科技、知识等领域具备专业性，是契约执行环节中不可或缺的一部分，因此具有一定的辅助性效应。

一、弥补知识鸿沟

随着全球生产链、价值链和创新链的延长和扩散，各国间的知识鸿沟、数字鸿沟、技术鸿沟更加突出。依照创新经济学的经典理论，"创新是一种不断内生变革经济结构，不断破坏旧的并创造新的产业变革过程"。① 长久以来，创新被广泛认为是推动长期经济发展的主要推动力，以及发展中国家实现工业化、赶超发达国家的一个关键因素。② 创新可以是偶然的，也可以是产业结构、市场结构、本地和全球人口、个人的认知和意图以及现有知识储备等要素发生变化后出现的结果。③ 随着世界经济、科技、产业、金融发展的周期性波动，基于知识的创新活动与全球化进程中的产业链、价值链构建过程同步发展，如何通过全球化的技术平台或创新网络融入全球供需系统，通过发挥创新协同能力成为知识和技术的聚集地，成为各国发展所重视的环节。

虽然国际合作是推动创新的依赖性要素之一，但由此产生的创新能力变化也塑造着国家间的竞合关系。各国在人工智能、大数据、量子科学、数字经济、生物技术、先进制造业的技术创新突破，导致全球供应链、价值链和创新链的重组，并由此导向国家间在"创新—科技进步—治理权力/能力"这一要素框架中的力量对比差异，特别是传统创新大国拥有的更为多元的政策工具和资源配置能力，④ 对知识溢出、技术转移和产业政策的限制趋向，进一步加大了国家间的知识和技术鸿沟。其次，创新成果在深海、极地、

---

① Schumpeter J. , Capitalism, Socialism and Democracy, London：Routledge, 1942, p. 83.

② Romer P. , Endogenous Technological Change, Journal of Political Economy, 98（5），1990, pp. 71 – 102.

③ Drucker P. E. , Innovation and Entrepreneurship, New York：Harper & Row, 1985.

④ 以人工智能的发展来看，美国总统特朗普签署了"维持美国在人工智能领域领导地位总统令"，要求"集中联邦政府资源发展人工智能"，并强调"防范战略竞争对手和外国对手"；欧盟将《通用数据保护条例》（GDPR）的颁布视为人工智能领域的立法基础，并积极探讨建立"欧洲人工智能联盟"；法国出台了《法国人工智能战略》，同样强调使"法国成为人工智能领域的领导者"；德国制定了《联邦政府人工智能战略要点》，提出"人工智能德国制造"的概念；日本在《未来投资战略》中将人工智能视为建设"5.0 超智能社会"的重要基础；俄罗斯提出在2019 年内制定相应的人工智能国家战略。从资源配置来看，欧盟在《人工智能战略》的指导下，提出自 2018—2020 年引导成员国在人工智能领域进行 200 亿欧元的公共和私人投资，并在 2020年后进行每年不少于 200 亿欧元的投资。欧盟委员会也将投入 15 亿欧元作为国家投资的补充，在2021—2027 年度欧盟长期预算中，向"地平线计划"和"数字欧洲"至少投入 70 亿欧元。

外空、网络等空间的应用影响着国家间互动与博弈方式，使创新能力不足的国家在全球治理新疆域中落伍，进一步导致全球治理出现碎片化、赤字化和空想化。同时，虽然创新带来的技术进步可以被国家行为体作为政府治理的新工具和新渠道，加快本国社会与国际社区的融合性，但同时也带来因技术突破产生的新挑战，尤其是政府借助新技术处理危机时的原生缺陷、决策的非中立性、规范滞后等，也包括技术伦理、隐私权保护等新问题。这些国内治理问题可能通过新的传播工具和渠道迅速扩散至其他国家和国际社会，产生双向传导的效果。

以国家间关系的积极视角来看，知识从技术领先国向后发国家的跨境流动，是全球产业链和价值链重组、各国共同发展的重要驱动因素，而国际合作和竞争能够从不同侧面促进全球范围内的知识扩散，成为推动全球化造福所有国家的重要渠道。[①] 但在消极层面，知识和技术流动的性质和速度则深受国际政治的影响，[②] 尤其是二者背后的权力差距。科技发展水平差异加剧了国家间的实力鸿沟，对于不具备先发优势的国家来说，技术变革的要素来源主要依赖外部的创新注入，而自主性创新的动力往往受阻于外部知识获取的便利性而产生路径依赖。但是，由于知识的溢出效应在不同的国家力量对比格局中可能出现主动性溢出、被动性溢出和限制溢出等多种情况，导致后发国家在国际创新合作中处于被动地位，特别是受制于权力格局的限制。举例来说，当发展中国家与发达国家的技术差距等于或大于一代时，发达国家的知识溢出、技术转移、产业政策等创新要素往往朝着有利于国际创新合作的方向主动发展，而当二者的技术差距小于一代甚至不存在迭代差异时，具备先发优势的国

---

① IMF, World Economic Outlook, Cyclical Upswing, Structural Change, April 2018, https：//www.imf.org/en/Publications/WEO/Issues/2018/03/20/world-economic-outlook-april‒2018.

② ［美］本·斯泰尔、戴维·维克托、理查德·内尔森著，浦东新区科学技术局、浦东产业经济研究院译：《技术创新与经济绩效》，上海人民出版社，2006 年版，第 44 页。

家往往会借助知识产权保护、国家安全保护等制度性工具限制国际性的知识扩散，以及技术和创新人才的流动。同时，持续的权力差距导致新兴经济体虽然有更多渠道接触新知识和新技术，但在知识生产和推广、技术转化和扩散、标准设定与制度设计、自我适应和二次创新等各个环节难以占据主要地位。

科学家的专业知识作为公共产品对北极治理有着特殊的意义。一旦来自科学界有关北极变化失衡的风险信息量充足，并通过科学界的共识传达至政府、企业界、社会层面，那么采取统一和必要措施就成为可能。同时，科学家特殊的主体性质和科学本身的客观性，为缩小国家间的知识鸿沟提供了可能，科学家也成为后发国家获取外部知识的重要来源之一。科学家所从事的科学监测和研究则对气候环境变化的速度、原因的认定，会对气候和环境治理的公共产品提供的数量和种类以及投放方式有很大影响，直接影响北极治理的议程和进程，而技术发展可以为北极治理所需要的监测和改造提供工具。

二、塑造认知共同体

主体的多元化是全球治理理论兴起和实践发展的重要特征，而科学家群体在其中发挥着独特作用。一方面，以科学家为参与主体的科技进步对国家权力和能力的影响具有客观性，尤其是新技术的应用造成的权力和治理能力变化。有学者将科学家称为"灰色主教"（eminence grise），认为这一群体是国家和国际组织中的技术顾问，[①] 以知识的权威性为工具直接参与治理进程。另一方面，国家在参与全球治理的决策过程中，知识的"权威角色"和制度的"规

---

① ［英］苏珊·斯特兰奇著，肖宏宇等译：《权力流散：世界经济中的国家与非国家权威》，北京大学出版社，2005 年版，第 93 页。

范角色"都扮演着复杂且重要的角色，科学家的群体专业化和制度化网络系统影响着各国政策制定环境。基于知识的权威性舆论传播，在气候变化、环境和生物多样性保护等问题上，对国际组织、主权国家、社会公众等群体起到了引导作用，与其他要素一道参与全球治理的议程设置、制度设计、行为标准和运行模式规划、互动空间开辟等过程。

在上述过程中，科学家群体作为"认知共同体"（epistemic communities）的治理角色成为学界关注的重点。科学家群体在特定的全球治理领域中具备了以专业知识为核心的权威网络，部分学者将其称为认知共同体。[1] 在国际关系研究、探讨科学家团体在国际合作中作用等问题上，厄恩斯特·哈斯是将认知共同体概念引入相关讨论的先驱。[2] 有学者认为，权力和知识相互包含，缺少相互关联的知识领域将导致权力关系的消失，而任何知识都必然预设和构建权力关系。[3] 科学家在全球治理中通过自身的知识权威可以推动国家或社会群体对某种观念、标准或制度的认同，这一驱动力在某种程度上也符合著名的的软实力概念，即说服他人遵守或同意能够产生预期行为的准则。[4] 通过这种软性的权力输出，他们认为，在传统的科学研究职能以外，认知共同体的有用知识（usable knowledge）能够影响政治，通过科学共识对政策产生影响。[5] 不同于利益集团，认知共同体成员的聚合则更多是基于共同的知识背景、因

① Ernst B. Hass, *When Knowledge is Power：Three Models of Change in International Organizations*, Berkeley：University of California Press，1990.

② 孙凯："'认知共同体'与全球环境治理——访美国马萨诸塞大学全球环境治理专家Peter M. Hass 先生"，《世界环境》，2009 年第 6 期，第 36—37 页。

③ ［英］阿兰·谢里登著，尚志英、许林译：《求真意志——米歇尔·福柯的心路历程》，上海人民出版社，1997 年版，第 81 页。

④ Nye, J. S., Bound to Lead：The Changing Nature of American Power, New York：Basic Books，1990.

⑤ Hass P. M., "When Does Power Listen to Truth? A Constructivist Approach to the Policy Process," *Journal Of European Public Policy*, Vol. 11, No. 4, 2004, pp. 569 – 592.

果信念和政策志向。① 随着科技的进一步发展,各类认知共同体所具备的知识和网络权威,也逐渐对各国对外政策产生重要影响。但需要注意的是,科学家群体和及其专业知识只能为全球治理主体提供辅助,无法直接介入治理进程。但保证知识的可靠获取原则,强调传统和现代知识的融合,确保治理结果的可核查性是指导治理的行动原则之一。②

北极是全球治理的新疆域之一,而随着气候变化导致北冰洋海域融冰加速,北极环境和生态变化的影响远远超出地理界限,传递到周边地区甚至全球。③ 在共同应对气候变化的同时,因融冰加速出现的航道开发、生物与非生物资源利用等也吸引全球目光。但值得注意的是,受到独特而脆弱的生态环境限制,人类在北极的任何活动都离不开充分、成熟和完备的科学研究和技术保障。因此,科学技术进步是各国参与北极事务的关键内容,科学家群体和科学性组织则是增进北极认知和参与北极治理的重要主体。

三、丰富议题设置主体

从基本理论而言,议题设定(Agenda Setting)指"大众传播媒介通过报道取向及数量去影响受众关注的议题,媒体对一个议题的报道取向及数量,能够影响公众对这议题的重视程度。"④ 在北极事务中,议题设定主要指国家或非国家行为体通过所掌握的话语权,

---

① 周圆:"科学的影响力:美国环境外交中的认知共同体因素研究",《世界经济与政治论坛》,2017 年第 3 期,第 62 页。

② 杨剑等著:《科学家与全球治理:基于北极事务案例的分析》,时事出版社,2018 年版,第 38 页。

③ 参见 Arctic Council, Arctic Marine Shipping Assessment 2009 Report, http://www. arctic. gov/publications/AMSA_2009_Report_2nd_print. pdf. 参见 Arctic Climate Impact Assessment, http://www. acia. uaf. edu/PDFs/ACIA_Policy_Document. pdf.

④ Brooks Brian, *News Reporting and Writing*, Tenth Edition, Bedford: Missouri Group, 2010, p. 27.

影响国际社会对特定问题的关注度。这里的话语权指各主体所具备的国际舆论的影响力，北极事务的执行力以及在国际体系、地区架构中所扮演的角色，这种能力也可称为议题设定权或治理话语权。就议题设定权而言，对其的掌控是将最符合自身利益的问题列为优先的切实保障，从而促使各国共同关注、合作并努力解决。这种权力一般是单方行为，但也离不开多边平台，也就是整个的国际或区域体系，特别是设定主体在该体系中的位置及角色。议题设定权随着主体自身的影响力，以及在特定体系中所处地位的变化而波动。具体到北极议题设定权，存在非国家行为体对于主权国家、中小国家对大国、域外国家对域内国家的权力分摊诉求，而这种诉求也与不同行为体自身的能力自变量，以及北极治理系统的因变量频繁互动。

随着各国对北极问题关注度的增加，特别是在面临北极自然、科学、政治安全、经济发展、国际治理等维度的变化时，国家利益的范围界定也发生变化。由于主权国家相较于非正式的公民社会组织和土著人群体在资源上更有统筹力，在执行上更有决断力，在影响上更有号召力，具有不可替代的能动性优势，[①] 在利益驱动的影响下导致北极议题设置主体出现以主权国家为主的单一化趋势。但与此同时，由于北极问题的跨域性和全球性议题属性，导致主权国家政府作为单一的北极议题设置方的正当性和有效性受到质疑。

与主权国家政府不同的是，公共性是科学家群体的自然属性，其相关的科学研究、数据和论据，往往成为相关治理主张与原则客观性的保障，被视为全球公共产品的提供者和公共利益的代言人。同时，从广义上看，科学家参与国际制度建设的合法性并不来自于单一国家，而是取决于其个体的科学诚信和职业操守，因而在发表

---

① 赵隆："全球治理中的议题设定：要素互动与模式适应"，《国际关系研究》，2013 年第 4 期，第 45—50 页。

意见时被认为无需迎合特定群体和利益集团的需要，成为超越国别、种族和政治立场的中立性个体。有学者提出，以科学家的发现为支撑的"非政府组织和公民社会并不是一种公共权力机关，它只是模拟了一个应当由世界政府扮演的全球公共利益代言人的角色，可以称其为模拟的公域。"[①] 因此，无论是作为个体的科学家还是作为群体的科学家组织，其通过科学研究所得出的观点往往容易推动社会形成共识，并推动相关国家依此进行制度设计，最终开展国际治理与合作。也就是说，科学家具有独特的议题设置能力。

科学家在北极国际治理进程的三个阶段中均发挥重要作用。首先是通过议题设置形成正确问题意识和导向的社会共识阶段。例如，没有来自科学界的声音，气候变化议题根本无法进入国际政治话语体系。[②] 气候变化问题如果没有科学界的强烈呼吁和影响，很难在诸多问题中脱颖而出，并引发公众和政治决策者的高度关注。[③] 科学家的意见对北极"气候—生态—环境"的综合变化，潜在生物与非生物资源评估、陆地与海洋划界争端等诸多关键议题产生直接影响。其次是作为主体参与制度设计和构建阶段。有学者提出，科学家组织是"对治理而言不可缺少的组织"。[④] 还有学者提出，知识的积累和发展有助于减少制度创新的成本，而知识的存量增长也有助于促进制度变迁。[⑤] 可以看到，无论是在北极理事会、国际北极

① 刘贞晔："非政府组织、全球社团革命与全球公民社会的兴起"，载黄志雄主编：《国际法视角下的非政府组织：趋势、影响与回应》，中国政法大学出版社，2012年版，第35页。

② Sonja Boehmer Christiansen, "Britain and the International Panel on Climate Change: The Impacts of Scientific Advice on Global Warming Part I: Integrated Policy Analysis and the Global Dimension," Environmental Politics, 4: 1 (1995), p. 1.

③ 罗辉："国际非政府组织在全球气候变化治理中的影响——基于认知共同体路径的分析"，《国际关系研究》2013年第2期，第55页。

④ 黄志雄主编：《国际法视角下的非政府组织：趋势、影响与回应》，中国政法大学出版社，2012年版，第46页。

⑤ 戴维·赫尔德、安东尼·麦克格鲁：《治理全球化：权力、权威与全球治理》，社会科学文献出版社，2004年版，第6页，第188页。

科学委员会亦或国际海洋考察理事会等机制中，科学家都毫无争议地发挥主导性作用，通过科学研究为国家行为体或国际机制提供决策和治理方案。最后是通过提供技术工具和方法评估北极国际治理行动阶段。从理论上讲，"技术的选择不是在孤立状态中进行的，它们受制于形成主导世界观的文化与社会制度"①。科学的真理性和科学家所代表的全球主义，使观念对技术的影响降为最低，从而有效提升了治理的可持续性，真正做到"从知识到行动"的科学治理路径。

第三节　国家行为体的"科学优先"治理原则

科学知识是理解北极的主要依托，也是国家行为体参与北极国际治理的基本能力。由于北极气候、环境、生态变化给人类生存环境带来诸多影响，相关国家必须借助北极知识的理解、创造和分享，迎接相应的机遇与挑战。在这一层面，各国存有广泛共识。

从某种程度上讲，北冰洋沿岸国所承受的北极变化影响超过其他北极国家，尤其是在海洋环境和生态方面。因此，相关国家均强调在北极水文气象、海冰监测、地质勘探等方面的能力建设与国际合作。俄罗斯在政策规划方面提出，通过研制和运用先进技术，研究和改造现有北极技术平台，整合国家、商务、科学和教育资源建立有竞争力的科技部门；提高在俄联邦北极地区进行海洋科学研究、海洋资源（生物和非生物）研究考察活动的数量；详细分析有关北极自然气候条件的资料，引进技术手段和设备开展极地科学研究；通过研制和采用新型技术和工艺，开发海洋矿产和水生物资

---

① 丹尼尔·科尔曼著，梅俊杰译：《生态政治：建设一个绿色社会》，上海译文出版社，2006年版，第26页。

源，预防和清理冰区石油外泄事故；实施俄联邦科研船发展计划，包括利用深水机器人进行深水研究；开展考察活动和国际合作，完成在北极的大型和综合性科学项目；保证俄罗斯科学和科研教育组织参与全球和地区的北极技术和研究项目。此外，俄罗斯还计划采用现代通信技术和网络，广播电视、船舶航行和航空器飞行控制，地球遥感探测，冰盖面积调查，以及提供水文气象和水文地理保障，为北极科学考察提供保障。①

可以看到，北极科学和技术是俄罗斯北极战略的关键词，而开展北冰洋科学考察和研究的核心，则是为了"解决国家外部边界，捍卫国家利益"，为"联合国大陆架界限委员会②（CLCS）审议俄北冰洋大陆架外部界限申请"提供科学依据。因此，自 2003 年起，俄罗斯开展了耗资 3 亿美元的北极地质、地球物理大规模综合调查，组织实施了 5 个航次综合考察计划、环北极地质研究国际合作研究计划，包括北极地质大断面国际合作研究计划、环北极地质构造图编图国际合作研究计划、新西伯利亚岛国际合作地质调查，为俄北冰洋外大陆架划界案提供了关键的科学证据和支持。2019 年，俄政府为北极科考划拨超过 8 亿卢布（约 1300 万美元）资金，支持包括 4 艘科考船在内的北极科考计划。③ 俄已正式启用位于雅库特共和国的"萨莫伊洛夫斯基岛"研究站，以及在亚马尔—涅涅茨地区的科研站，着重关注全球气候变暖条件下的冻土融化问题，推动科

① *Основы государственной политики Российской Федерации в Арктике на период до 2020 года и дальнейшую перспективу*, 18. 09. 2008 г, Пр – 1969.

② 大陆架界限委员会（Commission on the Limits of the Continental Shelf）是一个专门划定 200 海里以外大陆架外部界限的国际组织。它于 1997 年根据《联合国海洋法公约》而成立。大陆架界限委员会的主要职能是：审议沿海国提出的关于扩展到 200 海里以外的大陆架外部界限的资料和其他材料，按照《公约》第七十六条和 1980 年 8 月 29 日第三次联合国海洋法会议通过的谅解声明提出建议；在编制这些资料期间，应有关沿海国的请求，提供科学和技术咨询意见。《联合国海洋法公约》规定，沿海国根据委员会建议确定的大陆架界限应是具有约束力的最后界限。

③ Russian government finances Arctic scientific expedition, TASS Russian News Agency, Feb 26, 2019, https：//tass. com/arctic-today/1046504.

研活动向北极腹地延伸。①

在美国看来，科学研究对促进美国在北极地区的利益至关重要。美国需要遍及北冰洋并往来于陆地的站点，以及建立可供样本交换、数据和材料分析的国际机制，从而在北极地区顺利开展科研活动。美国提出，基于一个区域对未来环境和气候变化做出精确预计，并将几乎实时的信息传输给终端客户，需要从整个北极地区获取、分析和分发精确数据，包括气候和观测数据。为了收集北极地区的环境数据，美国在基础设施方面进行了巨大投资，包括通过美国各机构、学界和北极居民间的伙伴关系。美国推动所有北极国家积极参与相关活动，增加科学认知从而评估未来影响和拟定应对策略。美国的研究平台支持北极地区的前沿研究，包括部分预计未来的冰封区域，以及季节性无冰区域，美国应与其他国家合作建立北极环极观测网络。所有北极国家都是地球观测伙伴关系的成员，它为在北极地区组织环境观测的国际方法提供框架。美国尤其强调北极科学研究的国际性合作，提出与其他国家共享北极研究平台并支持协作研究，在总体上提升对北极地区的基本了解，特别是北极的潜在变化。②

美国提出在北极科研活动中发挥领导作用，通过双边和多边措施促使科学家展开综合性北极研究；与其他相关国家广泛合作，领导建立有效的环北极观测网络；推动北极科学部长或科研理事会定期召开会议，分享有关科学研究机构的信息，提升国际北极研究项目的协作；与机构间北极研究政策委员会（IARPC）合作，并吸收北极研究委员会的成果；加强与科研机构的合作，与其他国家相对应的机构建立关系。美国的北极科研合作对象不仅包括北欧理事

---

① "'北极—对话之地'论坛：北极资源开发需环保先行"，中国广播网，2013 年 9 月 30 日，http://news.cnr.cn/gjxw/list/201309/t20130930_513728098.shtml.

② The White House, National Strategy for the Arctic Region, May 10, 2013, https://obamawhitehouse.archives.gov/sites/default/files/docs/nat_arctic_strategy.pdf.

会、欧洲极地研究协会等传统西方伙伴机构，还提出要完善与俄罗斯的协作，推动在俄属北极地区开展科研活动。

值得注意的是，为了推动与非北极国家开展科研合作，美国于2016年主导创设了首届白宫北极科学部长级会议（Arctic Science Ministerial），由美联邦政府跨部门机构北极行政指导委员会主办，时任美总统科技助理、白宫科技政策办公室主任霍尔德伦担任会议主席。会议邀请了所有北极国家和包括中国在内的开展北极研究的主要非北极国家共25个国家和地区参会。会议讨论了北极面临的挑战及对当地和全球的影响；加强和集成北极观测网络与数据共享；应用新的科学发现增强北极适应能力，推动全球应对气候变化；以北极科学推动当地理工数学教育，提升公民素质。会议达成并签署了《部长联合声明》，凝聚了各国加强北极科学合作的政治共识，并围绕各主题确定了15项技术成果和倡议。① 在美国的大力推动下，该会议已形成机制性安排，并于2018年在德国柏林召开第二届会议，成为北极国家和非北极国家凝聚共识，加强北极科研合作的重要平台之一。②

挪威提出，知识对于其高北地区发展至关重要。快速的气候变化和北极不断增加的人类活动意味着挪威需要更多的知识积累，评估气候变化影响下北极的机遇和挑战，以及不断增加的商业活动如何反作用于北极生态环境。例如，对于气候变化影响下融冰导致的海洋温度和洋流变化，以及由此引发的鱼类洄游情况变化等连锁反应的研究。同时，挪威强调知识与教育的联动性。挪威北部的教育水平低于全国平均水平，而对应对北极变化挑战和释放价值创造的潜力而言，地区性的知识型商业环境与熟练的商业人力资源是至关

① "首届白宫北极科学部长级会议在华盛顿召开"，科技部网站，2016年10月19日，http：//www. most. gov. cn/kjbgz/201610/t20161019_128269. htm.
② "科技部副部长黄卫出席第二届北极科学部长会议"，科技部网站，2018年11月15日，http：//www. most. gov. cn/kjbgz/201811/t20181115_142760. htm.

重要的。针对这一现象，挪威 2013 年将特罗姆瑟大学和芬马克大学学院合并为挪威北极大学，统筹教育资源并形成北极教育共同体。[①]在加强知识储备方面，挪威提出了一系列措施，包括推动挪威弗拉姆研究中心（Fram Center）的发展。该中心由 20 个从事气候和环境研究的机构组成，主要进行跨学科研究，提供咨询服务管理和开展北极自然科学、社会科学的宣传工作。在挪威看来，弗拉姆中心不但要提供新的环境和气候知识，也是强化其作为北极气候和环境研究领导者国际地位的重要基础。其次，挪威设立了北部研究激励（Research Boost）专项，为建设具有竞争力的科研和教育机构提供支持。第三，挪威尤为重视有关北极商业活动可能造成的环境代价的知识积累，在维护北极长期生存（Basis of Existence）基础的前提评估商业可行性，研究商业活动与自然环境的匹配度，创新解决环境问题的方式方法。为此，挪威在弗拉姆中心开展包括 17 个子项目的 "北部工业发展对环境影响"（MIKON）研究专项，通过科学研究促进政府管控不断增加的北极人类活动，确保商业活动在环境负责任框架（Environmentally Responsible Framework）下进行。挪威政府还设立了专项测绘基金，针对巴伦支海和其他区域的油气资源潜力进行专项科学调查，"兰斯号"（Lance）科考船成为挪威拓展北极科学知识积累的重要工具。由于缺少斯瓦尔巴德群岛的冬季系统性气候数据，挪威极地研究所借助科考船持续开展北极海洋科学考察，积累关于海洋酸化、海冰变化和气象学的相关知识。

　　科学研究一直是挪威北极战略中的重要部分，挪威将环境保护和气候变化作为推动高北地区经济发展的基础，不但强调科学层面的研究，也注重实际层面的价值创造和整体发展框架的建立。实际上，是将科学研究作为加强北极活动与存在，特别是资源控制、开

---

① UiT The Arctic University of Norway, About UiT, https：//en. uit. no/om/art？p_document_id =343547&dim =179040.

发和利用的合理切入点。从具体数据来看，在 2005—2007 年出版的北极科学成果的发表数量上，挪威仅次于美国和加拿大，位于世界第三。[①] 挪威研究理事会（The Research Council of Norway）作为北极科考的重要研究机构，主要负责组织和执行国家级别的科考项目，向政府提供可研报告和咨询，为相关的科研项目和国际合作进行经费拨款。2013 年，该机构在"高北项目"的研究上投入约 5.7 亿挪威克朗，位于北极各国前列。[②]

1920 年签署的《关于斯匹次卑尔根群岛行政状态条约》（又称《斯瓦尔巴德[③]条约》，下称《斯约》）为挪威成为国际北极科学合作基地打下基础。《斯约》确定挪威政府对该岛有充分的自主权，但该地区为永久非军事区域，该地区与该地区民众安全由挪威政府全权提供、处理。所有缔约国公民均可自由进出该地区，并在该地区内进行任何不违反挪威政府法律的任何行为，不需得到挪威政府签证许可，但进入该地区则需接受挪威政府的法律管制。[④] 在这种特殊前提下，诸多北极国家和签署该条约的非北极国家都在斯瓦尔巴德群岛上建立了科考站，提升了国际研究活动的有效性、质量和开放性。

对其他北极国家而言，推动科学研究也是最直接的北极治理渠道。例如，瑞典的北极科研具有世界级水平，其内容不仅包括工程学和自然科学研究，也包括社会科学和人文科学。150 多年以来，瑞典的机构和组织资助并组建了不计其数的北极探险，并系统性地

[①] The Research Council of Norway, Norwegian Polar Research: Policy for Norwegian Polar Research 2010 – 13, The Research Council of Norway, 2010, p. 2.

[②] Norwegian Ministry of Foreign Affairs, The Arctic: Major Opportunities-Major Responsibilities, 2013, http://www. regjeringen. no/nb/dep/ud/aktuelt/taler_artikler/taler_og_artikler_av_ovrig_politisk_lede/ins_taler/2014/arctic-dialogue. html? id = 753638.

[③] 斯瓦尔巴德群岛位于北极圈内北冰洋的巴伦支海和格陵兰海之间，北向北极点，南临斯堪的纳维亚半岛，东靠格陵兰岛，西近俄罗斯。

[④] The Svalbard treaty, Svalbard Museum, https://svalbardmuseum. no/en/kultur-og-historie/svalbardtraktaten/.

支持极地研究。在瑞典看来，世界范围内只有少数几艘破冰船可以与瑞典的"奥登号"（Oden）破冰船相比较，因为其装备了最先进的海图和气候研究后勤平台等设备。① 瑞典提出，将通过研究基础设施的升级为研究、高等教育、政治和社会间创造更多互动机遇，提高北极科学研究的主动性和教育研究的责任性。提高北极研究能力既有利于自身北极资源的管理，也有利于本地区的可持续发展和北极国际治理。从海事的角度看，北极环境平台系统，包括船舶技术方面的应用研究是瑞典北极研究的重点，而对于独特基因、组织和分子的海洋生物勘探有利于在生物新材料、食品生产、可再生能源产品等不同领域开展商业化。

瑞典认为，科研机构的跨境合作是保证科学资源有效利用，提高教育和研究质量的有效途径，跨境合作还有助于维持北极国家间的友好关系。因此，瑞典与其他北极国家共同参与了"从北方到北方"（North 2 North）项目，促进科研人员和学生的交流，还积极参与欧盟的相关研究计划，包括"伊拉斯莫世界之窗计划"（Erasmus Mundus）、"博洛尼亚进程"（Bologna Process）等等。②

在芬兰看来，其所具备的广泛和丰富的北极专业知识技能源于自身先进的教育系统。由于芬兰特殊的地理位置，几乎所有科学研究都与寒带专业知识密切相关。芬兰在环境监测、可再生资源以及收集长期研究数据方面与世界接轨，在北极的冰雪监测方面具有国际最高水平，而相关的北极活动规划、程序许可和风险评估是芬兰北极研究的重点。芬兰认为，通过对北极科研的投资，可以巩固自身国际地位。由于北极研究数据有限且分散，北极域内和跨域网络化合作至关重要。为了保持北极科学领域的专业水准，芬兰的高校

---

① The Ministry for Foreign Affairs of Sweden，Sweden's Strategy for the Arctic Region，http：//www. government. se/content/1/c6/16/78/59/3baa039d. pdf.

② UArctic，About north 2 north，https：//education. uarctic. org/mobility/about-north2north/.

和科研仍就需加强能力建设，并开展多主体间的协作。①

　　高校和重点科研机构是芬兰参与北极科学治理的平台。包括拉普兰大学、奥卢大学和罗瓦涅米理工学院等高校均将北极研究作为重点，芬兰的索丹克蕾（Sodankyla）和帕拉斯（Pallas）地区拥有一流的北极科研能力和研究设施。北极科学研究是芬兰气象研究所的战略重点之一。该研究所在大气层、生物圈、气候和环境的精确数据收集，遥感测绘和水文学等领域具有优势。芬兰地质调查局主要从事北部地区的自然资源调查，以及地质学、地球化学和地球物理学研究。芬兰农产品研究所（MTT），芬兰森林研究所（Metla）和芬兰野生动物及渔业研究所（RKTL）分别开展各自的北极研究。芬兰环境研究所（SYKE）参与了北极理事会的系列研究项目，包括收集环境毒素数据、气候变化和短期气候驱动因子（SLCF）等。该研究所还具有广泛的海洋生态、冰体研究、航运和北部环境的专业知识技能。此外，辐射与核安全局（STUK）、芬兰职业健康研究所、芬兰技术研究中心（VTT）从环境监测和评估、严寒对行动能力的影响、低温技术等不同方面开展北极研究。②

　　除了北极国家之外，非北极国家同样把科学路径作为参与北极事务的最直接、最核心方式。例如，英国提出其北极科学研究享誉世界，实现英国北极政策框架的宗旨离不开先进、独立的科学及其应用。从本质上来说，科学能够直接推动外交、政策制定以及英国对北极的认识，是英国与北极国家、北极理事会及其他行为体进行合作的基础。因此，先进、独立的北极科学研究是英国实现北极目

① Prime Minister's Office of Finland, Finland's Strategy for the Arctic Region 2013 Government Resolution on 23 August 2013, https：//vnk. fi/documents/10616/334509/Arktinen + strategia + 2013 + en. pdf/6b6fb723 - 40ec - 4c17 - b286 - 5b5910fbecf4.

② Prime Minister's Office Finland, Government Policy Regarding the Priorities in the Updated Arctic Strategy, The Government's Strategy Session on 26. 09. 2016, https：//vnk. fi/documents/10616/334509/Arktisen + strategian + päivitys + ENG. pdf/7efd3ed1 - af83 - 4736 - b80b - c00e26aebc05/Arktisen + strategian + päivitys + ENG. pdf. pdf.

标的前提。科学与合作、尊重和恰当的领导作用一起，构成了英国参与北极事务的核心。

英国拥有庞大、活跃并且发展迅速的北极科研力量，囊括了77家英国北极研究机构，其中包括46所高校和20家研究机构。仅2011年，超过500位登记在册的从事北极研究的科学家发行了500多部出版物，这一数字是2000年的4倍。英国对北极环境研究的资金投入稳步增长，共有5000多万英镑被用于138个研究项目，包括自然环境研究委员会（Natural Environmental Research Council）为北极研究计划（Arctic Research Programme）提供的专项资金等。①

意大利提出，应在北极理事会、国际北极科学委员会、欧盟委员会等国际机制框架内，加强北极科研合作，包括增加北极观测系统的空间和时间分辨率，加强不同国家措施间的协调水平；促进北极的系统研究和深层次"维度"认知，主要是其作为地球系统重要组成部分的复杂性，在北极放大效应（Amplification）和当前变化的实质和范围上发挥关键作用；通过国际北极研究规划大会（ICARP）下的"欧盟北极协调支持行动"（EU—PolarNet Coordination Support Action）等倡议，在各个层面（欧洲的或国际的）决定科研的中长期议程。在欧洲层面，确保北极问题成为"2020地平线计划"关于"气候行动、环境、资源效率和原材料的社会性挑战"规划展望中的优先事项。②

巩固在北极的存在是意大利北极科学研究的总体目标，意大利国家研究委员会、意大利国家新技术、能源与可持续经济发展研究所、国家地球物理和火山学研究所、海洋学和实验地球物理研究所

---

① Adapting To Change: UK Policy towards the Arctic, Polar Regions Department, Foreign and Commonwealth Office, 2013, https://assets.publishing.service.gov.uk/government/uploads/system/uploads/attachment_data/file/251216/Adapting_To_Change_UK_policy_towards_the_Arctic.pdf.

② EU-PolarNet, EU-PolarNet Objectives, https://www.eu-polarnet.eu/about-eu-polarnet/objectives/.

等机构将通过国际合作设立自身发展目标。一方面优先考虑中长期的连续监测活动，另一方面是陆地和海洋生态系统的实验活动，积极参与斯瓦尔巴综合地球观测系统（SIOS）倡议，扩大意大利在泛北极观测系统中的存在。同时，加强北极国际科学合作，促进意大利的科研院所积极参与国际性北极科学倡议，参与北极理事会相关工作组的科学研究与合作。意大利积极参与了斯瓦尔巴综合地球观测系统的筹备阶段，计划通过国家研究委员会继续参与并推动其扩大到全国。意大利尤其重视在欧盟框架内的北极科学合作，提出参加欧盟委员会、北极国家和法国等地中海国家所推动的加强欧洲极地基础设施建设的相关行动，包括北冰洋综合观测系统—内北冰洋观测项目；参加由欧盟委员会和欧洲科研基础设施战略论坛（EFS-RI）支持的针对北极地区的项目（斯瓦尔巴综合地球观测系统）；支持由意大利协调的欧洲科研基础设施战略论坛，通过欧洲多领域海底观测（EMSO）和欧洲板块观测系统（EPOS）巩固其在北极和亚北极地区这些基础设施的整合；支持欧洲科研基础设施战略论坛的综合碳观测系统（ICOS）延伸至北极地区等多个方面。①

作为最早参与北极科研合作的亚洲国家，日本强调自身对北极科学发展的贡献。20 世纪 50 年代以来，日本持续开展对北极的观测和研究。1991 年，日本成为在北极建立观测站的首个非北极国家，也是首个加入国际北极科学委员会（IASC）的非北极国家。日本的观测数据和科学知识为了解北极环境变迁作出了重要贡献，已经进行了高水平的卫星、海洋和陆上观测和模拟，并且得到了国际科学界的高度评价。

2015 年，由于国际社会对北极的关注递增，北极研究最为重要的国际会议——"北极科学高峰周"（ASSW）在日本召开。除了科

---

① Italy and the Arctic, Ministry of Foreign Affairs and International Cooperation of Italy, https：// www. esteri. it/mae/en/politica_estera/aree_geografiche/europa/artico.

学认知北极变化的重要性外，社会、政治和经济对北极的影响，以及包括非北极国家在内的企业、学术界、政府间合作的重要性得以凸显。尽管北极近年来成为国际社会所关注的重要议题，但对北极的科学认知仍显不足。日本应比以往更多利用自身优势参与国际合作，促进与其他利益攸关方的综合性跨学科合作研究。[①] 北极变化及其对地球整体影响须通过全面而广泛的视角加以认识，考虑气候、物质循环，生物多样性和人类活动的影响。厘清这些变化的机制或原因，预测未来可能出现的变化，加强对其社会经济影响的全面研究尤为重要。在这些研究成果的基础上传递足够的科学信息，向日本国内外利益攸关者提供合理的问题解决方案具有重要意义。同时，日本提出将战略性地推进在北极国家建立科学考察站，引领国际倡议并培养和支持积极参与国际讨论的青年科研人员。

在具体措施方面，日本提出：第一，使北极研究服务于政策决策，全面了解北极环境变化及其对地球其他各处的影响，评估其经济社会效应，通过"北极可持续发展挑战项目"等科研项目，向利益攸关方传递足够的信息确保适当的政策决策和问题解决。第二，加强观测和系统分析，研发最为先进的观测工具。借助代表日本实力的先进卫星、科考站和科考船加强观测，获取并分析科学数据以解释北极环境变化的机理。研发适应北极严酷环境的先进观测仪器或其他装备以开展进阶观测。第三，推动跨学科倡议和卫星、科考船和高性能计算机等研究基础设施的共享，通过建立涵盖大学和其他研究机构的研究网络为北极问题提供解决方案。第四，在美国、俄罗斯和其他北极国家建立科考站，通过实地考察和联合研究项目推动更为密切的国际合作。第五，为科研机构和科学家建立数据共享框架，参与国际数据共享框架，使缺乏科学数据的北极研究变得

---

① Japan's Arctic Policy (provisional English Translation), Arctic Portal, 21 Oct 2015, http://library.arcticportal.org/1883/.

更为有效。第六，培养和支持研究人员，培养并派遣青年研究人员赴海外科研机构和大学，推动日本北极研究的继续发展，培养能够在北极问题和解决方案的国际讨论中扮演领导角色的人才。第七，考虑设计作为新北极研究平台的北极科考船，使其具有借助自主式水下航行器（AUV）等设备参与国际北极观测项目的功能。[①]

第四节　从渔业问题看认知共同体的北极治理角色

目前，北极治理与科学家的作用已经受到学界关注[②]，但作为北极最早被人类开发利用的资源，渔业资源的游动性和海洋生物的生态含义，使渔业问题对于科学家和北极治理这一问题的讨论场域进一步扩展。将国际海洋考察理事会参与北极渔业治理作为案例，探讨科学家群体在北极渔业治理中的权利来源、动员能力、制度贡献力和舆论影响力构成，如何通过网络化建设形成认知共同体，如何维持认知共同体的"弱国家性"和科学家群体的"强国家认同"之间的平衡，有助于理解科学家群体在科研之外的角色优势和互动渠道，将认知共同体的探讨纬度从全球环境和气候外交延伸至北极问题，从而为包括中国在内的相关国家以科学为先导参与北极治理提供相应借鉴。

---

① Aki Tonami and Stewart Watters, Japan's Arctic Policy: The Sum of Many Parts, Arctic Year-book 2012, https://arcticyearbook.com/arctic-yearbook/2012/2012 – scholarly-papers/10 – japan-s-arctic-policy-the-sum-of-many-parts.

② 杨剑等著：《科学家与全球治理：基于北极事务案例的分析》，时事出版社，2018年版。

一、北极渔业治理现状和现有国内外研究

虽然北极仍然是世界上最原始的海洋区域之一，但气候变化和日益增加的有利条件正在引发越来越多的商业渔业的勘探和开发，[①]包括域外国家在内的各国均积极谋求北极渔业合作。与此同时，各国和相关国际机制也大力进行"非法、无报告及不受规范捕捞"（IUU）的管控，以及商讨部分海域商业捕捞的管控措施。随着北极气候持续变暖带来的海洋和海冰条件变化，大量经济性鱼类正出现北迁至北冰洋中部海域（CAO）的国家管辖范围外水域，但该水域尚缺乏充足的渔业资源科学研究数据。由于各国在北极外大陆架划界问题、部分岛屿主权争端、环境和生物多样性保护标准上仍存在分歧，沿海五国在北冰洋公海渔业问题上的关切各有侧重。[②] 自2007年起，加拿大、美国、俄罗斯、挪威和丹麦作为北冰洋中部公海邻近沿岸五国就北冰洋公海渔业捕捞开展政府与专家磋商，并在2015年发布联合声明，提出在未获得充足的科学证据之前，禁止本国渔船进入北冰洋公海开展商业性捕捞[③]，最终在2018年10月签署《预防中北冰洋不管制公海渔业协定》，和包括中国在内的5个域外利益攸关方初步建立了北冰洋公海的渔业管理秩序和管理模式，有助于实现保护北冰洋脆弱海洋生态环境等目标，填补了北极渔业治理的空白。

---

① Travis C. Tai, Nadja S. Steiner, Carie Hoover, William W. L. Cheung, U. Rashid Sumaila, "Evaluating present and future potential of arctic fisheries in Canada", *Marine Policy*, Vol. 108, October 2019.

② 唐建业："北冰洋公海生物资源养护：沿海五国主张的法律分析"，《太平洋学报》，2016年第1期，第93—101页。

③ Meeting on High Seas Fisheries in the Central Arctic Ocean: Chairman's statement, Washington D. C., U. S., 19 – 21 April 2015. https://www.afsc.noaa.gov/Arctic_fish_stocks_fourth_meeting/pdfs/Chairman's_Statement_from_Washington_Meeting_April_2015 – 2. pdf.

从北极渔业治理的相关研究来看，国内外学界的关注点不尽相同。国内学者的主要关切点集中于北极渔业治理制度的完整性问题，首先是有关高纬度洄游鱼类管理措施的讨论。例如，有学者提出中西太平洋渔业委员会、大西洋金枪鱼类保护委员会的管辖范围虽覆盖较广，但针对高纬度洄游鱼类等管理措施尚不完备。① 也有观点认为，《联合国海洋法公约》对跨界和高度洄游鱼类种群养护管理、国际合作等缺乏具体的执行意见，《鱼类种群协定》仅关注跨界、高度洄游鱼类种群，"分鱼类"特点限制了其在北极的广泛适用性，而粮农组织制定的《负责任渔业行为守则》不具备法律约束力，削弱了其执行力。② 其次是北冰洋公海渔业问题，有学者将北冰洋沿岸国在北极航道管理和渔业管理中的参与方式进行对比，提出相关国家为谋求北冰洋公海的领导者地位采取单边主义行为，导致北极渔业所呈现出碎片式管理格局。③ 也有学者提出北冰洋中部公海渔业治理更多是一种自我管理进程。④ 还有观点提出，中国应积极参与北极公海及斯岛渔业规则的制定进程，倡导在生态保护合作原则和预防性原则基础上，制定北极公海区域或次区域渔业管理规则。⑤

国外学者更加关注北极渔业治理的顶层设计问题。例如，有学者提出东北大西洋渔业委员会管辖的管理范围局限于北冰洋的一部

① 白佳玉、庄丽："北冰洋核心区公海渔业资源共同治理问题研究"，《国际展望》，2017年第3期。

② 邹磊磊、密晨曦："北极渔业及渔业管理之现状及展望"，《太平洋学报》，2016年第3期，第87—93页。

③ 邹磊磊、付玉："北极航道管理对北极渔业管理的启示"，《极地研究》，2017年第2期，第270页。

④ Pan Min, "Fisheries issue in the Central Arctic Ocean and its Future Governance," *The Polar Journal*, Vol. 7, Issue 2, pp. 410–418.

⑤ 卢芳华："北极公海渔业管理制度与中国权益维护"，《南京政治学院学报》，2016年第5期，第78页。

分①，未能覆盖整个北冰洋核心区公海，该组织是小规模和较为封闭的沿海国组织，世界上绝大多数远洋渔业国家未被纳入东北大西洋渔业委员会，其渔业管理规定不具有全面性和强制性。相关讨论还包括：建立"泛北极渔业管理制度"的可行性问题；② 按照用途分配海洋立体空间，将其作为政治进程实现不同的生态、经济和社会目标的北极"海洋空间规划"问题；③ 针对现有区域性渔业管理组织在不同海域和不同鱼类上的不同针对性，讨论相应的渔业管理针对性措施问题；④ 关注因北极资源和航道开发对渔业资源可能造成的生态影响⑤，以及自然保护原则和发展原则的主导性争论对渔业政策的影响⑥等，尤其关注北冰洋中部渔业管理制度的建立。⑦ 综上所述，国内外针对北极渔业治理的现有研究各有侧重，从顶层制度设计到具体海域的养护规则和预防性措施等问题均有所涉及，但有关科学家参与北极渔业治理的研究较少，特别是借助认知共同体理论，分析科学家群体或组织参与北极渔业治理的探讨，这为本书将国际海洋考察理事会作为案例，分析其治理路径、原则特征和局

---

① Erik J. Molenaar, "Arctic Fisheries Conservation and Management: Initial Steps of Reform of the International Legal Framework", *The Yearbook of Polar Law*, Vol. 1, 2009, pp. 427 – 463.

② Jennifer Jeffers, "Climate Change and the Arctic: Adapting to Changes in Fisheries Stocks and Governance Regimes", *Ecology Law Quarterly*, Vol. 37, 2010, pp. 917 – 978.

③ Douvere F. and Ehler C., "New perspectives on sea use management: Initial Findings from European Experience with Marine Spatial Planning", *Journal for Environmental Management*, Vol. 90, 2009, p. 78.

④ Lilly Weidemann, *International Governance of the Arctic Marine Environment with Particular Emphasis on High Seas Fisheries*, Springer, 2014, pp. 28 – 31.

⑤ Carroll JoLynn, Vikebø Frode, Howell Daniel, Broch Ole Jacob, Nepstad Raymond, Augustine Starrlight, Skeie Geir Morten, Bast Radovan, Juselius Jonas, "Assessing Impacts of Simulated oil Spills on the Northeast Arctic Cod fishery", *Marine pollution bulletin*, Vol. 126, January 2018, pp. 63 – 73.

⑥ Gray S. Tim, Hatchard Jenny, Environmental Stewardship as a New form of Fisheries Governance, *ICES Journal of Marine Science*, Volume 64, Issue 4, May 2007, pp. 786 – 792.

⑦ Van Pelt T. I., Huntington H. P., Romanenko O. V., Mueter F. J., "The missing middle: Central Arctic Ocean Gaps in Fishery Research and Science Coordination", *Marine Policy*, Vol. 85, November 2017, pp. 79 – 86.

限性提供了可能。

二、国际海洋考察理事会的治理路径、原则特征及其局限性

总体而言，国际组织或科学网络是否保持科学与政治间的紧密关系，建立从信息交换到政策塑造的有效机制，其运行模式是否保证充分的学科交叉和广泛吸纳专业知识，其报告是否能保证促进政策变化是认知共同体作为全球治理主体的基本标准。在北极渔业治理中，包含主权国家、区域性渔业管理组织（RFMO）和非国家行为体三类主体。① 在这当中，国际海洋考察理事会（The International Council for the Exploration of the Sea，ICES）（下称"理事会"）在治理路径、原则和特征上符合认知共同体的相应标准，具有较为突出的代表性意义。

（一）治理路径

第一，以广泛代表性为基础参与议程设置。作为北极渔业治理的重要治理主体，理事会的雏形始于1902年，由相关国家的科学家和研究机构通过信件交流的方式进行合作，总部设在丹麦首都哥本哈根。从成员构成来看，理事会是由来自20个成员国②的近5000多名科学家和近700所研究机构组成研究网络，成员国在地理构成上主要集中于北半球，特别是北大西洋、巴伦支海和北冰洋海域的沿

_____

① 其中主权国家包括北冰洋沿岸国、地理上的北极圈内国家和第三方享受捕捞配额剩余的国家。区域性渔业管理组织主要包括西北大西洋渔业组织（NAFO）、东北大西洋渔业委员会（NEAFC）、北大西洋鲑鱼养护组织（NASCO）、大西洋金枪鱼保护国际委员会（ICCAT）、中西太平洋渔业委员会（WCPFC）、北太平洋溯河鱼类委员会（NPAFC）、欧盟渔业科学、技术及经济次委员会（STECF）等。而非国家行为体主要包括可持续渔业伙伴组织（SSFP）、海洋管理理事会（MSC）、国际海洋考察理事会（ICES）、海产品选择联盟（SCA），大型渔业企业等。详见赵隆："从渔业问题看北极治理的困境与路径"，《国际问题研究》，2013年第4期，第20页。

② 包括比利时、加拿大、丹麦、爱沙尼亚、芬兰、法国、德国、冰岛、爱尔兰、拉脱维亚、立陶宛、荷兰、挪威、波兰、葡萄牙、俄罗斯、西班牙、瑞典、英国和美国。

岸国。1964 年 9 月 12 日签署的《国际海洋考察理事会公约》提出，共同促进和鼓励有关生物资源和海域的科学研究；与各缔约方一道为相关研究建立必要的组织和管理程序，并签署相关协议；鼓励各成员国公开发布相关的科研成果。该公约还对其涉及的海域进行了界定，提出科研活动主要集中于大西洋及其邻近海域，特别是北大西洋海域。[①] 由此，理事会逐步形成较为充分的法律基础和国际地位。

理事会下辖的北极渔业工作组（AFWG）成立于 1959 年，是历史最为悠久的工作组，也是科学家群体参与北极渔业治理的重要平台。目前，共有来自挪威、俄罗斯、加拿大等北极国家和其他欧盟国家的 40 余名科学家作为该工作组成员。从代表性来说，理事会是北半球渔业治理领域参与国家最多，网络化程度最高的国际组织之一，这也在客观上保证了理事会对于北极渔业治理的议题设定能力。由于其在相关领域的专业知识，可以通过一定的渠道为决策者提供信息，帮助决策者理解其所面临的议题。[②] 例如，理事会不但定期发布战略规划，以议题推介的形式引导各国关注，还通过专家组发布针对海洋气候和生物的《合作研究报告》（CRR），经过同行评议的《海洋环境科学技术系列报告》（TIMES），针对渔业和生态系统的《系列调查报告》（SISP），用于识别海洋生物疾病的《鉴定手册》（ID Leaflets），咨询委员会发布的《理事会建议》（ICES Advice），以及相应的历史和年报、专家组报告、海洋科学会议报告等。此外，理事会独立开展近 20 项专项计划，包括"优化和加强大西洋综合观测系统计划"（AtlantOS）、"大西洋研究联盟协调和支持行动"（AORA-CSA）、"共同创建决策支持框架，以确保在气候

---

① ICES, Convention for The International Council for the Exploration of the Sea, 1964, http://www.ices.dk/explore-us/who-we-are/Documents/ICES_Convention_1964.pdf.

② Peter M. Haas. Introduction: Epistemic Communities and International Policy Coordination, *International Organization*, Vol. 46, No. 1, 1992, pp. 1-35.

变化下欧洲的可持续鱼类生产"（Clime Fish）等，并在欧盟第六框
架计划（EU-FP6）资助下开展 23 项有关特定鱼群、海域的监测管
理专项计划。上述战略规划和专项计划已成为各国参与全球渔业谈
判和治理的重要议题源。

　　第二，以多元专业性为基础提供政策方案。在历史上，面对区
域性渔业治理这样的多国性、系统性问题，虽然部分国家能够开展
独立或双边的联合研究，但在资源配置方面仍显不足，特别是大多
数国家在决策过程中仍将本国科学家作为科学建议的主要来源。而
犹豫北极自然环境的脆弱性和鱼类资源的高纬度洄游特征，单一或
少部分国家提供的专业意见难以满足北极渔业所需要的综合性政策
方案，以知识共同体为基础的专业意见逐渐受到青睐。例如，中白
令海和亚北极公海区域由于过度捕捞造成了狭鳕资源枯竭，在沿海
国家和从事远洋捕捞国家的共同努力下签署了《中白令海狭鳕资源
养护与管理公约》（Convention on the Conservation and Management of
Pollock Resources in the Central Bering Sea）。[①] 在这一过程中，理事
会等认知共同体为其提供了重要的客观数据，促进不同群体参与建
立和实施管理措施。根据理事会规定，北极渔业工作组负责评估理
事会科考覆盖区域，特别是巴伦支海和挪威海域中各种鱼类种群的
现状，并向西北大西洋渔业组织、东北大西洋渔业委员会和俄罗斯
—挪威联合渔业委员会提供相应的科学建议。工作组的评估以分析
性报告为主，但也会发布以调查性和趋势性为主的研究报告，其报
告不但包含评估海域整体生态系统状况的章节，还特别调查物种间
的互动情况，在此基础上向相关区域渔业治理组织提出建议。目
前，工作组所提供的评估报告和研究报告已成为各国在北极海域制

---

　　① Leilei Zou, Henry P. Huntington, Implications of the Convention on the Conservation and Man-
agement of Pollock Resources in the Central Bering Sea for the management of fisheries in the Central Arctic
Ocean, *Marine Policy*, Volume 88, February 2018, pp. 132 – 138.

定相关养护措施的重要依据。但从理论上来说，认知共同体所提供的方案选择一般不会是唯一的，其主要目的是对各种政策方案进行概率分析，以让决策者清楚行动与不行动、以及如何行动等所产生相关影响的概率。①

　　第三，以制度灵活性为基础参与决策。认知共同体理论认为，决策过程中的复杂性、不确定性使得政策制定者必须求助于认知共同体的帮助。② 在本质上，理事会是由科学家群体组成的国际组织，具有较为完整的内部架构③、运行机制④和议事规则⑤，还通过财政手段针对成员国的权利进行了义务捆绑⑥。虽然理事会和相应的工作组仍不具备国家行为体直接参与渔业治理的能力，但工作组可以针对东北北极鳕鱼、黑线鳕、格陵兰大比目鱼和巴伦支海毛鳞鱼的种群情况定期向俄罗斯—挪威联合渔业委员会提出捕捞配额和养护建议，向挪威提供沿海鳕鱼、北极东北绿青鳕和深海红鱼的相关数据，向西北大西洋渔业组织和东北大西洋渔业委员会提供深海红鱼的种群评估。这意味着，虽然工作组在性质上仅为科学家群体，但其评估报告作为间接渠道，对于具有执行和约束效应的区域性渔业

---

　　① 参见孙凯："全球环境治理中的'认知共同体'及其限度研究"，《江苏工业学院学报》，2010 年第 1 期。

　　② Peter M. Haas. Introduction：Epistemic Communities and International Policy Coordination，*International Organization*，Vol. 46，No. 1，1992，pp. 12.

　　③ 理事会由主席和每个成员国各派出的两名代表组成，各成员国还可以委派相应的专家来协助委员会的工作。

　　④ 理事会执行局下设科学委员会（SCICOM）、咨询委员会（ACOM）和数据和信息服务小组（Data and Information Services）三个平行机构，分别承担科研、提供建议和数据收集分析的工作。理事会每年在哥本哈根召开常务会议（Ordinary session），在超过 1/3 成员国的请求下，还可以在相应的时间和地点，由执行局负责组织召开特别会议（Extraordinary sessions）。

　　⑤ 理事会相应的决议按照简单多数（Simple Majority）原则进行投票产生，每个成员国拥有一票。如出现赞成和反对票数相等的表决情况，该提案应被视为未通过表决。在涉及修改理事会议事规则和程序的提案表决时，各缔约方采取 2/3 多数（Two-thirds majority）原则进行投票。

　　⑥ 各成员国需为各自代表团、专家成员和咨询成员缴纳相应的费用。如果某一缔约国连续两年未缴纳其应当支付的分摊款项，其在理事会框架内所有的权利将被终止，直到履行相应的财政义务。参见 Convention for The International Council for the Exploration of the Sea，1964，http：//www. ices. dk/explore-us/who-we-are/Documents/ICES_Convention_1964. pdf。

治理机构却具有决定性意义，成为相关决策者不可或缺的依据。

（二）治理原则

第一，双重身份原则。从功能定位上来看，理事会主要目标是增强关于海洋环境和生物资源的科学知识储备，并利用这些知识来向相关职能部门提供建议。为实现这一目标，理事会通过优先化、组织化的知识传播活动，填补全球或区域层面涉及生态、政治、社会和经济方面的知识空白。在这一点上，有两方面值得关注：一方面，该组织由不同国家的科学家组成，其主要工作内容和职能范围也都围绕科学研究所展开，相应的成果形式以数据报告为主，各方具备较为客观的身份认同，相应的科学研究结论也应该被公众认可；但另一方面，由于其自身定位为政府间组织，作为法律基础的《国际海洋考察理事会公约》缔约方也均为主权国家，这在无形中降低了这种科学客观性，并难免引起对于相关科学结论的客观性质疑。特别值得注意的是，各国在该组织内部的代表虽然是科学家身份，但还是由政府特别任命和派遣的，存在一种潜在的官方色彩。

第二，需求方驱动原则。一般而言，在形成共有知识以后，认知共同体成员再通过一系列具体活动，影响政府决策的传播、选择和执行。[①] 但从广义上讲，理事会作为科学家群体并不主动参与渔业治理的实体问题，只是涉及到具体海域或鱼类种群"总可捕量"（TACs）、"非法、无报告及不受规范捕捞"（IUU）等问题的科学性评估和建议，完全根据已经与理事会建立委托咨询关系的需求方提出请求后介入调查研究。理事会的需求方既包括成员国本身，也可以是国际或区域性组织，例如欧洲委员会、赫尔辛基委员会、北大西洋鲑鱼养护组织、东北大西洋渔业委员会、奥斯陆—巴黎公约委

---

① 喻常森："认知共同体与亚太地区第二轨道外交"，《世界经济与政治》，2007年第11期，第34页。

员会等。① 除此之外，理事会还与不同的现存北极治理机构建立了合作关系，包括北极理事会其下设的相关工作组，并与联合国政府间海洋学委员会（IOC），联合国粮食和农业组织（FAO）、北极监测和评估方案（AMAP）、国际北极科学委员会（IASC）等采取联合工作组的形式开展工作，共同举办科学研讨会和理事会年度科学会议。在工作内容和程序上，理事会根据成员国、国际和地区组织的请求，为其提供公正且非政治性的科学建议、信息和报告。

在相关需求方提出请求后，理事会专家组负责数据的收集和分析，由建议起草小组通过同行评议后提交专家组报告，并经过咨询委员会进行审批通过。② 在北极渔业资源评估的过程中，如相关专家组的报告初稿在结论上存在相应的基准点，则该报告以及同行评议的意见可转交建议起草小组，由建议起草小组针对相关意见进行最后修改后，将建议草案提交咨询委员会进行最终审查，随后由理事会将建议报告提供给需求方。可以看到，各类科学家群体通过专家组、起草小组、同行评议、咨询委员会等多个平台直接参与相关报告的制定，但这一过程的启动主要取决于需求方的需求本身。

第三，非直接约束原则。虽然理事会提交的相关建议报告在本质上并不具备任何主动约束力，但此类建议报告是形成各国或区域渔业组织年度"总可捕量制度"，与"非法、无报告及不受规范捕捞"相关限制措施的制定、渔业养护的"预防性措施"（Precautionary Approach）等重要政策的主要科学依据。也就是说，科学家群体可以通过理事会的相关工作和结论，通过这一特殊治理路径成为北极渔业治理的非强制性必要条件（No-mandatory Requirement）。例如，西北大西洋渔业组织和东北大西洋渔业委员会在各自组织章程

---

① ICES, Who we are, http：//www.ices.dk/explore-us/who-we-are/Pages/Who-we-are.aspx.

② ICES, Follow our advisory process, http：//www.ices.dk/community/advisory-process/Pages/default.aspx.

内均规定，对所辖海域的主要鱼种捕捞实施总可捕量制度和各捕鱼国的配额制度，基于理事会的科学建议确定种群的捕捞总额、季节，按照总额为各成员国制定相应配额。只有在配额剩余的情况下才可以进行权力让渡，与第三国签订协议进行捕捞。① 欧盟渔业和海洋事务总署规定，总署在理事会和欧盟渔业科学、技术和经济委员会的科学建议基础上，提出年度可捕量的议案，由欧洲议会和欧洲理事会进行投票审批通过，从而形成约束欧盟各成员国渔业捕捞行为的技术性指标。② 俄罗斯—挪威联合渔业委员会也规定，鱼类种群的捕捞配额总量是俄罗斯与挪威年度谈判中的关键环节，谈判依据理事会的科学建议的基础之上。该委员会管辖区域内北极鳕鱼总可捕量的14%被分配给第三国进行协议捕捞，捕捞配额同样根据理事会的报告制定。③

总的来看，在一国或国际、区域性组织提出建议咨询需求后，由理事会成员国的科学家群体组成不同种类的专家组，对于相关海域和鱼类种群进行数据采集和分析，并形成专业性的科学建议报告，通过同行评议和专业论证后，形成综合性的理事会建议报告。这一治理路径具有明显的需求驱动特征，且形成的建议报告在具有知识价值的同时，客观上可能成为具有一定约束力的区域性治理组织治理行为的重要依据。

（三）治理特征

首先是共识性特征。成为认知共同体除了行为体应兼具分享因

---

① NAFO, Activities, http://www.nafo.int/about/frames/activities.html; NEAFC, Management Measures http://www.neafc.org/managing_fisheries/measures.

② European Commission, Directorate-General for Maritime Affairs and Fisheries, TAC's and Quotas, http://ec.europa.eu/fisheries/cfp/fishing_rules/tacs/index_en.htm.

③ The Joint Norwegian-Russian Fisheries Commission, Quotas, http://www.jointfish.com/eng/STATISTICS/QUOTAS.

果关系、原则信念和利益的特点之外，这一组织还应该是共识性的。[①] 有学者提出，组织的内聚力（Internally Cohesive）越强，其成就政策结果的影响力就越大。[②] 相较于国家、政府间国际组织等传统治理主体，科学家群体的治理资源和能力都相对有限。但随着全球性问题的兴起，单一或部分国家提供全球性公共产品的能力赤字突出，对于非传统治理主体的需求也不断增加。一般来说，科学家群体具有知识权威和道德权威两方面优势，其提出的科学研究结果、趋势判断、因果模型等专业性意见可以成为政府决策和重要参考。科学家提出的基于事实的政策（Evidence-based Policy）和基于技术有效性分析的方案，也提升了公众和政府支付政策成本的意愿。[③] 但与此同时，"控制知识与信息是权力的重要维度"[④]，国家行为体面对科学家群体参与治理，也不会忽视最终政策的决策权。有学者认为，科学成分同样可以体现国家利益，存在国际政治妥协下的科学平衡。[⑤]

从理事会参与北极渔业治理可以看出，如果没有理事会进行的科学调查和专业评估，特别是针对鱼类种群的生存现状和发展趋势，以及对于不同种群的捕捞季节、捕捞数量的建议，就无法形成量化的捕捞配额限制措施，也就无法真正将年度可捕量制度作为北极渔业治理的有效手段，来限制非法、无报告及不受规范捕捞行为、过渡捕捞并维持海洋生态系统的可持续发展。但是，理事会在

---

① Peter M. Haas, "Introduction：Epistemic Communities and International Policy Coordination", *International Organization*, Vol. 46, No. 1, 1992, p. 3.

② 董亮、张海滨："IPCC 如何影响国际气候谈判——一种基于认知共同体理论的分析"，《世界经济与政治》，2014 年第 8 期，第 69 页。

③ 杨剑等著：《科学家与全球治理：基于北极事务案例的分析》，时事出版社，2018 年版，第 116 页。

④ Peter M. Haas, "Introduction：Epistemic Communities and International Policy Coordination", *International Organization*, Vol. 46, No. 1, 1992, p. 2.

⑤ 潘家华："国家利益的科学论争与国际政治妥协"，《世界经济与政治》，2002 年第 2 期，第 55 页。

机制设置和成员构成上，坚持了政府间组织这一定性，以及政府任命和派遣的必要程序，在科学家群体的科学意见输出过程中，确保国家利益的嵌入可能。因此，这种双重身份特征确保了科学家群体和主权国家政府之间必须实现利益协调和意见共识，从而构成以共识性为基础的治理范式。

其次是开放性特征。科学家知识权威的确立，取决于其是否可以提供客观和专业的科学论据，也取决于其是否能在双重身份这一大前提下，在本国利益和人类共同利益之间做到平衡，在制度设计层面避免被利益集团所操控。因此，科学家群体在组织化建设上的开放性，是其有效参与治理的重要考量。理事会的人员组成较为多元，在派出机构上也存在不同，这样利于形成一种非单一化的集体意愿表达。更为重要的是，无论在组织架构或人员构成上，理事会都呈现出一种低政治化结构，成员背景均为从事科学研究的专业性人员，而形成最终建议报告的流程也都建立在较为客观公正的基础上，利用同行评议、第三方审议等方式避免建议报告出现政治化倾向，有助于提升各方对于这些意见、建议的接受程度。

认知共同体能够对国家政策和国际合作产生多大的影响，还取决于其他因素，包括接受其观念或共识的国家数量和国家能力。[①] 理事会不仅在成员中纳入北冰洋和北极海域的主要沿岸国，还将其相关科学考察活动，例如科学委员会、专家组和研讨会等相关机制的工作均对观察员开放。理事会的咨询工作同样对观察员开放，各国政府、政府间组织、非政府组织或个人均可以向理事会提出申请，作为观察员参与咨询委员会、建议起草小组的相关工作。理事会召开的相关科学研讨会，包括数据汇编研讨会均为公开性质，任何具备相关专业知识的个人或组织均可以出席旁听。在保证咨询过

---

① 罗辉："国际非政府组织在全球气候变化治理中的影响——基于认知共同体路径的分析"，《国际关系研究》，2013 年第 2 期，第 54 页。

程开放性的前提下，理事会所形成的专业性的科学建议从理论上讲更接近客观现实需求，有助于维护当前北极脆弱的生态系统，促进渔业资源的健康和可持续发展，也能更好地取得公众的广泛认同。

最后是非强制性特征。有学者提出，当决策者真正意识到问题的重要性并引发公众关注时，认知共同体才可能有效地推动决策者采纳背离政治"准则"的政策。① 知识是科学家群体参与治理的直接工具，但知识本身并不具备任何强制性功能，以科学家为主体的认知共同体虽能推动形成相应的国际或区域机制，但往往不具备制定强制性措施的能力。因此，认知共同体的治理效果评估，并不能以其治理工具的强制性作为评判标准，而是要通过评估其专业性意见对国家政府的治理机制和行为的影响，对国际组织的议程设定和制度设计进程的作用，对社会公众形成新认知、凝聚新共识的作用加以评判。在价值理念和治理思路上与政府出现落差时，对其是否"能提出与政府和政府间国际组织相竞争对治理方案"② 进行评估。

对于海洋知识、渔业种群情况进行调查和评估是理事会的宗旨，其本身并不具备相应的法律执行力，成员国对于理事会的相关建议也没有法律意义上的执行义务，作为北极渔业治理主体的地位不强，可以说不具备法律上的独立资格。同时，理事会所产生的治理行为不具有强制性。无论是专家组、科学委员会还是咨询委员会，都无法直接参与各国、各区域性渔业组织的北极渔业政策制定和战略规划。特别值得注意的是，虽然理事会也会定期制定自身的发展战略计划，例如《国际海洋考察理事会战略计划 2014—2018》提出，"理事会已经认识到不断变化的海洋生态系统，希望通过推出这一计划向海洋科学界提供动力，以支持海洋的可持续发展与治

---

① Peter M. Haas, "Obtaining International Environment Protection through Epistemic Consensus," *Millennium*, Vol. 19, No. 3, 1990, p. 352.

② 刘贞晔："非政府组织、全球社团革命与全球公民社会兴起"，载黄志雄主编：《国际法视角下的非政府组织：趋势、影响与回应》，中国政法大学出版社，2012 年版，第20—24 页。

理，为全人类的利益恢复海洋的健康"①，但究其根本还是属于建议性的报告，而并非北极渔业治理的政策性文件。最后，理事会需要将自身立场通过间接的方式，在需求方提出请求的前提下，影响主权国家或各类全球或地区性机制的决策，这一决策影响过程具有明显的非强制性特征。

（四）知识共同体的治理局限性

虽然上述特征保障了国际海洋考察理事会有效参与北极渔业治理，但其治理角色仍存在明显边界。首先是认知共同体软性"去国家化"和科学家的国家认同平衡问题。"科学无国界"显然是以科学家为主体的理事会所坚持的宗旨之一，但其成员资格仍将国家作为核心认定标准。虽然理事会的共识性特征在机制上为科学家群体嵌入国家利益提供了渠道，但依旧面临有关信息从知识化到价值化的风险，赋予信息以具体的含义和价值判断，以此推动行为体采取行动。② 也就是说，作为知识共同体的科学家网络既可以从纯科学的角度使国家关注渔业治理的客观问题，同样可以在独占知识的基础上对知识进行分析解读，甚至出于本国的身份认同对知识进行价值判断，引导和塑造相关国际议程和国家政策的发展。

其次，认知共同体对于渔业治理进程和相关谈判的影响在一定程度上取决于参与各方对共同获益的可能性的认知。③ 在针对具体渔区或种群的议程设置阶段，由于国家行为体的立场和利益并不明晰，理事会作为认知共同体往往扮演主导角色，但当相关问题进入

---

① ICES, ICES Strategic Plan 2014 – 2018, http://ipaper. ipapercms. dk/ICESPublications/StrategicPlan/ICESStrategicPlan20142018/.

② Steven Brint, *In an Age of Experts*: *The Changing Role of Professionals in Politics and Public Life*, Princeton: Princeton University Press, 1994.

③ S. Andresen, "Increased Public Attention: Communication and Polarization." in Steinar Andresen and Wily Ostreng eds., *International Resource Management*, London: Belhaven Press, 1989, p. 49.

协调或谈判阶段，其科学建议在政治博弈中逐渐式微，甚至可能出现决策者对科学家的反向影响。与政策界成员交往的科学家和思想领袖更有可能成为共同选择的受害者，而不是在打破常规方面发挥重大作用。[①] 而在某些情形中，政府和科学界达成了某种共谋，科学界对政府的影响主要体现在后者可以使用前者的科学证据，为自己的政策寻找借口。[②] 例如，在欧洲北海渔场治理中，利益攸关方的参与成为影响科学证据获取和传播方式的重要因素。[③] 而在有关北冰洋中部公海渔业谈判的进程中，理事会虽然和其他认知共同体一道成为议题的初始设置者，但在随后的谈判框架（A5 + 5 机制）[④]、平台和监管措施等问题上并未发挥主要作用。最后，对于某些高度敏感和复杂的议题，可能存在两种或者多种持不同认识和理念的认知共同体，导致相互间出现竞争并难以发挥应有的作用。这种情况已经逐步反映在北极有关海域沿岸国、从事远洋捕捞的第三国以及其他国家之间，有关具体海域或鱼类种群总可捕量制定和非法、无报告及不受规范捕捞管理措施等诸多方面。

科学与全球治理一直是学术界关注的重点，而科学家群体在治理中的角色和能力也在近年来得到热议。随着北极自然环境持续变化，人类活动进一步受制于各国对于北极地质地理、水文气象和生物生态等领域的科学认知赤字。以科学家为主体的认知共同体曾在全球气候治理中发挥重要作用，但在有关北极渔业治理的讨论中尚显不足。理事会的内部架构、运行机制和议事规则符合认知共同体

① ［美］奥兰·杨著，杨剑、孙凯译：《复合系统 人类世的全球治理》，上海人民出版社，2019 年版，第 215 页。

② 罗辉："国际非政府组织在全球气候变化治理中的影响——基于认知共同体路径的分析"，《国际关系研究》，2013 年第 2 期，第 57 页。

③ Douglas C. Wilson, Alyne E. Delaney, "Scientific Knowledge and Participation in the Governance of Fisheries in the North Sea," in Tim S. Gray ed. , *Participation in Fisheries Governance*, Springer, 2005.

④ 即由美国、俄罗斯、加拿大、丹麦、挪威五个北冰洋沿岸国和冰岛、中国、日本、韩国和欧盟五个利益攸关方，在北极理事会和北极五国机制之外独立开展协商的模式。

强调的共同原则理念、因果信念、合法性和政策规划，为北极渔业治理的议程设置、制度设计、政策引导和行动实施了非指令性的意见，丰富了北极治理中科学家群体的角色内涵。然而，作为认知共同体的理事会尚无法回避自身的能力限度问题，而回归国家行为体主导下的北极治理格局在短期内也呈现不可逆趋势。"探索和认知北极是中国北极活动的优先方向和重点领域"①，作为北极渔业的重要利益攸关方，如何借助理事会这一认知共同体参与北极渔业治理，成为坚持科学先导参与北极事务的新课题，而有关认知共同体在北极渔业治理中的讨论，也可以引发更多有关科学家群体全球治理角色的思考。

---

① 《中国的北极政策》（白皮书），国务院新闻办公室，2018 年 1 月 26 日，http：//www. scio. gov. cn/zfbps/32832/Document/1618203/1618203. htm。

政策维度：多利益攸关方的立场选择

除了气候生态和自然环境的变化，北极地区的政治安全形势在近年来也发生了重要变化。北极的融冰加速为生物与非生物资源的开发，航道的商业化运营等方面提供了新的机遇，也使北极国家和相关利益攸关方对该地区的战略资源投放、军事安全部署等方面显著增加，而相关的国际治理能力和机制赤字问题则导致北极成为国际竞争与合作的新前沿。[1] 特别重要的是，国际格局的"大环境"变化也逐步反映至北极的"小环境"当中，随着各利益攸关方政策和战略的主观调整，北极地缘政治和安全局势正进入全新的历史阶段。[2]

第一节 国际格局演变对北极的映射

目前，国际格局进入深刻调整演变周期。在科学技术进步带来的新一轮产业革命冲击下，无论是西方国家还是非西方世界都面临社会分化重组加剧、政治冲突复杂交错的局面。尽管世界经济整体

---

① Vsevolod Gunitskiy, "On Thin Ice: Water Rights and Resource Disputes in the Arctic Ocean," *Journal of International Affairs*, Vol. 61, No. 2, 2008, p. 261.

② EU, *European Commission Communication on the European Union and the Arctic Region*, Brussels, 20 November 2008, p. 3.

保持增长，但危机的深层次影响仍未消除，经济增长新旧动能转换尚未完成，各类风险加快积聚。① 世界政治经济的宏观环境波动，对各国国内政治生态与社会思潮、外交思想和行为方式都产生了深刻影响，这种世界范围内的复杂竞合关系同样影响着北极形势发展。

一、国际格局变化的根本性、全局性趋势

目前，世界正处于国际体系新旧交替、破立并举的转型过渡期，各种不稳定、不确定的因素明显增多，各种新困难和新挑战层出不穷。一方面，国际格局的演变具有明显的互动性特征，国际格局的表层特征是被各国共同塑造的，是在世界各国不断互动的过程中完成的，各国对于国际格局的认知本身能够影响到其对外战略的选择，而不同国家外交行为在不断碰撞与磨合之后所形成的状态构成了国际格局的最终形态。由于实力对比与思想文化存在很大差异，各国对当前国际格局及其变化逻辑的看法也存在很大不同，明确国际社会各成员对于国际格局的代表性观点对于理解北极形势和未来可能的发展方向具有重要意义。另一方面，国际格局的形成和演变又具有客观物质基础。在不同历史时期，其展现出的基本特征和总体的发展方向都是由当时的经济生产方式与社会文明形态所决定的。世界各国的互动过程虽然能够对短时期的国际议程产生影响，但终究无法逾越社会生产形态为国际格局演变所设定的方向与边界。因此，理解当前国际格局的根本还是要在深刻理解当前国际社会的基本发展形态的条件下，跳出西方话语体系所设置的思想窠

① 习近平："登高望远，牢牢把握世界经济正确方向——在二十国集团领导人峰会第一阶段会议上的发言"，外交部网站，2018 年 11 月 30 日，https：//www.fmprc.gov.cn/web/zyxw/t1618008.shtml。

臼，从本源意义上理解国际格局问题，并以此为基础提出符合时代
精神的论断。

从大局上看，和平与发展仍然是时代主题。[①] 但是，世界力量
对比加速演变，单边保护主义不断蔓延，现存国际体系受到严重冲
击，大国之间竞争博弈日趋激烈。[②] 各国虽对现行国际秩序存在普
遍性不满，但在改革方向和对未来格局的期待上并未取得实质性共
识。美国在大国外交中不时鼓噪"修昔底德陷阱"，一些欧洲国家
也惯于强调东西方在价值观和体制上的对立。[③] 部分国家对多边主
义的兴趣下降，也使全球治理在西方话语体系内逐步丧失其政治正
确的"口号"地位。西方国家内部的利益整合方式，西方和非西方
力量之间的互动博弈模式难以在短期内实现统一。

与以往相比，此轮国际格局演变主要由全球生产链和价值链的
延长和扩散所催发，科技创新越来越成为推动经济社会发展的主要
力量。过去数百年来，全球工业生产活动的中心都在西方国家，这
也使得欧洲、美国等西方国家长期成为世界的中心。西方国家之间
为争夺市场和资源以及美苏之间围绕意识形态开展军事和战略竞
争，促成了近代历史上国际格局的多次演变。但近几十年来，由技
术进步推动的全球化让全球工业生产活动的分布更加去中心化，从
而导致了全球政治和经济实力分布的多极化。人工智能、大数据、
量子科学、数字经济的发展深刻改变了诸多行业的业态，数字和计
算能力的突破将人类推向了新的发展阶段，酝酿中的"第四次工业
革命"成为推动国际秩序变革的重要客观因素，其影响深入传统政

---

① 杨洁篪："以习近平外交思想为指导 深入推进新时代对外工作"，《求是》，2018 年第 15
期。

② 王毅："在 2018 年国际形势与中国外交研讨会开幕式上的演讲"，外交部网站，2018 年
12 月 11 日，https：//www.fmprc.gov.cn/web/wjbzhd/t1620761.shtml。

③ 杨洁勉："试论习近平外交哲学思想的建构和建树"，《国际观察》，2018 年第 6 期，第 9
页。

治、军事和社会等各领域，不以国际行为体的主观意志为转移。

新技术在应对气候、环境、能源、人口、生态等全球性挑战的同时，也将对全球的政治、经济和社会结构进行再造，给世界各国主权、安全、发展利益带来新机遇和新挑战。人工智能的机器学习可能介入领土争端或恐怖主义、政治抗议或选举骚乱等多个战略决策或军事领域，[①] 进一步显现国家间技术权力差距和数字鸿沟的影响。一场具有全球影响的技术革命，一定会形成一些被普遍采纳的原则[②]，随之产生新的制度基础、发展方式和治理范式，甚至最终打破以民族国家概念为基础的威斯特伐利亚体系，重构人类发展的宏观态势和国际体系。如果全球生产活动能够继续按照过去几十年中的状态继续扩散，则全球实力分布多极化趋势也将继续，整体国际形势也能保持稳定，国际格局的转换就是"和平模式"。如果中美之间的竞争升级为对立甚至全面对抗，那么不仅全球生产活动的扩散可能面临破坏和中断，国际格局的转换也可能会回到以前的"军事战略竞争模式"。决定国际格局演变按照哪种模式继续的因素，不仅中美两个大国选择何种对外战略非常关键，其他西方国家、俄罗斯、新兴发展中大国和其他发展中国家的态度也很重要。当前美国对华战略竞争面的快速上升，对整个国际格局的演变方式而言非常危险。

在国家间关系上，随着世界范围内互联网、大数据、人工智能和制造业的深度融合，围绕新能源、新材料、新技术和新业态的国际竞争日趋激烈，尤其是中美竞争为代表的大国间竞争。美国作为上一轮工业革命的引领者和世界一流的创新要素集聚地，在产业迭代中面对以中国为代表的非西方国家缩小与其在科技实力和创新能

---

① 董青岭："机器学习与冲突预测——国际关系研究的一个跨学科视角"，《世界经济与政治》，2017 年第 7 期，第 117 页。

② 杨剑：《数字边疆的权力与财富》，上海人民出版社，2012 年 8 月版。

力上的差距，出现了强烈的战略焦虑感，并逐步延续至其相关科技、贸易和外交政策实践之中。美国作为当前国际体系中的最大守成国，对国际格局发生重大演变的担忧最大，也最希望采取措施阻止国际格局朝着不利于其全球垄断地位的方向发展，对外战略很可能越来越具有冒险性。其他西方国家固然不赞成美国推卸国际责任和破坏多边体制，也担心中国等非西方国家的崛起侵蚀它们的既有政治经济利益。

虽然全球的政治和经济重心由西向东、由北向南转移的进程更趋明显，但无论是发达国家和发展中国家的群体对比，或是大国之间的个案对比，某方崛起和另一方衰落都是一种相对概念。一方面，国家的成长会经历上升、成熟和衰落的权力周期，国家权力和角色的均衡是国际体系正常运行的基础。[1] 另一方面，某两个或者国家群体间的实力对比变化并非完全"此消彼长"的逻辑关系，而是随着人类发展和技术进步的宏观态势，以及国际环境与国内发展进程而不断变化。虽然危及地区和平和世界稳定的地区性热点问题仍症结各异、错综复杂，世界主要力量间的竞争制高点和战略资源之争使各种"矛盾论""陷阱论"和"冲突论"受到普遍热议，甚至认为新兴国家在崛起过程中与守成国家的对抗、冲突甚至战争无法避免。[2] 但无论是世界格局两极化、多极化还是无极化的支持者，都基本倾向于大国间应极力避免发生全面对抗或军事冲突，避免陷入冷战时期的意识形态集团化对立，"军备竞赛"和势力范围扩张也是各国支持的基本底线。

总体而言，如果将军事实力和经济实力竞争视为战后国际格局变化的主要驱动力，则全球生产链和价值链的延长扩散是推动此轮

---

[1]　Charles F. Doran and Wes Parsons, "War and the Cycle of Relative Power", The American Political Science Review, Vol. 74, No. 4, 1980, pp. 947 – 965.

[2]　Graham Allison, Destined For War: Can American and China Escape Thucydides' Trap, New York: Houghton Mifflin Harcourt, 2017.

国际格局变化的关键要素之一。数百年来,西方国家借助自身全球工业生产活动中心的角色,逐步在政治、文化、社会方面不断扩张并最终成为世界中心,西方国家之间为争夺市场和资源以及美苏意识形态分歧主导的竞争,促成了近代史上国际格局的多次演变。近几十年来,由技术进步推动的全球化使全球工业生产活动的分布去中心化,导致了全球政治、经济、军事、文化等多个层面的多极化,也促成了国际力量对比的变化,世界格局的演变过程呈现出长周期性、复杂性和波动性特点。

二、相关国家对于国际格局演变的认知

作为后冷战时代全球体系的主导国和实际上的霸权国家,美国对于当前国际格局的看法在很大程度上主导了整个西方世界对于国际格局的认知。从 20 世纪 90 年代到本世纪初,西方社会的主流观点认为,世界处于美国主导的单极时代。但在伊拉克战争及金融危机之后,美国和西方国家对于国际格局的看法发生了明显变化,单极世界理念渐渐淡出了主流话语,其讨论主题也开始发生微妙的转变。

第一类观点是"权力转移论"与"修昔底德陷阱论"。美西方保守派始终以零和博弈的观点理解国际格局的演变过程。[1] 一方面,他们承认美国霸权相对衰落的事实,但他们将把这种相对衰落解释为原有体系内的部分国家在相对有利的利益分配格局中积累了足够强大的实力后,开始谋求改变体系的秩序和原则,从而获得更加符合自身利益的国际地位。当权力转移跨过临界点,新兴崛起国的力

---

① Ronald L. Tammen, Jacek Kugler, Douglas Lemke, Alan C. Stam, Mark Abdollahian, Carole Alsharabati, Brian Efird, A. F. K. Organski, Power Transitions: Strategies for the 21ˢᵗ Century, Seven Bridges Press/Chatham House, 2000.

量就将压倒原有霸权国。因此，在权力转移发生的过程中，双方的冲突不可避免。美西方学术界对这种观点最为明确的阐述就是格雷厄姆·艾利森提出的所谓"修昔底德陷阱"[1]。随着近年来美国国内政治的变化，这种观点已逐渐成为美国社会的主流看法，并且在美国相关战略文件中多有体现。

第二类观点是"本国优先论"和"去全球化论"。以 2016 年美国总统大选为标志，美国极右翼势力获得了越来越多的政治影响力。同样，法国、德国、意大利等国的右翼势力也快速崛起。右翼民粹主义势力和本土主义思想对美西方关于如何认知国际格局产生了重要影响。"美国优先""反对移民"等不仅是美西方民粹主义与本土主义的核心口号，也深刻反映出全球化对于美西方内部不同群体的差异化影响。[2] 美西方很多传统行业的底层民众在全球化的推进过程中成为了失意者，他们认为这种现象是由于全球化时代资本不受控制自由逐利所致。因此，他们要求对全球化进行限制，通过国家力量限制资本向新兴国家的流动，对抗非西方国家的国家资本主义。并且利用本国的经济和技术优势，在各个行业展开大国竞争，保护本国的产业和贸易，平衡贸易逆差并实现本国利益的最大化。当前，民粹主义与本土主义的国际格局认知已经直接影响到美西方对外战略的基本方向，对于全球化进程的负面影响极为深远。

作为重要的非西方大国，俄罗斯对于国际格局的认知独具特色。从根本上说，俄罗斯是当前全球化进程中的失意者，在冷战结束后，它失去了苏联时期的世界大国地位，并且在全球化浪潮的冲击下发展并不顺利；但另一方面，俄罗斯仍是世界舞台上的重要参与者，传统的帝国思维和全球视野使其能够在复杂多变的国际环境

---

[1]　Graham Allison, Destined For War: Can American and China Escape Thucydides' Trap, New York: Houghton Mifflin Harcourt, 2017.

[2]　Rothman Lily, The Long History Behind Donald Trump's "America First" Foreign Policy, TIME, March 28, 2016, http://time.com/4273812/america-first-donald-trump-history/.

下以独特的视角阐释自己的世界观，并且在世界范围内产生一定影响。总的来说，俄罗斯对于当前国际格局的主要观点可以归纳为以下四个方面：

一是从多极化到无极化的过渡。在俄罗斯看来，全球至少存在5个以上的政治经济大国，且各自对国际秩序有着不同理解。随着国际安全状况持续恶化，国际秩序的持久性正遭到越来越多的质疑，导致西方国家的失望情绪爆发，从经济全球化的支持者变为反对者。海洋、大气层、外空、极地和网络空间等领域全球公共治理面临严重危机。①

二是从相互依存到"相互破坏"的趋势。国家之间的相互依存已不再是和平与繁荣的重要因素，而是竞争和破坏的土壤。由于相互依存程度的加深，导致部分国家无法为自己的相对优势设定"边疆"，从而被迫走向非国家利益至上的全球分工和价值链，造成全球层面的两极分化。各国之间的"竞争"逐渐取代"和平"，在科学技术和贸易领域的竞争变得越来越激烈。全球的低增长率和国家之间的严重不平等，成为困扰全球经济的根本问题，而经济一体化程度的差距日益扩大加剧了这种不平等。支持全球化的国家由于成本增加和收益减少，因此转向自我主义。②

三是从旧秩序的衰退到新冲突的叠加的变化。自由主义原则在国家治理中的推广势头放缓，自由主义从扩张性的思维模式逐渐变成防御性的思维模式。随着旧秩序的衰退，新的多层全球冲突和割裂，包括大众反对精英，穷人反对富人，发展中国家反对发达国家更加激化。国家精英与社会关系的不断割裂，使"反建制派"具有

---

① Barabanov Oleg, Bordachev Timofei, Lissovolik Yaroslav, Lukyanov Fyodor, Sushentsov Andrey and Timofeev Ivan, Living in a Crumbling World, Valdai Discussion Club Report, October 2018, http://valdaiclub.com/a/reports/.

② 张建："俄罗斯国际观的新变化及其特点、原因和影响分析"，《国际观察》，2017年第1期，第114—129页。

了合法性，易变性、流动性和形势主导性成为全球范式的主要特点。

四是从普世价值、伦理和规范的式微到个体中心主义的兴起。主要大国的视野日益退回国内治理，为集中精力应对自身挑战而舍弃基于共同利益而采取行动的选项，导致各国在国际舞台上采取更多有助于自身发展而损害他方利益的政策，越来越倾向于从本国利益（而非国际和共同利益）出发行动和选择。

三、国际格局变化对北极事务的映射

国际格局是行为体在特定空间中相互作用而客观形成的关系结构，同时也引导和控制着相应的政治、经济和社会关系运动和发展。国际格局的宏观性和趋势性演变，主要国家在国际格局中角色、地位和能力变化，不但映射至北极各类议题之上，影响着相关行为体的认知、互动方式和渠道，也是塑造北极形势的重要变量。目前来看，国际格局的演变对北极形势产生了多方面影响。

（一）政治身份认同分化

在地缘政治的概念范畴中，北极事务更多被理解为"北极圈内事务"或"北极国家的事务"。北极自然地理边界是界定北极圈内事务的重要指标，虽然存在不同的划分标准，但各方基本认可"北极圈"这一客观概念。对于北极国家的事务而言，如何界定政治概念中的北极国家尤为重要。相关国家虽然具有共同的北极政治身份认同，但在层级上有所不同，可以分为普遍概念上的北极八国（A8）和以《伊卢利萨特宣言》为基石的北极五国（A5）。其中北极八国主要指环极国家（Circumpolar States），包括地处欧亚地区的俄罗斯，美洲地区的美国和加拿大，再加上挪威、丹麦、瑞典和芬

兰四个北欧国家以及冰岛。① 丹麦本土虽然并不在北极圈内，但占其绝大部分国土面积的自治领地格陵兰和法罗群岛却属于这一范围，具有重要的战备意义。大部分国家的北极地区面积均超过了其1/3 的国土面积。② 北极八国在表现形式上强调区内的跨领域整合，建立北极国家间良性竞争和与非北极国家的限制性互动模式。在兼容性上更为关注国际体系和地区间关系的兼容作用，重视外部输入性的整合动力。在认同标准上除了强调单一的利益认同，还关注与跨国家、跨民族、跨区域的利益及规范认同。但是，虽然这些国家以"北极国家"统称，但各国对于北极领土的认定方式及面积均有差别。有的以地理气候划分，有的以文化语言或族群划分，而北极对每个国家的战略意义也有所不同。例如，俄罗斯的北极地区总面积约 882 万平方千米，该区域经济产值占国家 GDP 总额的约 15%，天然气开采总量占全俄的 80%，出产占全国 95% 的铂类金属、85%的镍和钴以及 60% 的铜，并且出产大量的钻石。③

以《伊卢利萨特宣言》为标志的北极五国在身份认同上区别于北极八国，其重点在于强调域内的身份认同和利益排他，导致相关

---

① 如果从主权范围和行政司法权限界定，应当包括以下行政区单位：加拿大的育空地区（Yukon）、西北地区（Northwest Territories）、纽芬兰和拉布拉多地区（Newfoundland and Labrador）、努纳维特地区（Nunavut）、努纳维克地区（Nunavik）；美国的阿拉斯加州（State of Alaska）全境；挪威的芬马克郡（Finnmark）、诺尔兰郡（Nordland）、斯瓦尔巴德群岛（Svalbard Islands）、特罗姆瑟郡（Tromsø）；冰岛全境；芬兰的拉普兰省（Lappland）、奥卢省（Oulu）；瑞典的北博滕省（Norrbottens län）和西博滕省（Västerbottens län）；丹麦的格陵兰（Greenland）和法罗群岛（Faroe Islands）。俄罗斯认为其北极地区包括摩尔曼斯克州（Мурманская область）、卡累利阿共和国（Республика Карелия）部分区域、阿尔汉格尔斯克州（Архангельская область）北部、科米共和国（Республика Коми）部分区域、涅涅茨自治区（Ненецкий автономный округ）、亚马尔—涅涅茨自治区（Ямало-Ненецкий автономный округ）、克拉斯诺亚斯克边疆区（Красноярский край）北部、萨哈（雅库特）共和国（Республика Саха 'Якутия'）北部和楚克奇自治区（Чукотский автономный округ）。

② 张侠："北极地区人口数量、组成与分布"，《世界地理研究》，2008 年第 4 期，第 132—141 页。

③ Конышев В. и Сергунин А.，Арктика на перекрестье геополитических интересов，*Мировая экономика и международные отношения*，2010，№9，стр. 50.

制度以身份和地域特征为主，强调共同利益和对外立场的一致性。这种认同标准起源于 2008 年召开的北冰洋沿岸国家部长级会议。此次会议讨论了包括气候变化、海洋环境、航行安全等一系列问题，并签署了《伊卢利萨特宣言》（Ilulissat Declaration）。该宣言特别强调阻止建立任何新的综合性国际法律制度来治理北冰洋，在《联合国海洋法公约》的框架下通过合作与协商自主解决北极事务，并继续发挥北极理事会的重要作用。北极五国提出，由于本次会议的主题是讨论北冰洋的司法制度和法律管辖权问题，北极理事会其他三个非北冰洋沿岸成员国并未受邀参加会议。不仅如此，北极土著人组织作为北极问题的主要参与方，也没有被邀请参加此次会议。《伊卢利萨特宣言》提出，"北冰洋正处在巨大变化的起点。气候变化和融冰对脆弱的生态系统、土著人和当地社区以及自然资源的开发来说存在潜在影响。由于加拿大、丹麦、挪威、俄罗斯和美国对北冰洋的大片海域拥有主权、主权权利和司法管辖权，在处理这一系列相关问题时具有得天独厚的优势。"[1] 北冰洋沿岸五国通过此次宣言，试图建构其自身享有排他性治理权这一集体身份，因此特别强调对于海域本身的管辖权力。该宣言还提出，无需制定一套新的综合性北冰洋国际法律制度，五国将根据国际法采取相应的国内治理行动，通过与其他攸关方合作来保护脆弱的北冰洋海洋环境。

可以看到，《伊卢利萨特宣言》本身表明北极国家内部出现了较为明显的分化趋势，形成以北冰洋沿岸国家为主体的"核心成员"和其他北极圈内国家为主体的"外围成员"。二者间虽然存在广泛的利益共享，但由于实力比较差异造成了一种力量间的不平衡状态，引发了议题主导权的争夺。对于外围成员来说，实力差异促使其更希望引入域外平衡力量，通过区域间或多边合作来改变当前

---

[1] Arctic Ocean Conference, *The Ilulissat Declaration*, 2008, http://www.oceanlaw.org/downloads/arctic/Ilulissat_Declaration.pdf.

议题依附状态。而对于核心成员来说，域外力量的加入将明显"稀释"其在北极区域治理中的现有主导权，特别是议题设定和制度设计权。因此，北极五国谋求建立具有外部排他性的小范围协调机制，借助实力优势实现各自利益诉求，并对外围成员进行一定的责任捆绑，通过增强权力集中性促进区域治理。因此，地缘政治范畴中北极五国认同的基本逻辑在于，强调其成员所具备的北冰洋沿岸国共同身份，并且表明对于《联合国海洋法公约》的共同制度认同，其主要目的在于避免法律或制度"真空论"，从根本上消除产生北极新法律制度或条约体系的可能性。也就是说，其核心在于主体资格的区域排他性、客体范围的区域集中性、利益争端的区域协商性以及终极目标的区域概念性，具有明显的区域治理范式特征。但北极五国的最大矛盾在于，相互之间有着不同的领土主权和海洋权益诉求，并且相互间的范围重叠。

（二）政治权力博弈的边界泛化

气候变化引发的北极自然环境变化，不但引发北极经济、社会、政治等多个空间互动的连锁反应，也逐渐使北极事务中的跨种族、跨地域和跨领域共同利益和挑战显著增长，构成北极政治发展的全球化实质。但与此同时，北极国家在处理北极事务时，不但关注北极变化带来的相应权利拓展，也非常注重自身北极权力的扩张。这里的权利并非是简单的"权力利益复合体"，而是包含了政治、经济、安全和科技等多个层面的合情、合理、合法的正当诉求，而权力则限于"国家对北极的控制"。① 北极国家谋求北极权力的核心是保证安全，特别是发展北极军事、经济、政治、文化力量，将其作为国家安全整体概念的延伸部分。北极权力是维护权利

---

① Olav Schram Stokke and Geir Hønneland, *International Cooperation and Arctic Governance: Regime Effectiveness and Northern Region Building*, London and New York: Routledge, 2006, pp. 74 – 79.

的切实保障，而实现北极权利又是发展权力的基础，这两者间既有紧密的逻辑联系，又有切实的互动关系。各国以维护自身北极权利为目标，通过多途径强化其北极权力，把传统的安全因素和资源开发、环境保护、科技发展等能力按照合理比例纳入权力的构成要素，在一定程度上确保了自身安全，也促进了北极以和平的方式实现可持续发展。但是，部分国家因历史或现实原因，以安全为由一味追求北极权利的非理性夸大和权力的无边界扩张，打破了两者间的逻辑关系，由此导致北极权利和权力互动的失衡，引发各国在此类概念间的争夺与妥协。有学者提出，北极地区可能会进入以管辖权冲突为特征、为开采自然资源而发生更加严重冲突的大国间新一轮竞争时代。①

在法律层面，北极国家的"蓝色圈地"运动愈演愈烈。划界问题是北极地区所涉及的主要法律争议，其中包括俄美之间的白令海问题，美国与加拿大之间的波弗特海争议，加拿大与丹麦之间的戴维斯海峡和汉斯岛主权争议等。② 其次，根据《联合国海洋法公约》，除了沿海国拥有的 200 海里专属经济区（EEZ），如果能证明外大陆架（Extended Continental Shelf）是本国大陆架的自然延伸，就拥有对这一部分外大陆架的相关资源进行开发的权利。③ 在北极大陆架划界问题上，北冰洋沿岸国均已提出自己的法律主张，包括围绕罗蒙诺索夫海岭属于西伯利亚大陆架、格陵兰大陆架亦或埃斯米尔斯岛大陆架自然延伸的争议。在航道地位问题上，各国不认可俄罗斯将北方海航道和加拿大有关西北航道的"内水（海）化"法

---

① Paul Arthur Berkman, Oran R. Young, "Governance and Environmental Change in the Arctic Ocean," *Science*, Vol 324, 17 April 2009, pp. 399 – 340.

② Michael Byers, *Who Owns the Arctic? Understanding Sovereignty Disputes in the North*, Vancouver, BC: Douglas & McIntyre, 2010, p. 30.

③ UN, *United Nations Convention on the Law of the Sea*, http://www.un.org/depts/los/convention_agreements/texts/unclos/UNCLOS-TOC.htm.

律主张，美国对此还提出"国际水域"概念。① 因此，各国也积极开展相应的活动巩固法律主张。

俄罗斯总统南北极国际合作事务特使奇林加罗夫指出，"北极对于俄罗斯来说具有特殊的地缘政治重要性"。② 近年来，俄罗斯从科学、法律、军事等多个方面推进在北极的"蓝色圈地"活动，并加强与之相关的能力建设。

第一，大力资助北极综合科学考察。俄北方舰队测量船"地平线"号于 2019 年 10 月完成了为期 65 天长达 1.3 万千米的海底勘测任务，包括在巴伦支海、喀拉海、拉普捷夫海和东西伯利亚海等共计 4200 平方千米范围的勘测。俄海军表示，将根据此次勘探的结果针对巴伦支海和喀拉海进行绘图，从而确定俄相关岛屿的海岸线和领海界限。③

第二，主动调整立场换取划界案顺利通过。2001 年 12 月 20 日，俄罗斯向联合国大陆架界限委员会提交划界案，涉及俄罗斯在北冰洋中部、巴伦支海和鄂霍次克海 200 海里以外大陆架的外部界限。俄罗斯主张，罗蒙诺索夫海岭是俄罗斯西伯利亚以北大陆架的自然延伸，从而俄罗斯可以拥有 120 万平方千米的北极海域。俄罗斯是首个提交北极 200 海里以外大陆架申请的国家，希望其主张得到国际社会的承认，但俄罗斯的申请遭到了加拿大、挪威等国的反对。2002 年 6 月，联合国大陆架界限委员会以协商一致的方式通过了对俄罗斯划界案的建议，但认为俄罗斯的主张证据不足，要求重新进行科学考察补充证据。2005 年至 2010 年，俄罗斯开展了系列

---

① NikolozJanjgava, Disputes in the Arctic: Threats and Opportunities, the Quarterly Journal, Summer, 2012, p. 97 – 98.

② "俄罗斯推进北极科考以争取北极主权"，人民网，2009 年 2 月 19 日，http://env.people.com.cn/GB/8833116.html。

③ Гидрографическое судно Северного флота《Горизонт》прибыло в базу из двухмесячной экспедиции в Арктику, Министерство обороны Российской Федерации, 12.10.2019, https://function.mil.ru/news_page/country/more.htm? id = 12256621@ egNews.

北极科考活动，通过进一步搜集科学数据加强北冰洋外大陆架主张的依据。2011 年，俄罗斯向联合国大陆架界限委员会提出了新的申请。2019 年，联合国大陆架界限委员会第 50 届会议部分通过了俄罗斯北冰洋大陆架划界案。与 2001 年首次提出的北冰洋划界案主张对比，俄提交的修正划界案做出了多项调整。一方面，采取积极姿态承认和化解与其他国家的争议，包括解决了与挪威长达 30 年的海域划界争端问题，划定了俄、挪在巴伦支海的海上边界，承认与丹麦和加拿大存在大陆架主张重叠区，但是两国与俄罗斯划界中间线都位于俄罗斯主张区一侧。另一方面，继续强化外大陆架范围扩展，包括协议坚持利用门捷列也夫海岭，罗蒙诺索夫海岭作为俄罗斯大陆边缘的自然组成部分，依据"海底高地"原则扩展大陆架，主张将俄大陆架一直扩展到北极极点，还对欧亚海盆部分的外部界限做了部分调整，扩大了对这部分的主张要求。① 俄罗斯的上述调整解决了联合国大陆架界限委员会此前提出的核心关切。

　　第三，为扩大实际存在加强自身能力建设。根据 2017 年 8 月修订的《2020 年前俄罗斯联邦北极地区社会经济发展国家纲要》和相关实施计划，俄不仅把"解决与北极国家的海洋划界问题，确定俄北极地区外部界限"作为重要任务之一，还强调"建立区域搜救系统，预防技术事故并消除其后果"，"在俄罗斯管辖框架内促进北方海航道的国际化利用"等方面②，试图通过扩大实际存在巩固其北极大国地位，拉开与其他北极国家的能力差距。例如，俄在近年来

---

　　① Submissions, through the Secretary-General of the United Nations, to the Commission on the Limits of the Continental Shelf, Pursuant to Article 76, Paragraph 8, of the United Nations Convention on the Law of the Sea of 10 December 1982, Russian Federation-partial revised Submission in Respect of the Arctic Ocean, Progress of work in the Commission on the Limits of the Continental Shelf, UN CLCS, https://undocs.org/en/clcs/93.

　　② О внесении изменений в постановление Правительства Российской Федерации от 21 апреля 2014 г. № 366. Правительство Российской Федерации. Постановление от 31 августа 2017 г. № 1064.

不断加大在核动力破冰船建造方面的投入力度。2019 年 5 月，目前世界上动力最强大的俄破冰船"乌拉尔"号正式下水，并计划在 2022 年交付。根据相关规划，预计到 2035 年前俄罗斯北极船队将拥有至少 13 艘重型破冰船，其中 9 艘为核动力破冰船。[①] 届时，俄罗斯将拥有北极海域行动和保障能力最强的破冰船队，为确保俄在北极外大陆架区域的勘探活动，在北方海航道的国家管辖和法律主张等方面提供坚实保障。综合来看，俄加强安全管控和能力建设，可能引起美国等其他北极国家的针对性回应。而俄北冰洋划界案的顺利通过，必然加速北冰洋沿岸国的北极大陆架划界案的提出，导致北极"蓝色圈地"运动的提速并加剧其复杂性。

由于大陆架划界问题本身既是纯粹的法律问题，也是相关国家通过国际法途径来确立、拓展和维护权利的重要平台。例如，沿岸国大陆架外部界限的确定，直接关系相关海洋资源的主权权利，可能延伸至相邻或相向国家间的海洋划界问题，还对相关的航道开发、资源利用产生直接影响。因此，提出大陆架划界主张的北冰洋沿岸国不断加强北极的科学考察和研究，通过数据和知识为"圈地运动"提供保障。

（三）军事化的潜在风险

在北极地区国际行为体多样性发展的同时，主权国家仍然是塑造北极地缘政治最主要的行为体。从现实主义角度来看，决定国际竞争胜负的根本因素是国家的实力，其中，军事实力和能力依然是国家综合力量的传统成分。当国际竞争不断升级最终走向冲突时，解决冲突的最后手段还是要依靠军事能力。因此，北极纷争中的有

---

① Путин: новая стратегия развития российской Арктики до 2035 года будет принята в этом году，Форум "Арктика-Территория Диалога"，ТАСС，9 Апреля 2019，https：//tass.ru/ekonomika/6312429.

关国家在使用多种手段竞争的同时，都在进行军事准备，以军事力量为基础支持地缘政治目的。

近年来，美国、加拿大、俄罗斯、挪威、丹麦五个北极国家无不加强其北极活动，包括军事领域的活动。俄罗斯的海洋和军事学说将北极视为安全和经济发展的优先区域之一。[①] 作为北极大国，俄在此地区拥有重要的战略、经济和军事利益。俄罗斯在北极建有各类防御设施，包括边境哨所和相关站点。[②] 自苏联时代以来，俄罗斯的北极地区一直是其重要武器试验场，并进行相关演习。[③] 有学者提出，北极地区对俄罗斯的战略重要性主要体现在该地区部署的海基核力量方面。[④] 2012 年以来，俄罗斯在北极地区柯捷里内岛（Котельный）、亚历山大地（Земля Александры）、弗兰格里岛（Врангель）和施密特角（Мыс Шмидта）等地共新建 475 处军事设施，总面积超过 71 万平方米，用于部署相关部队、武器和军事机械，并重建了北极地区 19 个空军基地。[⑤] 根据 2014 年的数据，俄罗斯 81% 的海基核武器分配给隶属北方舰队的潜艇。2019 年 4 月，俄国防部长谢尔盖·绍伊古（Sergei Shoigu）表示，在未来几个月中，北方舰队将获得 368 架最新武器和军事装备，俄国家 59% 的现代化武器将于 2019 年底前部署在北极地区。[⑥] 此外，俄罗斯还在新地岛、

---

① 参见：Военная доктрина Российской Федерации，Российская Газета，Федеральный выпуск № 298（6570），30 Декабря 2014.

② Конышев В. Н. и Сергунин А. А.，Арктика в международно и политике：сотрудничество или соперничество?，Москва：РИСИ，2011，стр. 15.

③ Kristian Søby Kristensen and Casper Sakstrup，"Russian Policy in the Arctic after the Ukraine Crisis". Centre for Military Studies，University of Copenhagen，September 2016，p. 19.

④ Мишин В. Ю. и Болдырев В. Е.，Военно-стратегическая составляющая российской политики в арктике：состояние，проблемы，перспективы，Oykumena，№. 2 2016，стр. 148.

⑤ Елизавета Фролова，В Арктике построили уже 475 российских военных объектов，11. 03. 2019，https：//newsland. com/community/5234/content/v-arktike-postroili-uzhe－475－rossi-iskikh-voennykh-obektov/6678032.

⑥ Юрий Гаврилов，Ракеты в снегах：В поселке Тикси развернут дивизию ПВО，Российская газета-Федеральный выпуск № 94（7852），26 апреля 2019.

雅库特共和国的季克西（Тикси）等北极地区部署"道尔—M2DT"短程防空导弹系统和"S-400"中远程反导系统，北方舰队也将增强海防导弹力量，确保北方海航道的空域安全。俄罗斯军方计划在北极地区建立多业务传输网络系统（MTSS），通过铺设跨北极海底电缆将东部的符拉迪沃斯托克与西部的摩尔曼斯克和北莫尔斯克相连接，确保在北极部署的各类军事单位间的监测、通信、信息管理与服务方面的高速联通。2017年，俄罗斯举行了近300次军事演习，在北极地区发射了200多枚导弹。① 俄罗斯国防部长绍伊古表示："俄罗斯已经完成了北极军事基础设施建设工作，在北极开发史上，还没有哪一个国家能够在北极建设如此大规模、装备完善的军事设施"。② 军事安全和经济安全是构成国家安全的核心要素，大规模军事部署以及频繁的经济互动，无疑正在改变北极地区的安全态势。③

有观点认为，俄罗斯与西方的对峙是北极军事化的新动力，同时加剧了北约与俄罗斯之间紧张局势蔓延至北极的可能性。④ 2019年，北约在挪威北极地区举行了冷战结束以来规模最大的"三叉戟接点"联合军演，美国"杜鲁门"号航母自苏联解体以来首次进入北极海域，美军方提出增派军舰进入北极海域践行"航行自由"原则。英国下议院国防委员会发布报告，称俄在北极地区对英构成严重威胁。为应对美西方的北极"航行自由论"，俄还加强对北方海

① Mara Oliva, "Arctic Cold War: Climate Change has Ignited a New Polar Power Struggle," The Conversation, November 28, 2018, https://theconversation.com/arctic-cold-war-climate-change-has-ignited-a-new-polar-power-struggle-107329.

② Минобороны заявило о завершении строительства военных объектов в Арктике. 25 декабря. NTERFAX. https://www.interfax.ru/russia/593362.

③ Käpylä, Juha, and Harri Mikkola, "Contemporary Arctic Meets World Politics: Rethinking Arctic Exceptionalism in the Age of Uncertainty," The Global Arctic Handbook, 2019, p. 153.

④ Farmer, B., "Russia Threatens Nato Navies with 'Arc of Steel' from Arctic to Med", The Telegraph, Oct 7. 2015; Coffey, L., "Russian Military Activity in the Arctic: A Cause for Concern", The Heritage Foundation: Washington, D. C., Dec 16, 2014; and Bender, J., "This Map Shows the Massive Scale of Russia's Planned Fortification of the Arctic", The Business Insider, Mar. 17, 2015.

航道的安全管控，通过法律要求外国军舰至少提前45天提交航行申请，并需提供军舰的路线和通行时长、舰船主要参数，并要求外国舰船还需配备俄罗斯领航员，从而在程序上限制外国军舰进入北方海航道及其邻近海域。[①]

在北极经济开发的同时，优先保护和加强加拿大的"北极主权"是加拿大北极政策的内核。[②] 2007年起，加拿大在北极地区开始代号为"努纳武特行动"的年度例行军事演习，加强加拿大在北极地区的军事力量，捍卫在北冰洋的领土主权。[③] 2011年，该年度演习共投入加拿大陆海空三军、海岸警卫队以及政府多个部门的超过1100人参加，成为历史上在北极地区举行的最大规模的军事演习。演习的主要目的是显示加拿大在北极地区永久性存在，以维护加拿大在本地区的权利和利益。加拿大空军的18架CP-140（P-3C）预警机可从位于加拿大东海岸的基地巡逻北极地区。根据相关计划，到加拿大2030年至少有10架飞机投入北极巡逻任务。[④] 作为北美联合防空司令部（NORAD）的一部分，加拿大在北部地区设立了"北部预警系统"雷达监视网络。[⑤] 2017年6月，加拿大政府颁布了新的国防政策报告，提出将加强本国武装部队在加拿大北极地区的机动性和投射范围，投入更多的资金，提高部队特种作战能力，并扩大加拿大防空识别区；同时与美国合作开发新技术，以改

---

① Иностранные военные корабли должны будут уведомлять РФ о проходе по Северному морскому пути，Рамблер，30 ноября 2018，https：//news. rambler. ru/troops/41357676/？utm _ content = news_media&utm_medium = read_more&utm_source = copylink/.

② Bennett，M.，"What does Trudeau Victory in Canadian Election Mean for the Arctic？"，Arctic Newswire，26 Oct. 2015.

③ "加拿大总理视察北极'上天下海'宣示主权"，新华网，2009年8月22日，http：// news. xinhuanet. com/world/2009 - 08/22/content_11925792. htm.

④ "Maintaining Canada's CP - 140 Aurora Fleet"，Defence Industry Daily，13 Aug. 2014；and Royal Canadian Air Force，"CP - 140 Aurora"，http：//www. rcaf-arc. forces. gc. ca/en/aircraft-current/ cp - 140. page，accessed 2 June 2016.

⑤ Huebert，R.，"Domestics ops in the Arctic"，Presentation at the conference "Canadian Reserves on Operations"，Journal of Military and Strategic Studies，Vol. 12，No. 4，pp. 54 - 55.

善北极的监测和控制，并与盟国和合作伙伴进行联合演习，加强对北极地区的预测能力和信息共享。①

丹麦现已组建了北极联合指挥部和北极快速反应部队。② 2012年10月，格陵兰岛和法罗群岛的司令部合并为新的北极联合司令部，总部设立于格陵兰岛的努克。③ 丹麦的国防政策提出，建立由丹麦武装部队不同部门组成的模块化北极应急部队或联合北极防备部队，以便在格陵兰岛和其他北极地区开展行动。④ 从部署来看，格陵兰拥有可以执行北极防务任务的小型蛙人特种部队（Frømandskorps），丹麦也设有专门的北极特种部队，两个部队的兵力分别增至200—300人。⑤ 丹麦还在格陵兰岛维持一支小型军事巡逻队。⑥

挪威于2014年10月启动了新的军事战略评估文件，概述了在其北部芬马克地区增强军事实力的计划。评估提出，挪威军事力量增强的主要目标不是外部威胁，而是重点聚焦于所谓"高北地区"

---

① Government of Canada, Canada Unveils New Defence Policy, News Release, June 7, 2017, https：//www. canada. ca/en/department-national-defence/news/2017/06/canada _ unveils _ newdefence-policy. html.

② Danish Defence, Joint Arctic Command, 25 March, 2019, https：//www2. forsvaret. dk/eng/Organisation/ArcticCommand/Pages/ArcticCommand. aspx.

③ Danish Ministry of Defence, http：//www2. forsvaret. dk/omos/organisation/arktisk/Pages/Ark-tisk2. aspx, 31 May 2016; and Danish Ministry of Defence, Arktisk Kommando, http：//www2. forsvaret. dk/omos/organisation/arktisk/Documents/Arktisk-Kommando_DK_UK. pdf.

④ Danish Ministry of Defence, Danish Defence Agreement 2010 – 2014, p. 12; and Danish Ministry of Defence, Danish Defence Agreement 2013 – 2017, p. 15.

⑤ O'Dwyer, D. and Pugliese, D., "Canada, Russia build Arctic forces", Defense News, 6 Apr. 2009.

⑥ 参见："Denmark's Arctic Assets and Canada's Response"; Finkel, M., "The Cold patrol", National Geographic, Jan. 2012; Robinson, D. D., "The World's Most Unusual Military Unit", Christian Science Monitor, 22 June 2016, http：//www. csmonitor. com/World/2016/0622/The-world-s-most-un usual-military-unit; and Segedin, K., "The World's Most Extreme Dog Sled Patrol", BBC, 26 Feb. 2016, http：//www. bbc. com/earth/story/20160226 – photographing-greenlands-elite-dog-sled-pa-trol.

的北极安全问题。① 自2006年以来，挪威和北约部队每两年在挪威北部举行大型的"寒冷挑战"（Cold Challenge）演习。虽然上述演习并未设定具体的针对方，但其目的主要是为潜在的北极军事威胁做好准备。② 挪威还将军事指挥部大本营移到北极圈，并从美国采购"F-35"战机以加强在北极的军事部署。③ 丹麦、挪威和瑞典3国还准备组建由海军、空军组成的联合快速反应部队，以监视和威慑各国在北极地区的活动。此外，北约国家还和作为和平伙伴关系计划（PfP）成员的芬兰和瑞典共同举行代号为"忠实之箭"（Loyal Arrow）的年度演习。④ 可以看到，增强自身的北极实质性存在，尤其是军事力量建设已经成为北极国家的重要优先方向。

（四）国际"竞合"的同步化

目前，各国在北极的互动形式和性质总体呈现出两面性特征，也就是合作与竞争共同的局面。从理论上而言，这种竞争与合作并存的局面是国际政治的双重性特征所决定的，它既是围绕权力、权利和利益的矛盾运动，又是追求稳定秩序的过程。⑤ 以俄罗斯与美国在北极的互动为例，两国在对抗常态化背景下的政治和安全矛盾逐步增加，但仍能找到诸多合作议题。在经济领域，2013年，美俄两国签署联合声明，提出继续合作打击包括白令海峡地区在内的非

---

① Norwegian Armed Forces, Norwegian Armed Forces in Transition, Norwegian Armed Forces, Oct. 2015.

② Huebert, R., "Domestics Ops in the Arctic", Presentation at the Conference "Canadian Reserves on Operations", Journal of Military and Strategic Studies, Vol. 12, No. 4, p. 14; and Norwegian Armed Forces, "Cold Challenge 2011", http://mil. no/excercises/cold-challenge/Pages/cold-challenge. aspx.

③ Wall, R., "Norway Sets JSF Buy in New Budget", Aviation Week, Oct 10, 2011.

④ Swidish Armed Forces, "Exercise Loyal Arrow Kicks Off", June 8, 2009, https://www. forsvarsmakten. se/en/news/2009/06/exercise-loyal-arrow-kicks-off/.

⑤ 梁守德、洪银娴：《国际政治学理论》，北京：北京大学出版社，2000年版，第49页。

法捕鱼行为，加强北极渔业管理。① 2018 年 10 月 3 日，俄美与其他国家一道制定《预防中北冰洋不管制公海渔业协定》，成为北极渔业多边合作的重要里程碑。② 2018 年 6 月，时任美国能源部长的里克·佩里与俄罗斯能源部长亚历山大·诺瓦克表示愿意开展合作，并提议在 G20 框架内开展能源领域的全球合作项目。③ 在环境保护领域，阿拉斯加州和楚科奇自治区每年轮流举行"白令路桥日"（Beringia Days）公众论坛，探讨合作管理白令海峡事宜，共同保护该地区的生态系统。④ 在北极航行和搜救领域，2017 年 12 月，俄美两国向国际海事组织联合提交了关于白令海峡航线的通行方案，在白令海峡的俄美 4 海里宽的地方划出 6 条推荐航线，并划出 6 个航行危险区。2018 年 5 月，国际海事组织批准了该方案并于当年底正式实行。⑤ 在国际治理领域，两国共同推动北极理事会框架下的《加强北极国际科学合作协定》出台，消除各国间的北极科研合作障碍。⑥ 在法律层面，美国国防部于 2016 年发布的《北极国家安全战略》提出，俄罗斯向大陆架划界委员会提交的主张，与美国的外大陆架主张区域毫无重合，美国应当支持俄罗斯的主张。⑦

① 白佳玉、孙妍、张侠："白令海峡治理的合作机制研究"，《极地研究》，2016 年 12 月，第 8 页。

② Россия подписала международное соглашение о предотвращении нерегулируемого промысла в Арктике. 4 октября 2018，http：//portnews. ru/news/265501/.

③ Министр энергетики США заявил о готовности сотрудничать с Новаком. //PRO-ARC-TIC. 26 июня 2018 г，http：//pro-arctic. ru/26/06/2018/news/32675#read.

④ "Beringia Days International Conference, Shared Beringian Heritage Program," *The National Park Service*，https：//www. nps. gov/akso/beringia/about/beringiadays/beringia-days-main. cfm. ）.

⑤ Договор между Россией и США в Арктике утвержден на международном уровне. ИА REGNUM. 22 мая 2018. https：//regnum. ru/news/economy/2419187. html.

⑥ Paul Arthur Berkman, Lars Kullerud, Allen Pope, Alexander N. Vylegzhanin, Oran R. Young, "The Arctic Science Agreement Propels Science Diplomacy," *Science*，http：//science. sciencemag. org/content/358/6363/596. full.

⑦ Department of defense, "Report to Congress on Strategy to Protect United States National Security Interests in the Arctic Region," December 2016，https：//www. defense. gov/Portals/1/Documents/pubs/2016 – Arctic-Strategy-UNCLAS-cleared-for-release. pdf.

北极国家在海洋划界问题上虽然存在诸多争议，但同样取得了显著进展。例如，俄罗斯和挪威有关巴伦支海的划界争端持续近 40 年，争议海域面积达 17.5 万平方千米，且可能储有 120 亿桶的石油储量，两国均将这一海域视为重要的战略要地。2010 年 4 月，俄罗斯与挪威通过多年谈判后达成协议，双方同意将巴伦支海的争议海域分成大致相等的两个部分各自占有，并搁置部分技术性细节问题，从而成为北极海域通过协商化解争议的重要案例。① 可以看到，除了日益扩大的地缘政治和安全竞争之外，北极事务的"合作面"并未随之减少，而是基于共同利益在气候变化、环境保护、资源开发和法律法规方面呈现增长趋势。但是，目前北极合作的主要焦点仍局限于所谓"低政治"领域，在传统的军事安全等方面，各方的互信和互动仍显不足。

第二节 北极国家的战略取向和驱动要素

一、北冰洋沿岸国的战略取向和驱动要素

虽然非国家行为体在应对全球性问题的进程中扮演了非常重要的角色，特别是在议题推动和跨境治理等方面的作用明显。但是，北极问题中的核心部分主要是领土主权争议、资源开发、航道利用、环境保护、气候变化等方面，治理的主要力量还是依靠拥有行动资源优势的国家行为体，特别是北冰洋沿岸国群体。

---

① "挪威与俄罗斯就巴伦支海划界问题达成协议"，新华网，2010 年 4 月 27 日，http://news.xinhuanet.com/world/2010-04/27/c_1259978.htm.

（一）战略取向

总体而言，北极对于俄罗斯的意义超过其他国家。作为北极地区拥有最多人口和最广袤面积的国家，俄罗斯近60%的陆地和海洋边界与挪威、美国接壤，拥有近200万北极土著人人口的北部地区为国家贡献了超过20%的GDP增长和22%的出口比重。[①] 苏联解体后，由于经济实力和财政能力的下降，俄罗斯北极地区的发展未得到国家层面的重点关注。但事实上，官方还是通过设立一系列专门机构，加强对北极事务的管理和北极地区的实际存在。1992年，俄将"苏联部长会议南北极事务委员会"更名为"俄罗斯南北极事务跨部门委员会"，赋予其协调极地科学考察，以及相关区域经济发展、环境保护的职能。1994年，俄罗斯在联邦委员会（议会上院）设立"北方和土著人事务委员会"，主要负责北部地区的土著人的社会经济发展、资源开发等问题。2001年，俄罗斯政府出台了《关于俄罗斯联邦北方社会经济发展的国家治理基础》，提出要进一步发展俄罗斯北部地区的经济，从而提高当地土著人的教育水平和社会福祉，有效地加强对该地区的历史文化传统的保护，并积极发掘在基础设施建设和自然资源开发方面的潜能。2007年，载有俄"杜马"（议会下院）副主席和议员的潜水艇潜至北冰洋海底并插上俄罗斯国旗，引发世界关于北极"争夺战"重现的讨论，加剧了北极区域内的竞争态势。

俄北极的战略取向主要反映在政府行为与表态层面。2008年9月18日，俄罗斯批准了《2020年前及更长期的俄罗斯联邦北极地区国家政策基本原则》，确定了俄罗斯在北极地区的国家利益、主要政策目标、战略优先方向、基本任务和执行机制等政策内容，包

---

① Rowe Elana, Policy Aims and Political Realities in the Russian North, in Rowe Elana ed., *Russia and the North*, Ottawa: University of Ottawa Press, 2009, p. 2.

括：开发俄属北极区域，并将这一区域作为保障国家社会经济发展
的战略资源基地；保持北极的和平与合作状态；维护北极特有的生
态系统平衡；使用北冰洋海上通道，将其作为统一的国家交通运输
干线等主要方向。① 时任总统的梅德韦杰夫提出，俄罗斯的"首要
任务就是把北极变为俄罗斯21世纪的资源基地……将对外边界划定
在大陆礁"，认为北极地区对于俄罗斯具有战略意义。② 俄总统普京
也曾表示，"将拓展俄罗斯在北极的实质性存在，反对将北极交由其
他方管理。"③ 2009年5月13日，俄罗斯出台《2020年前俄罗斯国
家安全战略》，在强调能源争夺的同时，暗指未来北极地区是争夺
的"焦点地区之一"，并且表示为了争夺资源，不能排除使用武力
来解决潜在问题的可能性。根据该战略规划，俄罗斯将在北极部署
独立部队集群，建立相关的监视和反应机制，并且保持俄罗斯的领
先优势，上述表态引发世界舆论对于爆发"北极争夺战"的大讨
论。④ 此外，俄罗斯的《2030年前交通开发战略》和《2030年前俄
罗斯大陆架调查与开发计划》等文件都高度重视北极地区。⑤ 可以
看到，2008—2012年作为国家北极战略规划的第一阶段，俄罗斯在
强调发挥北极的自然功能之外，特别重视发掘其政治、经济、法律
和安全的综合功能，以增强实质性存在和巩固法律主张为依托，推
进北极的开发利用，表现出以加强管控和利益拓展为核心的战略

---

① *Основы государственной политики Российской Федерации в Арктике на период до 2020 года и дальнейшую перспективу*, 18. 09. 2008 г, Пр – 1969.

② Алексей Ильин, Арктике определят границы：Члены Совбеза обсудили，как себя вести на Севере，*Российская газета*，18. 09. 2008 г.

③ Выступление Президента России В. В. Путина на пленарном заседании III Международного арктического форума 《Арктика-территория диалога》，http：//www. rgo. ru/2013/09/vladimir-putin-my-namereny-sushhestvenno-rasshirit-set-osobo-oxranyaemyx-prirodnyx-territorij-arkticheskoj-zony/.

④ Baev，Pavel K.，"Russia's Arctic Ambitions and Anxieties," *Current History*，2013，pp. 265 – 270.

⑤ 郭培清："大国全球战略必须囊括北极"，《瞭望》，2009年7月，http：//news. sina. com. cn/pl/2009 – 07 – 08/094318178260. shtml.

取向。

2012 年，俄罗斯北极战略进入了全新的时期，加大了在北极问题上的资源投放，出台了《北方海航道商业运输的相关法律条款修正案》，加强对于北方海航道的管理，还对《2020 年前及更长期的俄罗斯联邦北极地区国家政策基本原则》进行了进一步修订，最终于 2013 年出台了《2020 年前俄罗斯联邦北极地区发展和国家安全保障战略》，指导国家和地区层面在北极事务中的相关工作。该战略列举了包括促进北极地区的全面社会经济发展；推动科学技术发展；建立现代信息和电信基础设施；确保环境安全；加强北极国际合作；确保俄北极国家边界的军事安全等 6 个战略优先领域，还清晰界定了其在北极地区的国家利益，其中包括"开发俄属北极区域，并将这一区域作为保障国家社会经济发展的战略资源基地；保持北极的和平与合作状态；维护北极特有的生态系统平衡；使用北冰洋海上通道，将其作为统一的国家交通运输干线。"在实施手段上，提出"要尽快完成争议边界的论证工作，确定北极地区的主权归属；提高国际合作水平，积极开发资源并鼓励企业参与；建设北方海航道基础设施和交通管理体系；运用先进的高科技技术，保障国家对北极地区的经济、军事和环境情况进行有效监督；强化俄罗斯在北极地区的军事存在，保障北极利益和国家安全。"在核心战略目标上，提出建设北极发展"支柱区"，发展北方海航道和保障北极航运，发展北极油气和矿产资源开采的技术装备制造业三大方向。①

2017 年 8 月，俄罗斯政府对 2014 年版《2020 年前俄罗斯联邦北极地区社会经济发展国家纲要》作出修订，将纲要在时间节点上

① Правительство Российской Федерации, *Стратегия развития Арктической зоны Российской Федерации и обеспечения национальной безопасности на период до 2020 года*, 20 февраля 2013 года.

延长至 2025 年。在原有的三大核心任务上，增加了 2021—2025 年的新任务，包括为北极地区矿物原料的地质勘探、生产和加工提供高竞争力和高科技产品；妥善处理核设施和废料；为国家海洋环境监测船只提供技术支持；"北方冰情信息中心"交付使用等。①

作为俄北极战略规划第二阶段的核心文件之一，该战略详细阐述了俄罗斯的主要风险、威胁和战略目标，以及优先发展方向、主要措施、实施机制、主要特征和监督机制等，涉及的相关领域既包含经济社会发展方面，又涉及安全、资源、环境、对外政策、土著人、交通甚至包括人口政策，还指定包括俄北极地区地方政府、俄罗斯国家原子能机构、俄罗斯科学院以及 30 多个联邦部委参与该战略实施。俄罗斯试图通过借此实现自身在北极的全方位介入，非常强调以北极的航道和资源开发作为战略目标的具体实现手段。

美国北极战略的基础内容由三部北极政策官方文件组成，分别是 1983 年里根总统签署的《美国北极政策指令》②、1994 年克林顿总统签署的《美国南北极地区政策》③ 以及 2009 年乔治·沃克·布什总统签署的《第 66 号国家安全总统指令》和《第 25 号国土安全总统指令》。④ 美国北极战略的核心反映在最新公布的《北极地区战略》当中，提出"美国是一个北极国家，在北极地区拥有广泛和根本的利益"，还特别强调包括广泛和根本的在北极地区的国家安全

---

① О внесении изменений в постановление Правительства Российской Федерации от 21 апреля 2014 г. № 366. Правительство Российской Федерации. Постановление от 31 августа 2017 г. № 1064.

② National Security Decision Directive（NSDD – 90），*United States Arctic Policy*，April 14，1983.

③ Presidential Decision Directive/National Security Council（PDD/NSC – 26），*United States Policy on the Arctic and Antarctic Regions*，June 9，1994.

④ National Security Presidential Directive and Homeland Security Presidential Directive，NSPD – 66/HSPD – 25，https：//www. fas. org/irp/offdocs/nspd/nspd – 66. htm.

利益,① 北极地区正成为美国外交政策的新前沿阵地。② 美国将航行自由议题设定为其战略重心,致力于防止恐怖活动维护其本土安全和相关利益。另一方面,美国非常注重合理解决现有海洋划界问题,以及其在北极区域内相应的军事存在。为了推动北极战略的执行,美国于2014年初出台了北极战略的《执行计划》,在强调强化美国的北极安全,提高美国对北极的认知,维护在北极海域的航行自由原则,确保美国的北极能源安全,推动北极地区的负责任管理并加强国际合作等方面提出具体方案。③ 2015年至2017年美国担任北极理事会轮值主席国期间,提出了北极国际合作与治理的主要议程,包括促进北极社区的经济和生活条件,加强北冰洋的安全和管理,应对北极气候变化三大任务。④

值得注意的是,美国北极战略的规划初期并未刻意强调保持在北极的领导地位,也没有提出具体的议程主张,这一现象直到2014年后才有所改善。此时美国的北极战略除了安全议题之外,还提出要积极开展在环境保护等领域的双边、多边北极合作,整体战略聚焦于应对气候变化,这与奥巴马时期美国整体的气候政策相关。因此,北极问题在这一时段虽然作为区域性问题被视为美国的战略重心之一,但在其全球战略中的排序则并不具优势,甚至处于较为次要的位置,其定位与表现方式也因此而趋于缓和。然而,美国的北极战略在2016年之后的特朗普政府时期出现了一定调整,虽然目前

---

① The White House, National Strategy for the Arctic Region, May 10, 2013, https://obamawhitehouse. archives. gov/sites/default/files/docs/nat_arctic_strategy. pdf.

② Nides Thomas, *The Future of the Arctic*, Remarks at the Arctic Imperative Summit, Alaska, August 26, 2012, http://www. state. gov/s/dmr/former/nides/remarks/2012/197643. htm.

③ The White House, Implementation Plan for The National Strategy for the Arctic Region, January 2014, https://obamawhitehouse. archives. gov/sites/default/files/docs/implementation_plan_for_the_national_strategy_for_the_arctic_region_-_fi...pdf.

④ U. S. Department of State, *One Arctic: Shared Opportunities, Challenges and Responsibilities*, U. S. Chairmanship of the Arctic Council, 2015, https://2009 - 2017. state. gov/e/oes/ocns/opa/arc/uschair/index. htm.

尚未形成较为完整的战略体系，但与之前相比明显更具竞争取向，强调北极的地缘政治博弈和大国竞争态势，以及相应的保障能力建设，倡导油气资源开发，淡化气候变化和环境保护等公共性议题，这在美国近期的政策表态和部门规划中得到了体现。[①]

2009 年 7 月 26 日，加拿大公布北极战略文件，提出对北极拥有主权并制定了具体的地方发展策略。[②] 该文件将维护北方地区的主权作为重点任务，提出"加拿大遥远的北方地区是加拿大重要的组成部分，北极也是加拿大的遗产、未来和国家认同……国内外对北极地区的兴趣不断上升，更突出了强调加拿大对北极地区国内外事务施加有效领导的重要性，以符合加拿大利益和价值观的方式促进北极地区的繁荣和稳定。"[③] 总体来看，加拿大的北极战略涵盖四个主要方面，包括行使在北极的主权、促进社会与经济发展、保护北极环境、改进并加强北极管理，其战略核心在于，采取一系列具体措施，把加拿大塑造成领导北极未来的全球领袖，显示加拿大政府在北极地缘政治竞争中要扮演主要领导者角色的信心。有学者认为，"在维护和拓展主权权益问题上，加拿大的相关举措与回应与俄罗斯的表现不相上下。"[④] 但另一方面，加拿大在政治价值观上又倾向于治理理念。2010 年，加拿大政府发布的《加拿大北极外交政策宣言：行使主权与促进加拿大北部发展战略》中，便明确提到"促进和改善北极治理"，并强调"解决危害公共安全、北极治理的新

---

① Michael R. Pompeo, Looking North: Sharpening America's Arctic Focus, Rovaniemi, May 6, 2019, https://www.state.gov/looking-north-sharpening-americas-arctic-focus/.

② Canadian Broadcasting Corporation, "Canada Unveils Arctic strategy," http://www.cbc.ca/canada/story/2009/07/26/arctic-sovereignty.html.

③ Government of Canada, *Canada's Northern Strategy: Our North, Our Heritage, Our Future: Canada's Northern Strategy*, 2009.

④ 唐国强："北极问题与中国的政策"，《国际问题研究》，2013 年第 1 期，第 15 页。

问题的能力"。① 同时，加拿大积极倡导在北极理事会框架下的多边治理。2011 年，加拿大为《北极海空搜救合作协定》的签署提供了支持。该协定确认了成员国在其管辖范围内的责任，并且制定了在紧急情况下开展合作的程序，加强北极地区海空搜救的合作与协调，该文件成为北极理事会成立以来首份具有正式法律效力的国际条约。加拿大把革新、接触和升级作为加拿大北极战略的根本任务，特别强调将北极事务升级为核心议程，与北极圈内国家加强接触与合作。同时，促进北极理事会的改革进程，将其作为北极区域合作的主要机制。②

挪威是北冰洋沿岸国中最早制定北极战略的国家，也是出台政策文件最多的国家。自 2003 年起，挪威先后出台了数份北极战略或政策文件，包括 2003 年的《北向战略：北方地区的挑战与机遇》③，2006 年的《挪威高北地区战略》④，2009 年的《北方新基石：挪威政府高北地区战略的下一步》⑤，2011 年的《高北地区：愿景和战略》⑥，2013 年的《政治平台》文件⑦，2014 年的《挪威的北极政

① Government of Canada, *Statement on Canada's Arctic Foreign Policy: Exercising Sovereignty and Promoting Canada's Northern Strategy*, 2010, http://www. international. gc. ca/arctic-arctique/assets/pdfs/canada_arctic_foreign_policy-eng. pdf.

② Griffiths Franklyn, Huebert Rob and Lackenbauer Whitney, *Canada and the Changing Arctic Sovereignty, Security, and Stewardship*, Wilfrid: Laurier University Press, 2011, pp. 13 – 15.

③ NOU, Look North! Challenges and opportunities in the Northern Areas, 2003, http://www. regjeringen. no/en/dep/ud/documents/nou-er/2003/nou – 2003 – 32. html? id = 149022.

④ Norwegian Ministry of Foreign Affairs, *The Norwegian Government's High North Strategy*, 2006, http://www. regjeringen. no/upload/UD/Vedlegg/strategien. pdf.

⑤ Norwegian Ministry of Foreign Affairs, *New Building Blocks in the North-The next Step in the Government's High North Strategy*, 2009, http://www. regjeringen. no/upload/UD/Vedlegg/Nordområdene/new_building_blocks_in_the_north. pdf.

⑥ Norwegian Ministry of Foreign Affairs, *The High North: Visions and Strategies*, http://www. regjeringen. no/uplaod/UD/Vedlegg/Nordomr? dene/UD_nordomrodene_innmat_EN_web. pdf.

⑦ Political Platform for a Government Formed by the Conservative Party and the Progress Party, Undvollen, October 7, 2013, http://www. hoyre. no/filestore/Filer/Politikkdokumenter/Politisk _ platform _ EHGLISH_final_241013_revEH. pdf.

策：价值观塑造、资源管理、应对气候变化、创造知识》①；2017 年的《挪威的北极战略：地缘政治与社会发展之间》② 等。对挪威面临的北极机遇与挑战，治理目标和推进路径，发展规划和合作模式等方面进行了较为详细的阐述。

挪威对北极事务的重视不仅出于地缘政治的考量，更因为北极重要的经济价值对于其高北地区发展尤为关键，③ 而巩固挪威在北极的实质存在和知识创造力则是主要战略取向。具体来看，挪威将其高北战略分为两个部分。首先是政策规划部分，包括：培育高北地区关于气候和环境的知识，建立相应的气候与环境研究中心；在北部水域加强监管和紧急情况的应对能力，维护海洋安全，建立一体化的检测和通知系统；促进离岸石油和可再生海洋资源的可持续利用；促进北方陆上产业发展，开发高北地区的旅游业和采矿业；进一步发展北方基础设施，形成一体化的运输网络，更新电力基础设施和供电安全；持续在高北地区行使主权，促进跨境合作，加强海岸警卫队的活动和边境控制；促进土著人文化发展以及提升生活水平，对萨米人等少数民族的传统文化进行研究和保护，设立土著人文化产业项目，形成北方经济活动伦理指导纲领，为土著人语言发展建立数字化技术设施。④

挪威高北战略的第二部分，则是通过具体的案例来诠释高北地区所面临的多重挑战与机遇，特别是在战略实施阶段中所需要关注

---

① Norwegian Ministry of Foreign Affairs, *Norway's Arctic Policy*, 2014, https：//www. regjeringen. no/globalassets/departementene/ud/vedlegg/nord/nordkloden_en. pdf.

② Norwegian Ministry of Foreign Affairs, Norway's Arctic Strategy：Between Geopolitics and Social developments, 2017, https：//www. regjeringen. no/contentassets/fad46f0404e14b2a9b551ca7359c1000/arctic-strategy. pdf.

③ Ryszard M. Czarny, The High North between Geography and Polictic, New York and London：Springer, 2015, p. 114.

④ Norwegian Ministry of Foreign Affairs, *The Norwegian Government's High North Strategy*, 2006, http：//www. regjeringen. no/upload/UD/Vedlegg/strategien. pdf.

的问题。① 挪威的北极战略还聚焦于资源利用背景下的技术革新和科学研发，尤其注重知识和人才力量的储备，以及推动北极的创新发展。② 同时，通过可持续发展进行自然资源的管理与利用，大力发展相关基础设施建设，保护高北地区的环境。③ 挪威希望将高北地区建立"高北部、低冲突"的状态，非常重视与相关大国，特别是俄罗斯的双边关系发展。2010年，《俄挪关于在巴伦支海和北冰洋海域划界与合作条约》的最终签署，结束了两国长达40余年的边界争端。两国外长对该条约的评价是，"为解决两国在北极的共同任务，为基于非对抗和竞争性的国际合作注入了新的动力"④，条约不但解决了长期困扰两国的海域划界、渔业和跨界油气田开发问题，也成为各自北极能源战略和外大陆架政策的延伸体现。该协议表现出通过合作与协商解决北极划界问题的典范作用，使挪威在对待主权和安全问题上的战略扩张性大大减弱。⑤ 在北极战略中，挪威特别指出应进一步深化与俄罗斯的边境、海关、人员交流和环境合作。由于挪威在综合实力方面与俄罗斯、加拿大和美国此类北极大国相比具有一定差距，而其本身却拥有较为强烈的治理需求，所以更希望借助于外部力量来塑造北极五国间的战略平衡，避免成为大国间博弈的"棋子"。甚至有观点提出，挪威怀有"北极事务大

---

① Norwegian Ministry of Foreign Affairs, *New building Blocks in the North-The Next Step in the Government's High north Strategy*, 2009, http：//www. regjeringen. no/upload/UD/Vedlegg/Nordområdene/new_building_blocks_in_the_north. pdf.

② Norwegian Ministry of Foreign Affairs, The High North：Visions and Strategies, http：//www. regjeringen. no/uplaod/UD/Vedlegg/Nordomr? dene/UD_nordomrodene_innmat_EN_web. pdf.

③ Political Platform for a Government Formed by the Conservative Party and the Progress Party, Undvollen, October 7, 2013, http：//www. hoyre. no/filestore/Filer/Politikkdokumenter/Politisk _ platform _ EHGLISH_final_241013_revEH. pdf.

④ Совместная статья МИД России С. В. Лаврова и МИД Норвегии И. Г. Стере, Управляя Арктикой, *Globe and Mail*, 22. 09. 2010 г.

⑤ Treaty between the Kingdom of Norway and the Russian Federation Concerning Maritime Delimitation and Cooperation in the Barents Sea and the Arctic Ocean, http：//www. regjeringen. no/upload/ud/vedlegg/folkerett/avtale_engelsk. pdf.

国"的政治抱负，其北极战略在利益定位、政策工具选择等方面体现了强大的国家治理能力和底蕴深厚的外交文化。① 挪威还强调在领土和海洋争端中引入协商机制，以《联合国海洋法公约》作为解决北极争端的基础性法律文件，并积极推动北极理事会常设秘书处的建立。可以看到，挪威的北极战略将行使主权作为核心，强调较为狭义的领土与争端解决，其合作性主要体现在对于北极国际合作的支持，以及作为北极治理机制化建设的主要推动者。

对于丹麦而言，其北极沿岸国的身份需借助格陵兰和法罗群岛两个自治领土得以实现。因此，丹麦的北极战略将本土、格陵兰和法罗群岛作为三个平等的单元，强化丹麦王国在北极事务上的主体完整性。《2011 至 2020 年丹麦王国北极战略》强调，加强丹麦王国北极全球行为体的地位。② 为了应对北极地缘政治环境的变化，以及各国关注度的提高，丹麦重新定位自身北极行为体的角色，致力于建设和平、可靠和安全的北极，促进可持续发展和增长，尊重脆弱的气候环境，并与国际伙伴进行密切的合作。

建设"和平、可靠和安全的北极"是丹麦北极战略的核心取向。丹麦提出，应依照国际法解决海上边界争端，坚持国际法和相关机制的有效性；进一步加强海上安全，改善基础设施的落后现状；与其他北极国家的合作应朝着推动海洋可持续发展前进，特别是加强对航行安全方面的科学研究或建立知识库；设定相应的预防性措施，推动国际海事组织框架下的极地航行规则的最终通过与生效，提高航行紧急救援服务能力，进一步提升航行安全标准的相关研究水平。此外，丹麦还提出继续进行格陵兰周边水域的航行图绘制和测量工作，加强与北极水文学委员会的合作，避免因开发活动

---

① 赵宁宁："小国家大格局：挪威北极战略评析"，《世界经济与政治论坛》，2017 年第 3 期，第 108 页。

② Ministry of Foreign Affairs of Denmark，*Kingdom of Denmark Strategy for the Arctic* 2011－2020，http：//ec. europa. eu/enterprise/policies/raw-materials/files/docs/mss-denmark_en. pdf.

而引发海上事故；加强航行安全的防范措施，为北极航行引入具有强制性约束力的标准，或实施非歧视性的地区航行安全与环境标准，作为北极航行的普遍性准则。丹麦还提出，要不断加强在监测、搜索和救援方面的近邻合作，支持"联合北极合作协议"①的实施，推动各国在海上搜救方面的数据共享，并鼓励和帮助格陵兰岛居民直接参与维护海上航行安全，如设置浮标或搜救任务。丹麦认为，北极应成为和平与合作的特别区域，需要加强自身在北冰洋地区的主权存在。因此，战略特别强调丹麦军队应存在于格陵兰和法罗群岛及其周边水域，进行监视和执法并宣誓主权。通过与其他北极国家进行合作并努力促进互信，将北极地区打造成为合作之地。与此同时，提出要加强开辟新北极航线的可行性研究，例如在法罗群岛水域为游船、油轮和其他船只建立经过安全和环境评估的航行线路等。

丹麦将北极地区经济发展任务总结为：严格遵守国际标准进行矿物质资源的开采与利用；增加可再生能源的利用率；在开发过程中遵守可持续原则；继续寻找新的北极经济增长点，以及保持知识领域的领先地位，将渔业、水电、采矿业、旅游业等作为经济发展的优先方向，以达到吸引外部产业或资金进入的目的。可以看到，经济层面的竞争性取向并没有安全领域的直接，而是间接地希望通过与其他国家的合作来达到自身发展需求，由此维护自身在北极资源开发的相关知识、技术领域的优势地位，努力在"一系列与北极相关的研究领域保持国际领先地位，从而支持文化、社会、经济和商业的发展。"②

国际合作也是丹麦北极战略的优先方向，包括在气候变化、环

---

① Ministry of Foreign Affairs of Denmark, *Kingdom of Denmark Strategy for the Arctic* 2011 - 2020, http：//ec. europa. eu/enterprise/policies/raw-materials/files/docs/mss-denmark_en. pdf.

② Ibid. .

境保护、海事安全、土著人发展等方面的多层次合作。丹麦将《联合国气候变化框架公约》《生物多样性公约》、国际海事组织、世界贸易组织、欧盟、北极理事会等其他相关全球或地区性机制作为促进国际合作的重要平台，特别重视北冰洋五国紧密合作，倡导相关的双边接触。值得注意的是，丹麦的战略中将部分域外国家称为"合法利益攸关方"，支持其成为北极理事会观察员，但仍非常关注这些国家是否认同北极五国现已达成的相关协议。需要与这些域外国家在航行问题上进行紧密的合作，开展更为有效的双边对话。可以看到，丹麦在北极国际合作上的态度较为积极，合作性大于竞争性，这主要是缘于部分域外国家在商业和科技方面所具备的优势。丹麦希望将这些域外国家纳入北极治理的进程，借助此类国家的资源使自身收益，并通过双边或多边合作将北极五国现有的共识，作为规范性意见纳入北极国际合作的进程中。丹麦和格陵兰岛本身有着一定的身份差异①，这就带来了战略规划中的限制性因素。一方面，丹麦希望保持北极问题中的核心成员地位；另一方面又希望借助于外部力量开展资源、环保和航道等"低政治"领域的合作，特别是谋求来自域外国家的资金与人才投入，以此带动格陵兰本身的发展。

（二）驱动要素

北冰洋沿岸国是北极事务中的特殊力量组合，在本地区拥有最为广泛的共同利益和密切的互动关系，也存在最为突出的矛盾和竞争。除了以单位个体开展北极活动以外，北冰洋沿岸国之间还相互协调，甚至采取共同一致的主张。在政策和战略制定的客观动因方

---

① 丹麦为欧盟成员，而其自治领土格陵兰和法罗群岛均不具备此身份。格陵兰的外交政策虽然由丹麦代管，但丹麦须考虑与欧盟政策的一致性。在北极问题上，可能与格陵兰在利益诉求上产生一定的差异性。

面，北冰洋沿岸国具有很大的相似性特征，特别是应对气候变化问题。但是，气候变化所导致的北极融冰增速，对各国的影响却是不同程度的。

经济发展需求是俄罗斯北极战略的主观驱动因素之一。俄罗斯的北极战略非常强调能源储备在加强国家综合实力与影响力方面的作用，提出将北极打造成为最重要的自然资源战略基地。一方面，地区经济发展能够提高俄罗斯对北极生态环境变化的承载力和应变力；另一方面，经济发展也决定着俄北极整体战略目标和方向的选择实施。有学者估算，俄罗斯主张的北极地区拥有约 800 亿吨的离岸油气资源储备。[①] 2012 年，俄罗斯公布了《2030 年前大陆架油气开发计划》，为北极的资源开发设定了一系列目标和规则。俄罗斯《2030 年前新能源战略草案》提出，位于北极海域和俄罗斯北部地区的资源可以弥补西西伯利亚现有油气储量日益减少的局面，强调进一步开发俄北部地区、北极海域、远东及西伯利亚地区的能源。

此外，融冰为北方海航道[②]（Северный Морской Путь）的季节性通航提供了新机遇。苏联解体后，由于俄罗斯北部居民大规模向内地迁徙，该航道的利用率逐年下降。有学者统计，北方海航道 20 世纪 90 年代初期的年均货运量仅 300 万吨，相当于苏联解体前平均水平的 1/3。[③] 苏联于 1990 年颁布《北方海航道海路航行规则》，而俄罗斯在苏联解体后又相继出台了系列指南、规章和技术

---

① Yenikeyeff Shamil and Kresiek Timothy, the Battle for the Next Energy Frontier: The Russian Polar Expedition and the Future of Arctic Hydrocarbons, *Oxford Institute for Energy Studies*, 2007, p. 12.

② 北方海航道又译为"北方航道""北方海路"等，连接俄罗斯西部的巴伦支海和远东地区的楚科奇海，途径摩尔曼斯克、伊加尔卡（Игарка）、迪克森（Диксон）、杜金卡（Дудинка）、季克西港（Тикси）、佩韦克（Певек）和布罗维杰妮亚（Провидения）等主要港口。

③ Данилов Дионисий, *Северный морской путь и Арктика: война за деньги уже началась*, http://rusk.ru/st.php? idar = 114689.

性规则，① 规范相关船只的航行。2013 年，俄罗斯北方海航道管理局公布了新版《北方海航道水域航行规则》，做出多项政策调整。俄罗斯出于对北方海航道的商业化需求，谋求建立以此为基础的国家安全运输通道，在航行技术和程序标准上进行了一定的改变。具体来看，北方海航道的"历史性交通干线"属性没有改变，但为特定种类的航行提供了强制引航"例外论"，为外国船舶的独立航行打下基础，也成为其航道开放策略的重要步骤。俄政府在这一过程中，不但提供了船只和基础设施等硬件配备，还建立了安全保障系统和航行规则等软件配套。俄罗斯希望在航道问题中采取较为开放的战略，由此带动北部地区的经济发展。

传统安全需求是构建美国北极战略的主观动因。在冷战的不同时期，美国和苏联都希望借助北冰洋和北极，来创造各自的战略性优势。有学者认为，"正是出于地缘政治的考虑，北极的战略意义处于不可替代的地位"，② 美国认为，在北极地区的利益直接关系到美国的国家安全，并认为这种利益具有广泛性，需要与盟国或其他国家协作共同维护。③ 非传统安全需求是美国的次要关切，主要集中于环境保护和气候变化的科学研究，并强调资源的安全、可持续开发与利用。因此，美国在北极问题上并不急于形成系统性的战略文件，也不急于在航道、资源开发等领域展开实质性部署，而是更多地以政策指令等形式强调美国的根本关切。

对于加拿大来说，经济利益只是其战略驱动的一部分，而改善

---

① 包括《北方海航道航行指南》（Руководство для плавания судов по Северному морскому пути）、《北方海航道破冰船领航和引航员引航规章》（Правила ледокольно-лоцманской проводки судов по Северному морскому пути）和《北方海航道航行船舶设计、装备和必需品要求》（Требования к конструкции, оборудованию и снабжению судов, следующих по Северному морскому пути）等。

② Dosman Edgar, *Sovereignty and Security in the Arctic*, London and New York: Routledge, 1989, p. 9.

③ National Security Decision Directive, NSDD - 90, *United States Arctic Policy*, April 14, 1983, http: //www. fas. org/irp/offdocs/nsdd/nsdd - 090. htm.

北部地区居民生活,吸纳土著人团体参与政策制定并提升政策执行效果也是重要的驱动因素。加拿大积极推进北极的资源开发,从而创造就业和吸引外资,使北部地区居民成为其北极战略中真正的受益者。同时,加拿大的联邦制结构决定了其北部地区居民和土著人的国家认同赤字问题,加拿大的北极战略因而特别关注增强国家认同、促进国家团结等目标,通过分权和自治的途径,使北部地区参与政治决策,加强与土著人部落领袖建立良好的伙伴关系,保证相关战略的实施。例如,加拿大联邦政府借助"领地财政支持计划"保障措施,通过资金和项目的转移支付促进北方居民的教育和就业。

此外,航道问题是美国和加拿大北极战略的共同驱动因素,但这种共性存在着不同的表现形式,特别是两国间权利诉求的矛盾。从历史的角度看,加拿大对于西北航道的权利诉求从未停止,借助直线基线来主张其领海基线。加拿大认为该水域具有"群岛水域"地位,并且处于加领海范围内,以此来限制外国船舶的航行。加拿大与美国在此问题上的矛盾焦点在于,加拿大从习惯法的角度入手,希望剔除西北航道无害通过①这一重要的法律适用,而美国则认为该航道海域属于国际海峡范畴,各国均应享受这种航行权利。此外,美加两国在大陆架外部界限等问题上也存在明显的权利主张重叠,成为制定和规划北极战略的重要驱动。

挪威的北极战略在主观层面由资源驱动,这与其能源出口主导的经济结构密切相关。数据显示,油气产业是挪威的第一大经济产业,该产业创造的国内生产总值超过其 GDP 总量的 24%,② 挪威还是重要的北冰洋沿岸国,拥有众多的岛屿和海港,以及相关的海洋

---

① 根据《联合国海洋法公约》规定,外国船只有权在某国领海进行无害通过,也就是不损害沿海国的和平、安全和良好秩序的通过。

② Statistics Norway, *Statistical Yearbook of Norway* 2013, https://www.ssb.no/en/befolkning/artikler-og-publikasjoner/statistical-yearbook-of-norway – 2013.

产业。因此，挪威在北极国家中最先出台相关战略文件，并根据形势变化及时进行调整和修订，特别是在推动北极区域和多边合作，北极治理机制的建设中发挥了超越自身实际影响力的大国作用。挪威的北极战略更为强调通过技术革新和科学研发等手段，拓展北极资源的利用，推进巴伦支海等其他近海石油开采，启用配额制度管理相关进程，并根据科学计算高效使用和扩大勘探范围。① 值得注意的是，虽然资源开发是挪威的主观战略驱动，但其实现路径却并非简单的单独或合作开发，而是特别强调北极石油开采活动的知识基础。在挪威看来，知识储备是其政策核心的概念，需要更加重视北极科学考察与研究。

丹麦北极战略的主观驱动主要来自安全和主权需要。由于丹麦在北极地区的领地远离本土，因此特别强调加强海上安全以及维护格陵兰岛和法罗群岛的主权。在这个问题上，其战略构建主要有两个方面的考虑：首先，希望格陵兰岛拥有自治实体的地位，希望将自己定义为北极问题的主要参与者，以此来提升丹麦的全球角色。② 其次，应对各国近年来在北极地区展开的较为频繁的动作，以及该地区地缘政治、经济大环境的变化，以此来体现丹麦战略的全球性视野。

气候变化是挪威和丹麦北极战略的另一重要驱动因素。例如，北极渔业是挪威的支柱性产业之一，而其主要的渔区就集中于北极圈内的巴伦支海海域。1975—2011 年，挪威的北极渔业渔获量占到了其全球渔获量的 50%，其中 1977 年的峰值时期占到了 82%。③ 气候变化给高脆弱性的北极地区带来了特殊影响，特别是由于该地区

---

① Ministry of Foreign Affairs of Norway, *The Norwegian Government's High North Strategy*, http://www. regjeringen. no/upload/UD/Vedlegg/strategien. pdf.

② Ministry of Foreign Affairs of Denmark, Kingdom of Denmark Strategy for the Arctic 2011 – 2020, http://ec. europa. eu/enterprise/policies/raw-materials/files/docs/mss-denmark_en. pdf.

③ FAO, *FAO Yearbook*, *Fishery and Aquaculture Statistics* 2011, http://www. fao. org/docrep/019/i3507t/i3507t00. htm.

特有的冰区特性。① 这种影响直接关系到鱼类生活水温的升高，北极融冰的速度加快导致海水盐含量降低、海水含氧量的升高和洋流与海浪变化带来海洋地理变迁。② 因此，挪威在其北极战略中把保护生态系统平衡和渔业资源的可持续利用放在显要位置。同样，应对全球变暖造成的北极融冰是丹麦的北极战略中的一项重要目标。由于丹麦本土并不属于北冰洋区域，其北极战略主要围绕格陵兰岛和法罗群岛这两块丹麦王国的自治领地所制定的。气候变化对当地居民生活产生的影响，是丹麦开展进一步研究和科考行动的重点。在其北极战略中，特别关注区域经济的可持续发展，并在此基础上重视生态系统和环境的保护，进行有限度的开发与合作。③

二、其他北极国家的战略取向和驱动要素

在国家实力和规模上，冰岛与其他北极国家相比并不具有优势，但一直是北极事务的重要参与者。由于相关海域划界或资源归属纠纷压力较小，冰岛的北极战略核心更多围绕航运和环境议题展开。在战略规划上，冰岛先后出台数份政策文件，包括 2009 年的《冰岛与北极》④，2010 年的《冰岛在高北地区的利益》⑤，2011 年

① Stephan Macko, *Potential Change in the Arctic Environment: Not So Obvious Implications for Fisheries*, http://doc. nprb. org/web/nprb/afs_2009/IAFS%20Presentations/Day1_2009101909/IAFS_Macko_EnvironmentalImplicationsForFisheries_101909. pdf.

② Molenaar Erik and Corell Robert, *Background Paper Arctic Fisheries*, Ecologic Institute EU, 2009, p. 28.

③ Ministry of Foreign Affairs of Denmark, *Kingdom of Denmark Strategy for the Arctic* 2011 – 2020, http://ec. europa. eu/enterprise/policies/raw-materials/files/docs/mss-denmark_en. pdf.

④ Icelandic Ministry of Foreign Affairs, "Ísland á norðurslóðum" ("Iceland in the High North"), September 2009, https://www. stjornarradid. is/media/utanrikisraduneyti-media/media/skyrslur/skyrslan_island_a_nordurslodum. pdf.

⑤ Icelandic Ministry of Foreign Affairs, Iceland's Interests and a Responsible Foreign Policy, An Executive Summary of the Report of Össur Skarphedinsson Minister for Foreign Affairs to Althingi the Parliament of Iceland on May 14, 2010, Parliamentary Report, 2010, http://www. mfa. is/media/Skyrslur/Executive-summary. pdf.

的《冰岛北极政策议会决议》等。相关政策文件详细论述了北极航线商业运行的可行性，并以历史、气候、经济成本与收益、基础设施建设和对环境的影响几个方面作为评估标准，对北极航道的大规模开发利用进行展望。报告将冰岛视为北极航线中重要的中转港口，建议提前规划和设计应对航行事故的突发应急机制，并为应对大规模人类岸上和航行活动带来的负面影响，建立长效应对措施。同时，冰岛的北极战略还强调维护和确保在涉及北极气候变化、资源开发、环境保护、北极航运、综合发展等问题上冰岛的政治、经济和战略利益，并确保这些利益在与其他北极国家和利益攸关方合作过程中得到体现和发展。①

与其他北极国家相比，冰岛的北极战略取向更强调国际合作和平衡策略。与挪威、丹麦的立场相似，冰岛也将北极环境问题视为核心关切，特别是对于大规模人类岸上活动与航行带来的人为挑战，例如油气泄漏等问题，并提出在冰岛建立北极应急反应中心。冰岛希望在北极治理的多边机制中与其他各方享有一致的行为能力和话语权，特别是在政策与规则制定过程中，避免因身份效应被边缘化。冰岛倾向于开展与北方邻国，特别是北欧国家的北极治理与合作，并因此在北极战略取向上更为强调身份和地缘概念。

冰岛将北极理事会视为讨论北极议题和土著人事务的主要平台，并认为开展围绕北极的多边合作符合冰岛自身的国家利益。2019年—2020年，冰岛担任北极理事会的轮值主席国，成为拓展其北极政策的重要平台。为此，冰岛制定了具体的规划，包括与北极国家共同合作推进理事会下辖工作组和其他机构的工作，并把北极的可持续发展作为主要政策目标，提出包括保护北极海洋环境；探

①　A Parliamentary Resolution on Iceland's Arctic Policy, Approved by Althingi at the 139th Legislative Session March 28, 2011, http：//www. mfa. is/media/nordurlandaskrifstofa/A-Parliamentary-Resolution-on-ICE-Arctic-Policy-approved-by-Althingi. pdf.

索气候和绿色能源解决方案；推动北极地区居民与发展；构建更为强大的北极理事会作为合作的优先事项。[①] 可以看到，冰岛在强调北极国际合作的同时，更为强调巩固自身在北极合作中的角色和地位。

从平衡策略来看，由于受制于自身较为有限的地区影响力和行为能力，冰岛希望引入其他"攸关方"来平衡这一区域内部的力量非对称状态。在北极争端的解决主张中，冰岛虽然提出尊重《联合国海洋法公约》作为主要法律依据这一原则，提出可以在主权争端中引入公约相关的条款解决。但是，在具体操作层面，冰岛又积极追随俄罗斯、加拿大、挪威等国的步伐，开展北冰洋外大陆架划界的申请工作。2009 年，冰岛国家大陆架界限委员会向联合国大陆架界限委员会提交冰岛外大陆架划界的部分申请，涉及雷克亚内斯（Reykjanes）海岭和挪威海盆的艾吉尔（Aegir）扩张脊等与其他邻国存在重叠区域的主权主张，成为围绕北极外大陆架划界争端的另一个成员。[②]

冰岛北极战略的驱动要素与其所处的特殊环境密不可分。从自然环境来看，作为北极圈内的岛国，北极的生态系统、海洋水文条件、气候温度的变化对其的影响程度较高。从产业环境来看，捕捞业占冰岛出口总额的近 1/3，几乎全境的电能来自于潮汐发电为主的可再生能源系统；从政治环境来看，无论按照经济总量还是区域影响力的指标进行评估，冰岛都属于"小国"范畴，在北极事务上也不例外。为了避免在地区治理进程中被边缘化，冰岛在其战略中

---

① Ministry for Foreign Affairs of Iceland, Together towards a Sustainable Arctic, Iceland's Arctic Council Chairmanship 2019 – 2021, May 2019, https：//www. government. is/lisalib/getfile. aspx? itemid = d743ab8f – 7d79 – 11e9 – 943f – 005056bc530c.

② The Icelandic Continental Shelf, Executive Summary of Partial Submission to the Commission on the Limits of the Continental Shelf Pursuant to Article 76, paragraph 8 of the United Nations Convention on the Law of the Sea in Respect of the Aegir Basin area and Reykjanes Ridge, http：// www. un. org/depts/ los/clcs_new/ submissions_files/isl27_09/isl2009executivesummary. pdf.

不断强调自身北极国家的身份认同，并积极引入域外国家参与北极
事务，试图避免在北极国家内部出现排他性集团，使自身利益受到
损害。因此，冰岛与同样希望获得更多独立话语权的格陵兰岛、法
罗群岛进行合作，希望在北极事务中形成以"岛国"为认同标准的
统一战线，增加自身在北极治理中的影响力。可以看到，冰岛战略
的主观建构动因较为多元，其核心在于从多个层面淡化自身劣势，
而希望建构一个北极合作与治理的完全参与方角色，从而维护自身
的切实利益。

　　芬兰虽然不是北冰洋沿岸国，但其地位与其他北极国家相比具
有特殊性。一方面，芬兰有近30%的国土和大量居民位于北极圈
内，近万名萨米人居住在北部地区，是芬兰重要的北极土著人群
体，北极的自然环境变化和开发利用与其息息相关；另一方面，芬
兰还是北极环境保护协商会议主要倡议者，以北极理事会为国际治
理核心平台的"罗瓦涅米进程"就起源于芬兰。因此，芬兰在北极
生态环境、经济活动与技术、交通与基础设施、土著人和传统文化
等问题上一直发挥重要作用。芬兰提出，其国土的大部分地区为亚
北极地区，是世界上最北端的国家之一。在涉北部地区和土著人问
题上，芬兰是北极事务的合理参与方。芬兰的北极战略既强调自身
的北极身份，又重视多边国际合作。[①]

　　作为欧盟成员国和欧元区成员，芬兰的政治身份影响着其北极
战略取向。特殊的身份归属导致芬兰希望作为欧盟内部的北极事务
主导方，将自身利益诉求和关切借助欧盟的多边机制发挥作用。因
此，加强欧盟在北极事务中的作用成为其北极战略的重要驱动力，
将欧盟视为北极多边合作中的首选对象。从积极层面来看，芬兰的

① Prime Minister's Office of Finland, *Finland's Strategy for the Arctic Region* 2013, Government res-
olution on 23 August 2013, http：//vnk. fi/julkaisukansio/2013/j－14－arktinen－15－arktiska－16－arc-
tic－17－saame/PDF/en. pdf.

首份北极战略既在北极国家内部强调自身的身份和利益多元化，又巩固了在欧盟内部关于北极事务的话语权，扮演欧盟参与北极事务的间接代表。但从消极层面看，过于强调欧盟身份和与欧盟的多边合作，导致其战略缺少与本地区和本国事务的直接关联度，特别是缺少针对具体问题的规划。有观点指出，芬兰的首份北极战略缺乏前瞻性，没有把重点聚焦于北极开发问题，也没有将北极问题纳入国家发展规划。[①]

针对这一问题，芬兰新版的北极战略给予了清晰回应，不但强调北极国家这一身份归属，还提出为北极能源产业、海运业和造船业、可再生资源的开发与利用、矿产、清洁能源技术、旅游业、交通基础设施建设和信息通讯与数字服务创造商业机遇，扩大企业参与度和民众惠及度。此外，报告在强调发展的同时，坚持环境保护理念并强调土著人利益，提倡北极开发的包容性和可持续性。报告延续了此前对于国际合作的重视，但强调这种合作必须建立在可持续的基础上，并对可能危害到北极环境的商业开发构想保持谨慎。在土著人方面，芬兰提出创造可持续且运转良好的社会与工作环境，特别是使土著人在生活、教育、就业等方面得到平等有效的服务保障，并确保其实质性参与政策讨论，特别是保障其在北极理事会各工作组内的代表性。同时，芬兰还特别强调北极的和平与安全问题，提出应对北极非传统安全的风险，包括针对可能的航行事故、环境污染等问题进行信息共享与行动协调，在相关国际法的框架内维持北极的和平与稳定环境。

从历史沿革来看，瑞典与北极地区的发展密切相关。冷战期间，瑞典北部曾是东西方两大阵营的利益冲突点。但随着国际格局的演变，维护北极的和平与稳定已经成为北极国家和相关利益攸关

---

① Lassi Heininen, *Arctic Strategies and Policies: Inventory and Comparative Study*, The Northern Research Forum and The University of Lapland, 2011, p. 64.

方的共识，而应对气候变化带来的综合性影响则成为瑞典北极战略的主要驱动要素。2011 年出台的《瑞典的北极地区战略》提出，瑞典致力于减少温室气体排放，确保北极气候变化及其影响在国际气候谈判中得到应有的重视，保护北极生物多样性，增加在应对气候变化和环境保护问题上的国家科研投入；促进北极地区经济、社会和环境的可持续发展，突出国际法在能源和资源利用方面的重要性，以及充分利用瑞典在环境科技方面的专业性优势，促进瑞典在北极地区的商业利益；在北极理事会框架下促进萨米人及其他土著人的发展，保护其语言和传统，促进土著人参与北极政治进程，利用北欧及北极合作机制促进土著人群体的知识转移等。[①]

　　有限度的开发和利用是瑞典北极战略的另一驱动要素。瑞典特别关注气候、环保和生物多样性方面的科学研究，并致力于减少温室气体排放，保护环境和生态多样性，增强北极的长期治理能力和应对气候变化的适应能力，强调北极地区的可持续发展。瑞典强调在资源利用和开发时需要尊重国际法和现行国际规则，还要借助先进的环保技术，不断提升经济发展中的可持续因素，提出考虑到北极独特的自然条件和较为敏感、脆弱的生态系统，在进行工业开发时应避免资源的消失殆尽。同时，瑞典也强调多边合作的重要性，并提出充分利用北极理事会、欧盟、北欧部长理事会、巴伦支北欧—北极理事会等现有平台，协调各国在北极事务中的行动。作为欧盟成员国，瑞典还积极推进欧盟形成统一的北极政策，并支持欧盟对北极理事会正式观察员地位的申请。

---

① The Ministry for Foreign Affairs of Sweden, Sweden's Strategy for the Arctic Region, http：// www. government. se/content/1/c6/16/78/59/3baa039d. pdf.

第三节 北极事务利益攸关方的政策构想

作为北极事务的利益攸关方，几乎所有作为北极理事会观察员的非北极国家都正式发布了北极政策。① 但与北极国家不同的是，上述国家在北极并没有领土或人口，不涉及国内或地区发展规划，甚至军事安全或国防建设等议题，北极问题大多被纳入外交事务的范畴。因此，相关国家多以政策文本来阐述自身的立场，而并非北极国家所强调的战略规划。在这当中，欧洲国家与部分北极国家具有共同的身份认同，而亚洲国家则是北极科研保护、开发和利用的新兴力量。因此，本节分别选取部分欧洲和亚洲国家的北极政策加以分析论述。

一、英国

英国是最早提出"近北极国家"概念的北极域外国家。2013 年的《适应变化：英国的北极政策》提出，从地理概念而言，英国是北极国家之外最靠北的国家，设得兰群岛（Shetland Isles）最北端距离北极圈仅 400 千米。由于位置临近和长期以来的探险传统，英国探索北极的历史可以追溯到地理大发现时期。然而，英国寻求参与北极事务不仅仅是因为地理位置的毗邻和历史传统。北极与全球进程密不可分意味着英国等非北极国家对北极有合法诉求，并且能

---

① 据不完全统计，已出台北极政策的国家包括：法国、德国、意大利、日本、荷兰、中国、波兰、印度、韩国、新加坡和英国。

够为解决北极所面临的迫切问题做出贡献。①

英国也是较早进行北极政策规划的利益攸关方。在英国看来，尽管远离人口聚集区，地理环境和气候条件相对恶劣，但在全球气候变化的影响下，北极变暖的速度是世界其他地区的两倍。北极海冰覆盖面积正迅速缩减并在 2012 年达到历史最低值，北冰洋的变化极有可能会影响欧洲的气候，潜在的商业活力也使北极成为全球最具活力和影响力的地区之一。英国的首份北极政策还提出了英国参与北极事务的合法利益、优先目标以及在适当领域发挥领导作用的强烈意愿，强调北极变化所带来影响的全球性效应，北极圈以外的人们在北极事务上拥有合法利益。

原则宣誓是英国的主要北极政策取向，即"尊重、领导与合作"三大原则。所谓尊重，包括尊重北极国家的领土主权及管辖权；尊重在北极生活、工作和北极为大家的利益和意见；尊重北极环境的脆弱性和对全球气候的重要性。英国强调其相关政策的制定和发展必须要考虑到北极各地区间的差异，尊重当地居民的需求和意见，协调各国在为本国民众提供发展与繁荣机遇的同时，肩负起为全球环境提供有效治理的责任。

所谓领导，就是既强调北极国家在有关北极和平安全、可持续发展等治理中应发挥领导作用，也强调英国等其他利益攸关方在北极气候变化、生态环境中发挥领导作用。英国在减少温室气体的排放、增加人们对温室效应后果的认识方面走在世界前列，为消除造成北极变化的潜在原因做出了重要贡献。英国科学界在多数北极研究领域中享有盛名，为制定有益的北极政策、维护北极稳定和开展负责任的商业活动提供助力。从数据来看，英国的确拥有庞大、活跃并且发展迅速的北极科研力量，囊括了约 80 家北极研究机构，其中包括 46 所高校和 20 家研究机构。仅 2011 年，超过 500 位登记在册的从事北极研究的科学家发行了 500 多部出版物。英国对北极环境研究的资金投入在近年来稳步增长，包括自然环境研究委员会（NERC）为北极研究计划提供了为期 5 年的 1500 万英镑专项资金。① 同时，英国大批工业及其产品供应链提供了相当专业、高价值和负责任的北极产品和服务。英国的非政府组织在加深人们对北极环境及其内在价值的理解，提高忧患意识方面发挥了积极作用。

所谓合作，就是强调北极事务混合了各类行为体、角色、利益和专业知识，这意味着制定北极政策的关键应当是对话与合作。因此，英国致力于北极的安全与保护，在国际法框架内同土著人协力治理北极，在科学合理和尊重环境的基础上制定相关政策，负责任的开发北极。在英国看来，北极的商业投资项目要综合考虑政治意愿、经济可行性、法律制度、投资形式等各种复杂因素。

开发和利用北极同样是英国北极政策的重要驱动因素。2018 年发布的《超越冰区：英国的北极政策》提出，由于北极地区本身的广泛性和多样性，目前对北极事务的定义存在不同解释，但北极变化对于全球环境和福祉的影响已成为各国共识。北极的变化和夏季海冰覆盖范围的减少使世界各国和企业对北极的商业兴趣日益浓厚。但是，同其他地区一样，北极的居民也有追求经济繁荣的权利，英国支持北极居民的这一权利。但是，在追求商业好处的过程中必须非常谨慎，不能对北极自然环境和生态系统造成长期的或不可挽回的破环，这也会进一步巩固北极社区的经济繁荣。英国特别强调自身的"全球角色"和北极变化的"全球效应"，在保护北极

---

① Adapting To Change: UK Policy towards the Arctic, Polar Regions Department, Foreign and Commonwealth Office, 2013, https://assets.publishing.service.gov.uk/government/uploads/system/uploads/attachment_data/file/251216/Adapting_To_Change_UK_policy_towards_the_Arctic.pdf.

环境和居民的同时，对于北极航道、能源、渔业、交通和金融服务等具体经济开发合作表现出浓厚兴趣。英国鼓励本国企业以适当的方式与北极理事会、北极国家、土著人及其他行为体直接接洽，将为本国企业在北极开展负责任的商业活动提供便利。[①] 可以看到，这与其首份政策文件所强调的"知识贡献"存在差异，显示出英国的政策取向和驱动要素随着北极自然、政治和经济环境的变化而同步演变。[②]

二、德国

与英国相似，德国也是较早出台北极政策的北极域外国家。2013 年出台的《德国北极政策指导方针》提出，北极区域的变暖速度是地球其他区域平均水平的两倍，海冰融化所引起的冰面面积的萎缩，削弱了其对太阳光线的反射强度。同时，黑碳进一步加快了冰川融化的速度。因此，北极在全球气候变化中具有"早期预警功能"。近年来，北极夏季冰面融化的范围相当于德国国土面积的四倍。根据模型计算方法，北冰洋将在接下来的 20—30 年里继续融化，夏季月份将处于基本无冰状态，从而大大提高其通航能力。现如今，北半球的大气环流系统已经有所变动，并对北欧的天气造成影响。除了北冰洋海冰的减少，格陵兰冰川覆盖的降低以及北极区域永冻土层的解冻，将对所有国家造成影响。至本世纪末，全球海平面或可升高至 1 米乃至以上。储存在北极永冻土中的温室气体因

[①] Beyond the Ice：UK Policy towards the Arctic，Polar Regions Department，Foreign and Commonwealth Office，2018，https：//assets. publishing. service. gov. uk/government/uploads/system/uploads/attachment_data/file/697251/beyond-the-ice-uk-policy-towards-the-arctic. pdf.

[②] Adapting To Change：UK Policy towards the Arctic，Polar Regions Department，Foreign and Commonwealth Office，2013，https：//assets. publishing. service. gov. uk/government/uploads/system/uploads/attachment_data/file/251216/Adapting_To_Change_UK_policy_towards_the_Arctic. pdf.

不断上升的全球变暖趋势而被释放，从而加剧气候变暖态势。除此之外，对北极地区原材料的进一步开发利用也可能使得全球温室气体排放继续增加。由于气候变暖和急剧加速的冰川融化，北极地区在地缘政治、地缘经济以及地缘生态方面对国际社会产生日益增长的意义。考虑到北极地区的特殊性质，德国将致力于使其成为政策规划的重心之一。

"抓住机遇，承担责任"是德国北极政策的取向和驱动要素。在此政策中，德国提出已经意识到北极自然资源所蕴含的巨大经济潜力和生态挑战，并将在最高环保规格下，将北极资源的开发视作德国和欧洲经济的发展机遇。同时，作为在科研、技术以及环境标准等方面有着特殊知识储备的合作伙伴，德国有能力为可持续发展做出贡献并已准备好与北极国家在海洋领域和极地科技开展合作。[①]德国将在预防性原则下，谨慎对待北极环境对全球环境保护的重要性，建立自然保护区以维持生物多样性成为德国的重要关切，在高安全与高环境标准下致力于推动北极水域船只的自由航行。德国还支持北极科研自由，主张北极地区的和平使用，坚持国际和区域性法规为北极地区国家权利和义务行使的法律约束框架，特别是《联合国海洋法公约》《防止船舶污染国际公约》《斯瓦尔巴德条约》以及各项以海洋环境与海洋生物多样性保护为目的的国际公约。此外，德国承认北极土著人于北极区的特殊地位，并承诺保障他们在其生活圈内自由与自主的权利。[②]

[①] 例如，隶属于德国阿尔弗雷德·魏格纳研究所（AWI）的亥姆霍兹极地和海洋研究中心在气候变化、海冰发展、生物多样性和极地地理、生物、地质变化等领域的研究具有国际领先水平。德国联邦地球科学与自然资源研究所（BGR）则负责探索地壳构造、北极地质动态发展态势以及其潜在的矿产资源。德国政府也通过设立在波茨坦的国际北极科学委员会秘书处协助北极研究各领域的国际合作。

[②] Guidelines of the Germany Arctic Policy, Federal Foreign Office, September 2013, http: //www. bmel. de/SharedDocs/Downloads/EN/International/Leitlinien-Arktispolitik. pdf? __blob = publicationFile.

推动国际合作是德国的另一政策取向。德国主张北极问题的多边合作，特别是在北极理事会中的多边合作。该理事会是目前唯一的跨北极区域论坛和高规格政府决策论坛。联邦政府将努力强化德国在理事会中所扮演的观察员角色。支持欧盟实行主动的北极政策并积极推动北极相关事务的平等一致。这既包括外交、安全政策层面的平等，也包括科研、环保、能源、原材料、工业、科技、交通和捕鱼业等政策领域的平等。

三、意大利

意大利在北极的存在有 100 年的历史。意大利在北极的存在体现在政治层面、环境和人口层面、科学技术层面、经济效益层面。2015 年底，意大利外交部、环境部（MATTM）、经济发展部（MISE）与科学界和其他部门一道，共同起草了北极战略的首个版本，总结了意大利在北极地区占据一席之地的起源、演化和目的。

强化与北极的紧密关联度是意大利的北极政策取向。意大利提出，其在北极的历史印记始于百余年前。1899 年，阿布鲁齐公爵路易吉·阿米蒂奥·迪·萨伏伊（Luigi Amedeo Di Savoia）将法兰士·约瑟夫地群岛作为跳板，搭乘 "Stella Polare" 号从阿尔汉格尔斯克起航，计划用狗拉雪橇的方式到达北极点。虽然该探险队最终未实现目标，但意大利人却踏入此前从未到达的纬度。1926 年，昂贝托·诺比尔（Umberto Nobile）首次成功从欧洲穿越北冰洋抵达阿拉斯加，与挪威的罗尔德·阿蒙森（Roald Amundsen）和美国的林肯·埃尔斯沃思（Lincoln Ellsworth）一起搭乘挪威飞艇到达北极点。诺比尔的探险队是首个在北极地区执行科学任务的意大利团队，上述活动为意大利在北极海洋学、气象学、地理学和地球物理学获得更高成就奠定了基础，意大利通过诺比尔发现了自己的"北欧维度"。①

在自然关联度方面，意大利强调与北极地区有很多相似之处。例如，在阿尔卑斯地区的高山和海洋地貌不仅在气候变化条件下脆弱且易受伤害，捕鱼、狩猎、污染和旅游业等其他因素也容易打破它们的脆弱平衡状态。意大利山区和北极地区在地理、社会和技术隔离方面面临着类似的问题。波罗的海和亚得里亚海并存的挑战是其生态系统的脆弱平衡，不具备足够的应变能力面对持续或频繁污染事件，以及全球气候现象在北极海域引发的严重后果，包括海平面上升问题。在意大利看来，鉴于北极航道的日益发展，船只有可能将污染物带入脆弱的北极地区。事实上，短期气候驱动物质具有天然的跨界效应。这些物质一旦在大气中形成循环，即使产生于低纬度地区的物质也往往会在北极地区积累，而在北极地区发现的大部分黑碳来自中纬度地区。

意大利将在北极理事会和其他论坛等多边平台，以及与北极国家的双边层面开展北极合作。在国家层面，意大利将继续支持国家研究中心在北极开展工作，并致力于在共同意愿的框架内加强民间社会的宣传教育工作，与希望获取更多北极知识和深度信息的民众和组织进行合作。上述合作建立在欧盟环境政策的原则和目标的基础上，兼容和协调保护环境、经济发展和土著人具体需求之间的关系。在北极理事会层面，来自意大利国家新技术、能源与可持续经济发展研究所（ENEA），国家地球物理和火山学研究所（INGV）以及海洋学和实验地球物理研究所（OGS）等机构的科学家积极参与北极理事会下辖各类工作组的科研合作。

意大利非常强调自身独特的科学能力和冰区作业能力，提出通过在北极的科考小组研究气候变化，作为优秀的科技大国参与北极

---

① Italy and the Arctic, Ministry of Foreign Affairs and International Cooperation of Italy, https://www.esteri.it/mae/en/politica_estera/aree_geografiche/europa/artico.

研究。通过增加意大利在泛北极观测系统中的参与度加强国际合作，参与由欧洲委员会、北极国家和其他地中海国家推动的北极地区基础设施建设工作，特别是在海洋无人水面艇（USV）、无人遥控潜水器（ROV）和自主水下机器人领域，以及在极端环境监测系统和空气海基监测系统等卫星大气观测领域，集中于创新和技术实验，促进和加强多议题的国际合作。意大利可以通过卫星观测和海洋工程，能源、海事和建筑行业具有技术优势的专业公司，满足北极地区的基础设施和服务需求。此外，意大利在海上油气资源开采领域的研究具有悠久历史，还拥有世界上独一无二的文化和环境遗产，意大利企业对采掘作业的环境兼容性尤为敏感，具备高水平的安全保障能力。意大利提出，相关机构将为北极各国提供其所需要的能力，与北极理事会下辖工作组进行合作，以应对北极与日俱增的人类和工业活动带来的风险。

在尊重北极国家主权的基础上倡导国际合作是意大利北极政策的另一核心。意大利提出，北极涵盖大部分处于独立国家主权管辖的领土，北极国家的主权和主权权利已在多个国际公约和相关条约中得以确认，其中最为重要的是《联合国海洋法公约》。作为《联合国海洋法公约》的缔约国，意大利遵守对北冰洋进行责任管理的相关条款义务，以及间接涉及北极的法律文书规定，包括《生物多样性公约》《远距离越境空气污染公约》《防止船舶污染国际公约》（MARPOL）《国际海上人命安全公约》（SOLAS），等等。此外，意大利还是《斯瓦尔巴德条约》的创始缔约国之一。对于最为重要的人口维度，意大利认为应提高对上述问题的重要性认识。在尊重该地区生态系统和土著人生活方式的基础上促进北极地区的可持续发展，与北极国家一起通过逐步增加的国际协调加以实现。

四、韩国

1993 年起，韩国对北极展开初步观测和研究，并逐步在北极科研合作中显露头角。① 2012 年，韩国批准并加入《斯瓦尔巴德条约》，并于 2013 年 5 月成为北极理事会正式观察员。同年 7 月，韩国出台"北极综合政策推进计划"，并于年底发布《北极政策基本计划草案》，在此基础上最终形成了《韩国的北极政策》。

以多元合作提升各方认同是韩国北极政策的驱动要素。韩国以推动北极可持续发展为政策愿景，将打造北极合作伙伴关系、推动北极科学研究活动、探索北极商业新机遇作为主要政策目标。韩国提出，拓展其在北极理事会、下设工作组和涉北极国际组织的合作项目，为北极理事会决议制定后续跟进计划，建立与理事会成员的定期咨询会晤制度，制定参与工作组和北极海空搜救协议的后续项目等。同时，韩国提出加强与中国、日本等观察员国的合作，深化与北极大学、各类研究所和实验室的合作，建成北极学术研究网络，积极参加国际北极科学委员会框架内的第三期北极研究计划国际大会（ICARP-III），借助韩国破冰船等设备推动北极科研发展。韩国将大力发展适应北极低温水域的各类造船技术，推动设立与《极地规则》相符的国家极地航行标准。最后，韩国提出要积极参加北极前沿、北极圈论坛等各类非正式机制和国际论坛，为保护北极土著人历史、文化和传统设立合作项目，以此提升北极国际机制、北极国家、观察员国和土著人等各类主体对韩国参与北极事务

---

① 具体来看，韩国于 2002 年正式加入国际北极科学委员会（IASC），同年在北极斯瓦尔巴岛设立"茶山"（DASAN）科考站，并制定"极地科学与技术促进计划"，全面启动北极科学考察。2008 年，韩国将极地问题列入 100 项国家施政课题，并于同年 11 月获得北极理事会特殊观察员地位。2009 年 11 月，韩国自行设计建造的"ARAON"号科考破冰船在极地水域进行操作性能实验，成为极地科考的重要保障平台。2010 年 3 月，韩国主办北极科学高峰周会议。

的认同。①

"存在到利用"是韩国的北极政策取向和主要目标。作为北极科考领域的后发国家，韩国受地缘因素限制在北极事务中的话语权较为有限。韩国将能力建设作为增加其实质性存在的重要基础，提出为北极科考站的科学研究提供支持、建设北极科学基础设施、积极开展北极气候变化研究、启动安全北极信息发展项目为短期目标。以拓展北极"茶山站"的软硬件设施为前提，加强北极地质、大气和生态科学研究，参与北极综合地球观测系统（SIOS），升级扩容"茶山站"的土壤和地质标本保存实验室，增加野外大气观测设施。以"ARAON"号科考船为平台，开展综合性北极海洋科考，监测北方海航道的海洋环境，与北极国家合作开展深海钻井活动，并启动建设第二艘破冰科考船的可行性研究与实施计划。建设环北极冻土环境变化观测系统，打造由各科研院所、高校和商业机构组成的韩北极研究联合体，与北极国家共同构建极地合作中心，全方位增强自身在北极科技合作中的话语权。

此外，北极航道的可行性研究、促进北极科技发展和寻求渔业合作是韩促进北极可持续商业合作的短期目标。韩将大力促进北极航道的商业化使用，积累北极航道航行经验，为韩航运企业进入北极航运市场提供市场分析与支持，与航运大国合作研究冰区航行人才匮乏现状，并设立北极航道利用的激励机制。韩还将与北极国家共同研究北方海航道（NSR）的商业化运营、资源开发、港口基础设施建设等问题，合作开发北极港口，对连接北极航道的韩港口进行升级改造，提升破冰船的安全航行技术和造船业发展。同时，韩将巩固北极资源可持续开发的合作基础，启动由国际专家和研究机构参与的北极地质调研项目，讨论北极资源能源开发的合作方式。

---

① Arctic Policy of the Republic of Korea, Arctic Portal, http：//www. library. arcticportal. org/1902/1/Arctic_Policy_of_the_Republic_of_Korea. pdf.

韩还将推动渔业资源管理的可持续发展，由国家渔业研究和发展研究所（NFRDI）、韩国远洋渔业协会（KOFA）、韩国海洋水产开发院、韩国极地研究所等研究机构牵头设立研究小组，合作探索促进渔业合作的基本计划，与北极区域内的主要渔业组织紧密合作，并加强与北极沿岸国的双边渔业合作。[①]

五、日本

塑造身份、规划指南、拓展权利和激发共识是日本北极政策的驱动要素。日本于 2015 年通过首部北极政策文件，成为其 2013 年《海洋基本计划》提出"加强北极观测研究，探讨北极国际合作与航道开通"后的涉北极问题纲领性文件。从目标来看，日本提出为实现北极可持续发展发挥领导作用，作为应对北极问题的主要参与方为国际社会作出贡献。突出强调发挥日本的科技优势，重视北极环境，建设法治、和平、有序的北极国际合作体系，尊重土著人传统，关注北极安全，确保发展与环境的兼容性，探讨航道和资源开发机遇等核心议题。[②]

对于非北极国家而言，如何界定自身与北极事务的利益攸关性，特别是表现参与北极治理与合作的意愿和能力至关重要。从实践来看，日本是首个参与北极科研合作的亚洲国家。[③] 因此，日本力图塑造以知识贡献作为基础参与北极事务的合理身份，强调日本

[①] Dongmin Jin, Won-sang Seo and Seokwoo Lee, "Arctic Policy of the Republic of Korea," *Ocean and Coastal Law Journal*, Vol. 22, No. 1, February 2017, http://digitalcommons.mainelaw.maine.edu/oclj/vol22/iss1/7.

[②] Japan's Arctic Policy, Announced by The Headquarters for Ocean Policy, the Government of Japan on 16 October 2015, http://www.research.kobe-u.ac.jp/gsics-pcrc/sympo/20160728/documents/Keynote/Japan_Arctic%20_Policy.PDF.

[③] Japan Institute of International Affairs, *Arctic Governance and Japan's Foreign Strategy*, Research report, 2012, https://www2.jiia.or.jp/en/pdf/research/2012_arctic_governance/002e-executive_summery.pdf.

是在北极设立观测站和加入国际北极科学委员会的首个非北极国家；拥有制定《京都议定书》等气候变化文件经验和北极所需的科研技术优势；有意愿和能力成为北极和平的积极贡献者。与此同时，日本强调国际与国内议题对接，以在美国、俄罗斯等北极国家设立研究和观测站，参加国际北极观测项目为基础推动数据共享，打造北极国际研究平台。以青年人才培养和选送外派、建造北极科考船为内容，构建日本北极研究网络。此外，日本还谋求在现有治理机制中的权利拓展，突出强调参与北极建章立制的重要性，提出积极参与涉北极国际协议和规则制定，探索扩大作为观察员参与北极理事会工作的范围，以积极参加其他相关国际论坛为渠道，增加日本在北极事务中的话语权。最后，日本还致力于激发各界对北极经济效应的共识，提出扩大日企参与北极经济活动，派遣商务考察团，参与北极经济理事会工作。通过建立冰川分布和气象预测等航行辅助系统，为日本海运企业利用北极航道创造条件，帮助经济界在北极寻找商机，增强对北极商业机遇的认识。①

总体来看，积极参与合作是日本的北极战略取向。通过紧抓北极跨区域问题，以北极环境变化造成中、高纬度极端天气频发为切入点，将北极事务定位为超越地区事务的全球性议题，提出新航道开辟和航道开发可能导致国家间新摩擦等安全忧虑，关注泄油事故和排放带来的环境、食品、航行安全等非传统议题，强调北极变化中的政治、经济、社会效应和全球影响，由此将自身的政策目标合理化，形成政策宣示与实践举措相互结合。

① Japan's Arctic Policy, Announced by The Headquarters for Ocean Policy, the Government of Japan on 16 October 2015, http：//www. research. kobe-u. ac. jp/gsics-pcrc/sympo/20160728/documents/Keynote/Japan_Arctic%20_Policy. PDF.

第五章

发展维度：收益与成本的平衡过程

北极不仅是全球气候变化的"指示器"，也是重要的生物和非生物资源宝库。但是，北极地区兼具极地海洋、极地冰原、极地荒漠等特征，多种极端性自然特征相互叠加为北极资源筑起"无形藩篱"，同样导致地区人口稀少和经济发展相对落后的现实。随着近年来气候变化的影响，特别是气候变暖带来的融冰，使北极资源开发重回议事日程，为相关国家利用北极提供了新的机遇。

从发展的角度看，北极开发可以为本地经济社会发展提供原动力。绝大多数的北极资源位于北极国家的陆地领土和主权管辖海域范围内，是北极国家和本地居民的合理需求，而吸纳相关利益攸关方开展北极开发的国际合作，则可以使相关资源、技术和人力资源的配置更加优化。与此同时，人类对北极地区的认知和行动能力明显不足，北极开发与其他地区相比面临多重挑战。[①] 北极地区尚未形成综合性的开发行为规范准则，各国冰区作业的知识储备和开采技术尚不成熟，合作开发的权利义务划分尚未确定，离岸、近岸和陆上活动增多对生态环境的影响亦存争议。因此，分析北极开发的成本和收益，明确发展语境中北极的价值形态和制约因素，借助案

---

① Helen McDonald, Solveig Glomsrod and Ilmo Manpaa, "Arctic Economy within the Arctic Nations". In Solveig Glomsrod and Iulie Aslaksen (eds.) "The Economy of the North. Statistics Norway", Oslo/Kongsvinger, November 2006, p.41.

例分析北极开发跨域合作等需求和短板，有助于最大程度地减少开发与保护之间的矛盾，充分平衡当前利益和代际公平问题，从而探索北极开发国际合作的可持续发展模式。

第一节　发展视角下的北极价值探析

除了政治和安全维度，经济性是发展视角下北极最大的价值体现。北极拥有全世界最为重要和特殊的生态系统，渔业资源和其他海洋哺乳动物的利用是北极国家经济社会发展的重要基础，自然资源禀赋也塑造了北极土著人特有的生活文化传统。融冰和气候变暖成为北极近岸活动增加的客观基础，也为近岸和陆上油气资源开发创造条件。北极航道逐渐成为潜在的"国际海运新命脉"，促使各航运大国聚焦于此。

在北极开发的大背景下，额外的人类活动所带来的污染和疾病，成为北极生态系统不确定性的主要因素。北极海洋生态系统的可持续面临挑战。由于特殊的地理和历史条件，北极土著人的文化、社会氛围与所属国家和国际社会出现差异，形成较为独立的生活圈。随着北极科考和商业活动增多，土著人群体的传统生活方式与价值理念将受到外部经济和文化影响。如何处理上述发展对北极的自然和社会环境影响，更为优化地对经济和商业活动进行管理，以造福北极居民和土著人社区，从而形成北极的可持续发展路径成为各国面临的主要任务。因此，在探讨北极开发利用的前景时，首先需要对北极开发的价值形态、发展条件和模式进行梳理。

一、生物与非生物资源主导的价值形态

长久以来，北极地区的居民的生产生活直接受到气候、冰情和

地貌等自然条件约束，交通的极端不便利性导致诸多现代产业难以在北极区发展。由于特殊的自然环境限制，人类对北极地区的利用局限于捕鱼、采矿等自然资源的初级和表层式利用，以自然资源为要素的第一产业在北极经济结构中占据领先位置，以自然资源为主的价值形态在北极不同地区中具有高度同质性。

（一）油气资源

北极现有油气资源主要位于陆地及毗连的陆地盆架中，随着全球气候变化的影响，北极资源环境变化为油气资源开采提供了新契机。近年来，多家科研机构和能源咨询公司从不同角度对北极地区的油气资源进行了综合评价。其中，美国地质调查局于 2008 年发布《环北极资源评估：北极圈北部未被发现的石油和天然气的估算》报告[①]，将北极地区划分为 33 个油气资源单元，认为其中 25 个有超过 10% 的概率蕴藏超过 50 亿桶的原油储量。该报告提出，北极地区拥有超过 900 亿桶原油，1669 万亿立方英尺（约等于 47.2 万亿立方米）的天然气，440 亿桶天然气凝液（NGLs）储量，共相当于 4120 亿桶油当量。其中，近 67% 为天然气资源，84% 为近海离岸可开发的储量。[②] 还有相关研究显示，北极冰下大约有 830 亿桶石油和约 1550 万亿立方英尺的天然气，分别占全球未勘探储量的 13% 和 30%。[③] 虽然美国地质调查局的报告被看作是"对北极地区自然资源进行的首份经同行评议以地质为基础的评估"，但由于人类现

[①] 该报告所涉及的资源评估包括永久海冰区和水深超过 500 米的海域，利用现有技术可被开采的油气资源。值得注意的是，并未涉及如煤层气、气体水合物、页岩气和页岩油等非传统资源。

[②] Circum-Arctic Resource Appraisal Assessment Team, "Circum-Arctic Resource Appraisal: Estimates of Undiscovered Oil and Gas North of the Arctic Circle", U. S. Department of the Interior, U. S. Geological Survey, 2008.

[③] Donald L. Gautier, Kenneth J. Bird, Ronald R. Charpentier, et al. "Assessment of Undiscovered Oil and Gas in the Arctic", Science, Vol. 324, Issue 5931, pp. 1175 – 1179.

阶段所掌握的北极地区地质数据极为有限，相关的研究和勘探都处于初级阶段，部分推测仍有待改正。[①] 值得注意的是，目前有关北极油气资源潜在储量的预测研究大多由美国机构所主导，且集中发布于 2010 年之前，相关国家大多对于上述预测作为参考，尚未取得一致性共识。

从资源分布来看，俄罗斯是北极油气资源的重要储备地。俄罗斯官方认为，俄罗斯北极地区的石油储量约为 73 亿吨，天然气约 55 万亿立方米，北极大陆架地区是俄罗斯发展矿产资源和能源生产的战略储备基地。其中，亚马尔—涅涅茨自治区的储量就约占北极地区油气资源总储量的 43.5%。[②] 有报告显示，俄罗斯在北极的油气资源总和约为 2200 亿桶，或占全球大陆架总资源的 52%。北极超过 50 亿桶油当量的油气田有 11 个，其中 10 个位于俄罗斯西西伯利亚盆地；5 亿至 50 亿桶油当量的油气田有 54 个，其中 43 个属于俄罗斯。[③] 北极油气资源具有极端的地域性分布特征。其中，俄罗斯和美国阿拉斯加地区合计探明原油储量占北极地区总探明储量的 94.63%，而天然气更是俄罗斯所独占，其储量占北极已探明天然气储量的 94.76%。[④] 截至目前，俄属北极的油气勘探总面积超过 900 万平方千米，共发现 26 个油气田，已探明原油储量 368 亿桶（50.4 亿吨），天然气和天然气液 2651 亿桶（363.2 亿吨）油当量。也有观点认为，俄北极待发现资源量石油 400 亿桶（54.8 亿吨），天然气和天然气液 1954 亿桶（267.7 亿吨）油当量。[⑤]

---

① 国家海洋局极地专项办公室编：《北极地区环境与资源潜力综合评估》，海洋出版社，2018 年版，第 492 页。

② Russia's Arctic Oil Reserves Estimated at 7.3 bln Tonnes, TASS Russian News Agency, 14 Nov. 2019, https://tass.com/economy/1088516.

③ 卢景美："北极圈油气资源潜力分析"，载《资源与产业》2010 年第 8 期。

④ 国家海洋局极地专项办公室编：《北极地区环境与资源潜力综合评估》，海洋出版社，2018 年版，第 490 页。

⑤ 许勤华、王思羽："俄属北极地区油气资源与中俄合作"，《俄罗斯东欧中亚研究》，2019 年第 4 期，第 112 页。

事实上，人类对北极油气资源的勘探开发尝试已持续百余年。
1900 年，位于美国阿拉斯加州的石油首次被开采。1968 年，美国大
西洋富田公司（ARCO）和标准石油公司（Standard Oil）在阿拉斯
加北部斜坡发现了北美最大的普拉德霍湾油田。随后，壳牌公司
（Shell）和英国石油公司（BP）在波弗特海发现了自由油田（Lib-
erty Oil Field）。1988 年，苏联在位于巴伦支海区域发现了蕴藏 3.8
万亿立方米天然气的什托克曼（Shtokman）气田。加拿大帝国石油
公司（Imperial Oil）在 20 世纪 20 年代开始进行北极油气勘探，并
在加拿大的西北地区发现了诺曼韦尔斯（Norman Wells）油田，位
于纽芬兰海岸外的海伯尼亚油田（Hibernia Field）成为加拿大最大
的近海石油项目。格陵兰的海上油气勘探则可追溯到 20 世纪 70 年
代。根据美国地质调查局的预测，在格陵兰岛的 3 个主要盆地中，
共有 520 亿桶油当量的潜在油气资源量。① 尽管如此，由于恶劣的
自然环境和技术限制，北极的油气资源在此时尚未进入商业开
发期。

2000 年以后，融冰的加速为北极油气资源开发提供了更为便利
的环境条件。以挪威为例，油气出口占挪威出口总额的 60% 以上，
是其重要经济增长和社会福利开支的基础，挪威企业在北极油气开
发方面具有明显优势。2007 年，挪威国家石油公司（Statoil）开始
开采位于挪威北部巴伦支海海域的斯诺维特气田（Snøhvit）。2016
年 3 月，发现于 2000 年的戈利亚特（Goliat）油田在经历长期拖延
和成本超支后正式启动。戈利亚特油田是巴伦支海首个展开生产工
作的油田，估计总储量约 1.8 亿桶，日产量有望达到 10 万桶，储油
能力有望实现 100 万桶。该项目由意大利埃尼集团（EniNorge）和

① 贾凌霄："北极地区的油气资源勘探开发现状"，《中国矿业报》，2017 年 7 月 14 日，第
4 版。

挪威国家石油公司分别持股65%和35%。① 加拿大也拥有较为丰富的北极油气资源储备，其油气资源主要位于波弗特海的北极大陆架。加拿大曾在20世纪对此油气盆地进行积极地质勘探，后钻井工作由于环境和储量原因暂停。近年来，加拿大油气公司开始积极努力获取北极海域开发许可证，但由于油价、开发技术和周期等原因而搁浅。

　　与俄罗斯相似，美国的阿拉斯加地区也是北极油气资源的重要储备地，有观点认为该地存有至少价值5万亿美元的天然气资源。② 但是，美国的北极油气开发进展并不顺利。2015年3月，美国有条件批准壳牌阿拉斯加北极海域钻探计划，但9月底楚科奇海和泛美北极圈内的石油开采项目就被无限期推迟。此后，美国内政部又宣布搁浅北极计划，暂停出售2016年—2017年阿拉斯加北部北极圈海域的油气开发经营权，同时也不再对上述海域现有油气开发经营权给予延期。③ 自特朗普政府上台后，美国的北极油气开发重新进入快车道。在"优先海上能源战略"④ 的指引下，特朗普于2017年12月批准在北极大部分海域开发石油天然气，⑤ 并于2018年10月批准希尔克普资源公司（Hilcorp）在波弗特海、普拉德霍湾（Prudhoe Bay）以东开采石油。⑥ 有观点认为，特朗普在北极油气资源开

---

① "埃尼全球最北端油田投产"，《中国能源报》，2016年3月21日，第8版。

② "专访美国阿拉斯加州长：习近平主席来访开启合作广阔前景"，中新网，2017年09月28日，http：//www.chinanews.com/gj/2017/09－28/8343058.shtml。

③ 钟传剑："北极油气开发，如何走下去？"，《珠江水运》，2016年第22期，第10页。

④ "Trump Administration Quickly OKs First Arctic Drilling Plan," *Digital journal*, July 14, 2017, http：//www.digitaljournal.com/tech-and-science/technology/trumpadministration-quickly-oks-first-arctic-drilling-plan/article/497645.

⑤ "Trump Administration Plans to Allow Oil and Gas Drilling off nearly All US Coast," *The Guardian*, January 4, 2018, https：//www.theguardian.com/environment/2018/jan/04/trump-administration-plans-to-allow-oil-and-gas-drilling-off-nearly-all-us-coast.

⑥ Elizabeth Harball, "Trump Administration Approves First Oil Production in Federal Arctic Waters," *Alaskapublic*, October 24, 2018, https：//www.alaskapublic.org/2018/10/24/trump-administration-approves-first-oil-production-in-federal-arctic-waters/.

发领域取得了"历史性胜利"。① 目前，美国正针对阿拉斯加州国家石油储藏区（NPR-A）②的开发计划制定新的综合活动计划和环境影响声明。新方案可能会包括放开更多可供租赁开采的区域、对现有特殊区域进行重新勘探、在现有租赁条款上进行修订并实施新的管理目标。③ 除去美俄之外，挪威也把巴伦支海等北极油气资源储备地视为重要战略区域。④ 根据资料，挪威大陆架发现的可采油气资源总量约为 125 亿立方米油当量；已探明的可采油气资源总量达 90 亿立方米油当量，其中北海占 83%，挪威海占 14%，巴伦支海占 3%；未探明的可采油气资源总量为 35 亿立方米油当量，其中北海占 39%，挪威海占 37%，巴伦支海占 24%。⑤

俄属北极地区拥有最多的油气资源储量，也是油气资源开发最为积极的北极国家。对于俄属北极地区和相关城市发展来说，资源开发是其应对北极变化挑战，抓住北极发展机遇的重要选项，⑥而这需要俄罗斯进一步参与北极国际合作，实现俄属北极地区发展并维护北极国家利益。⑦《2020 年前俄罗斯联邦北极地区发展和国家安全保障战略》提出，拟订国家支持和鼓励在俄北极地区活动经济实体的建议，主要针对碳氢化合物、其他矿产和水生资源开发领域，实现包括巴伦支海大陆架、喀拉海大陆架及季曼伯朝拉地区开发一

① "Trump Claims Tax Reform Bill as A 'Historic Victory'," *Al Jazeera*, December 21, 2017, https://www.aljazeera.com/news/2017/12/trump-hails-tax-reform-bill-historic-victory － 171220192504431.html.

② 该区域面积约为 3.69 万平方英里，于 20 世纪 80 年代开始对外租赁开发，位于美国阿拉斯加州北部，毗邻北极国家野生动物保护区。据 2017 年测算，该区域约蕴含 870 万桶原油，以及约 25 万亿立方英尺的天然气。

③ "美国拟加大北极油气开发力度"，《中国能源报》，2018 年 11 月 26 日，第 5 版。

④ L. C. Jensen and P. W. Skedsmo, "Approaching the North: Norwegian and Russian Foreign Policy Discourses on the European Arctic, Polar Research, Vol. 29, No. 3, p. 442.

⑤ 北极问题研究编写组：《北极问题研究》，海洋出版社，2011 年版，第 19 页。

⑥ Robert W. Orttung, *Sustaining Russia's Arctic Cities: Resource Politics, Migration, and Climate Change*, Berghahn Books, 2018, pp. 20－25.

⑦ Конышев В. Н. и Сергунина А. А., *Арктика в международной политике: сотрудничество или соперничество?*, Москва: РИСИ, 2011.

体化等规划。① 《2020 年前俄罗斯联邦北极地区社会经济发展国家纲要》还提出，石油和天然气产量将对国家整体经济产生广泛的乘数效应。② 2006 年起，俄罗斯天然气工业公司（Gazprom）、壳牌（Shell）与埃克森美孚公司（ExxonMobil）共同进行萨哈林一号、二号油气项目开发。③ 2011 年，俄罗斯石油公司（Rosneft）与美国埃克森美孚公司签署战略合作协议，共同投资 32 亿美元用于北极喀拉海（Kara Sea）和黑海（Black Sea）的油气勘探。俄天然气工业公司与挪威国家石油公司和法国道达尔（Total）达成协议，共同开发什托克曼（Shtokman）巨型气田。该气田位于巴伦支海中部 280 米至 360 米深度的海域，距俄科拉半岛（Kola Peninsula）东北约 550 千米，可开采的天然气储量约为 3.8 万亿立方米，凝析油达 3100 万吨。但由于 2014 年的克里米亚事件，西方国家制裁背景下欧美公司退出或无限期搁置了上述合作。因此，有观点指出，俄属北极地区约有 45% 的陆地和 70% 的大陆架地区蕴含丰富的油气资源，需要积极开展资源开发的国际合作。④ 应加大政府投入力度并修改相应法规，积极引入包括中国、日本等在内的域外投资伙伴。⑤

　　2017 年 12 月，北极最大的液化天然气项目"亚马尔液化天然气"正式投产，该项目集天然气和凝析油开采、天然气处理、液化

　　① Основы государственной политики Российской Федерации вАрктике на период до 2020 года и дальнейшую перспективу, 18. 09. 2008 г, Пр – 1969. http：//www. scrf. gov. ru/documents/98. html.

　　② *Меламед И. И. и Павленко В. И.* Правовые основы и методические особенности разработки проекта государственной программы 《 Социально-экономическое развитие Арктической зоны Российской Федерации до 2020 года》. //Арктика：экология и экономика. 2014. № 2, http：//www. ibrae. ac. ru/docs/2％2814％29/006_015_ARKTIKA_2％2814％29_06_2014. pdf.

　　③ История проекта, Эксон Нефтегаз Лимитед, 2 Мая 2019 года, https：//www. sakhalin – 1. com/ru-RU/Company/Who-we-are/Project-history.

　　④ Барковский А. Н. , Алабян С. С. , Морозенкова О. В. *Экономический потенциал Российской Арктики в области природных ресурсов и перевозок по СМП*, Российский внешнеэкономический вестник. No 12. 2014, стр. 44.

　　⑤ Лексин В. Н. , Порфирьев Б. Н. *Государственное управление развитием Арктической зоны Российской Федерации：задачи, проблемы, решения*, Научный консультант, 2016, стр. 48.

天然气制造和销售、海运为一体，将建成3条550万吨/年生产线配套年产1650万吨液化天然气和100万吨凝析油。2018年12月11日，该项目全部三条生产线建成投产，比原计划提前一年。① 目前，在俄罗斯的亚马尔半岛年产1980万吨液化天然气的"北极液化天然气2号"项目已正式进入建设阶段，计划在2023年投入使用第一条生产线，2024年投入使用第二条生产线，2025年投入使用第三条生产线，在2026年达到满负荷运行状态。总的来看，无论在北极油气资源储备总量和开发意愿，政策、资金和技术支持，商业项目进展和国际合作等多个方面，俄罗斯都领先于其他北极国家。

（二）渔业资源

从经济性的角度出发，渔业资源是北极生物资源的核心。目前，北极的渔业活动主要集中在东北大西洋巴伦支海与挪威海，中北大西洋冰岛和格陵兰岛外海域，加拿大巴芬湾纽芬兰和拉布拉多海，以及北太平洋白令海。② 在前两大海域板块中，巴伦支海、挪威海和格陵兰海是世界著名渔场，渔获量曾约占世界总量的8%—10%，但这些渔业活动一般在北极国家的专属经济区进行。③ 此外，北冰洋的海洋鱼类大约为250种，其中边缘海域的鱼类种类为106科、633种，④ 其中鳕科鱼类、鲱科鱼类、鲽科鱼类、鲑鱼类、鲉科鱼类和香鱼等具有较高的商业价值。⑤ 气候变化不仅造成北极陆地

---

① "亚马尔液化天然气项目第三条生产线正式投产"，新华网，2018年12月11日，http://www.xinhuanet.com/2018-12/11/c_1123839036.htm。

② 邹磊磊、张侠、邓贝西："北极公海渔业管理制度初探"，《中国海洋大学学报（社会科学版）》，2015年第5期，第7页。

③ 赵隆："从渔业问题看北极治理的困境与路径"，《国际问题研究》，2013年第7期，第71页。

④ Erik J. Molenaar, "Status and Reform of International Arctic Fisheries Law," *Arctic Marine Governance*, No. 2, 2014, p. 115.

⑤ 焦敏、陈新军、高郭平："北极海域渔业资源开发现状及对策"，《极地研究》，2015年第2期，第220页。

生态环境的变化，也导致海水温度的变化，从而引发低纬度海域鱼类为适应温度变化向高纬度海域的洄游。美国地质调查局（USGS）和美国海洋能源局（BOEM）对美国北极海域鱼类资源的研究表明，在楚科奇海和波弗特海域发现的 63 个种属的 109 种现有鱼类中，与 2002 年首份北极鱼类种群目录相比新增 20 种，栖息地范围改变的鱼类达到 63 种，高纬度洄游趋势明显。① 各国在北极海域的渔获量曾在 1968 年达到 1700 万吨的峰值，随着人类生态环境保护意识的增强和相关养护制度的建立，这一数字逐渐回落。但自 2011 年至 2017 年，北极海域各类捕捞的渔获总量仍超过 800 万吨。②

在实践中，北极渔业问题仍面临不少挑战：

第一，缺乏制度完整性。有关渔业管理的制度按照全球、地区、双边和国家层面的标准划分，不同层级中产生不同的治理主体，同时造成责任与利益认定的模糊化。③ 总的来看，缺乏有效的"泛北极渔业管理制度"。④ 例如，东北大西洋渔业委员会管辖的管理范围局限于北冰洋的一部分，⑤ 未能覆盖整个北冰洋核心区公海，其渔业管理规定不具有全面性和强制性。该组织是小规模和较为封闭的沿海国组织，世界上绝大多数远洋渔业国家未被纳入东北大西洋渔业委员会。中西太平洋渔业委员会、大西洋金枪鱼类保护委员会的管辖范围虽覆较广，但针对高纬度洄游鱼类等管理措施尚不

---

① Alaska Arctic Marine Fish Ecology Catalog, Prepared in Cooperation with Bureau of Ocean Energy Management, Environmental Studies Program（OCS Study, BOEM 2016 – 048），2016，https：// pubs. usgs. gov/sir/2016/5038/sir20165038_chapters_withLogo. pdf.

② National Ocean Economics Program, Living Resources：Arctic Fisheries, Aug 22, 2017, http：//www. oceaneconomics. org/arctic/NaturalResources/.

③ 赵隆：《北极治理范式研究》，时事出版社，2014 年版，第 143 页。

④ Jennifer Jeffers, "Climate Change and the Arctic：Adapting to Changes in Fisheries Stocks and Governance Regimes", Ecology Law Quarterly, Vol. 37, 2010, pp. 917 – 978.

⑤ Erik J. Molenaar, "Arctic Fisheries Conservation and Management：Initial Steps of Reform of the International Legal Framework", *The Yearbook of Polar Law*, Vol. 1, 2009, pp. 427 – 463.

完备。①

第二，缺乏目标的统一性。《联合国渔业管理协定》强调，"各国在专属经济区外的水域享有自由捕捞的权力，但须合理地考虑其他国家利益作为前提"。② 随着沿海国的渔业专属权通过养护途径拓展至公海中高度洄游鱼类范围中，其在区域性渔业管理制度和双边、多边渔业协定中的关于捕捞量、捕捞规则等程序性内容的自由裁量权也得到进一步体现。同时，各国在北极外大陆架划界问题、部分岛屿主权争端、环境和生物多样性保护标准上仍存在分歧，在北冰洋公海渔业问题上，沿海五国的关切各有侧重。③ 而不同国家的发展水平和综合实力不一，渔业在其国民经济中所占比重也有所不同，导致所采取的渔业资源管理政策重点也不尽一致。

第三，缺乏措施的针对性。现有的相关区域性渔业管理组织在不同海域和不同鱼类上具有不同针对性。④ 例如，《联合国海洋法公约》《执行 1982 年月 10 日〈联合国海洋法公约〉有关养护和管理跨界鱼类种群和高纬度洄游鱼类种群之规定的协定》《负责任渔业行为守则》等国际渔业相关管理制度更多是普遍性原则，并非针对北极的特有制度。《联合国海洋法公约》对跨界和高纬度洄游鱼类种群养护管理、国际合作等缺乏具体的执行意见，《鱼类种群协定》仅关注跨界、高纬度洄游鱼类种群，"分鱼类"特点限制了其在北极的广泛适用性，而粮农组织制定的《负责任渔业行为守则》不具备

① 白佳玉、庄丽："北冰洋核心区公海渔业资源共同治理问题研究"，《国际展望》，2017 年第 3 期。

② United Nations, *Agreement for the Implementation of the Provisions of the United Nations Convention on the Law of the Sea of December* 10, 1982 *Relating to the Conservation and management of Straddling Fish Stocks and Highly Migratory Fish Stocks*, http://www.un.org/depts/los/convention_agreements/texts/fish_stocks_agreement/CONF164_37.htm.

③ 唐建业："北冰洋公海生物资源养护：沿海五国主张的法律分析"，《太平洋学报》，2016 年第 1 期，第 93—101 页。

④ Lilly Weidemann, International Governance of the Arctic Marine Environment with Particular Emphasis on High Seas Fisheries, Springer, 2014, pp. 28 – 31.

法律约束力，削弱了其执行力。[①]

第四，缺乏北极"海洋空间规划"的统一标准。[②] 从生态的角度来看，"海洋空间规划"的主要意义在于培养合理使用和共享海洋空间的意识，特别是保护脆弱生态系统的现有资源。而从治理的角度来看，"海洋空间规划"旨在"按照用途分析和分配海洋立体空间的过程，作为一种政治进程的手段实现不同的生态、经济和社会目标。"[③] 特别是为海洋用户组之间的互动创造条件，以促进经济发展、人类健康与环境保护的不同需求间的平衡状态。作为治理手段的一种，一方面可以使不同层级的治理主体（国际、超国家、国家、地区和本国）间产生政策制定能力的共享；另一方面则可以协调国家行为体、市场角色和公民社会组织间的治理行为。对于北极渔业治理来说，这一共享资源或共同空间产生拥挤时，用户群体间的摩擦无法避免。在历史上，这种因海洋空间利用而产生的竞争状态往往会最终走向冲突，成为多次渔业争端的客观诱因。

（三）矿产资源

矿产资源是北极自然资源中的重要组成部分，而采矿业本身就是部分北极国家区域经济发展的支柱产业。俄罗斯北极地区萨雅库特共和国（Республика Саха（Якутия））、马加丹州（Магаданская область）、楚科奇自治区（Чукотский автономный округ）占俄罗斯国土总面积的2/3，总人口近1/3。上述地区油和气产量分别占俄罗斯总产量的70%和95%，而金刚石、铂族元素和镍产量所占比例

---

① 邹磊磊、密晨曦："北极渔业及渔业管理之现状及展望"，《太平洋学报》，2016年第3期，第87—93页。
② 此处的"海洋空间规划"主要针对北极地区渔业资源的区域划分。
③ Douvere F. and Ehler C.，"New Perspectives on Sea Use Management：Initial Findings from European Experience with Marine Spatial Planning"，*Journal for Environmental Management*，Vol. 90，2009，p. 78.

分别为 99%、98% 和 80%，铬和锰产量所占比例均为 90%，金产量所占比例为 40%。铜、锑、锡、钨和稀有金属产量所占比例从 50%—90% 不等①，而于北极圈内的诺里尔斯克（Норильск）镍—铜—铂族元素矿床，是世界上产出规模最大的镍和铂族元素矿床。② 对上述地区和城市而言，采矿业已经成为主要财政收入和市民就业的支柱产业。以诺里尔斯克为例，城市预算的 90% 以上取决于诺里尔斯克镍业公司（Норильский никель）"极地分部"（Заполярный филиал）的税收收入，该公司还创造了全市 50% 以上的就业岗位。"极地分部"位于克拉斯诺亚尔斯克边疆区（Красноярск）的泰梅尔半岛之上，其产业实体通过叶尼赛河、北方海航道以及航空线与俄罗斯其他地区相连接。该公司的主要产品包括镍、钴、铜、铂族金属、金银等矿产，其高效的企业服务保障了叶尼塞北部地区采矿业的发展，也奠定了俄罗斯在世界产品市场的地位，并极大促进了俄罗斯北极地区的经济发展。③

　　美国阿拉斯加州也拥有颇具规模的矿产资源。19 世纪末，随着砂金矿床在阿拉斯加州东南部的发现，相应的砂金勘探和开采活动激增，极大推动了当地经济社会的发展。相关数据显示，阿拉斯加州的煤炭资源储量巨大，占美国总量的 40% 左右。阿拉斯加州拥有丰富的矿产资源，锌、铅、金、银、煤等储量丰富。④ 1987 年至今，矿业开发一直是阿州的支柱性产业，各类矿产品的年产值大体在 60

---

　　① 聂凤军、张伟波、曹毅、赵宇安："北极圈及邻区重要矿产资源找矿勘查新进展"，《地质科技情报》，2013 年第 5 期，第 2 页。

　　② Naldrett A. J., Key factors in the Genesis of Noril'sk, Sudbury, Jinchuan, Voisey's Bay and other Worldclass Ni-Cu-PGE Deposits: Implications for Exploration, *Australian Journal of Earth Sciences*, 1997, 44, pp. 283 – 316.

　　③ Официальный сайт города Норильска, "Экономика", http://norilsk-city.ru/about/economics/index.shtml.

　　④ "阿拉斯加州主要矿业介绍"，中国铝业网，2012 年 8 月 28 日，http://www.alu.cn/aluNews/NewsDisplay_821224.html.

亿美元左右，^① 上述产业主要依托于部分大型矿业项目。^②

加拿大北部地区的铁、镍—铜、锌、铅、钼和铀矿床分布广泛，并且具有重要经济意义。在所有已发现的矿床中，沃依斯湾镍—铜矿床、玛丽河铁矿床和拉布拉多铁矿区以及迪阿维克金刚石矿区均是世界级矿床。^③ 而在加拿大阿尔伯塔省北部的油砂开发项目，萨斯卡切温省北部的铀矿项目，西北领地和安大略省北部的钻石开采项目等也都是当地经济发展的支柱产业。此外，格陵兰岛作为世界第一大岛其矿产的勘查和开发利用工作始于 18 世纪，发现和圈定各类铁、金、铅—锌、钼、铂族元素、铀和稀土元素以及金刚石矿床百余处。^④ 应当指出的是，北极的矿产资源勘探和开发远早于油气资源，相应的产地和产量也较为稳定，这是由于矿产资源本身的地理位置和采矿业技术的特殊性所决定的。目前来看，北极采矿业的发展虽然也间接得益于气候变化带来的融冰加速和环境变化，但并没有像油气资源和渔业资源等如此明显。

（四）航道资源

按照普遍接受的概念，北极航道主要包括三条线路：以北方海航道（NSR）为代表的东北航道（NEP）、西北航道（NWP）和所

---

① Morten Smelror, Mining in the Arctic, The 5th Arctic Frontiers Conference Oral Report, 25. 01. 2011, https：//www. arcticfrontiers. com/wp-content/uploads/downloads/2011/Conference% 20pr-esentations/Tuesday% 2025% 20January% 202011/03_Smelror_text. pdf.

② 包括位于阿拉斯加西北部北极圈内的科策布（Kotzebue）附近世界上最大的铅锌矿"红狗矿"（Red Dog Mine）、阿拉斯加金矿业的支柱"普雷瑟金矿"（Placer Mining）、位于费尔班克斯（Fairbanks）附近的"福特诺克斯金矿"（Fort Knox Mine）、位于朱诺（Juneau）西部的"格林斯克里克铅锌银矿"（Greens Creek Mine）、位于希利（Healy）的"楚提纳煤田"（Chutina Coalfield）、位于德尔塔章克申附近的"波戈金矿"（Pogo Mine）等等。

③ 聂凤军、张伟波、曹毅、赵宇安："北极圈及邻区重要矿产资源找矿勘查新进展"，《地质科技情报》，2013 年第 5 期，第 2 页。

④ Chris Southcott and Stephanie Irlbacher-Fox, *Changing Northern Economies*：*Helping Northern Communities Build a Sustainable Future*. Priority Project Report：Northern Development Ministers Forum, October 14, 2009. p. 10.

有沿岸国管辖权之外的穿极航道（TPP）。从航行路线的特点来看，可以分为三个类型：北极内航线（Intra-Arctic Routes），指航行路线的起点和终点均位于北极区域内；北极终点线（Destination Arctic Routes），指航行路线的起点或终点位于北极区域内，另一点位于北极区域外；过境线路（Transit Routes），指航行路线起点和终点分别为太平洋和大西洋海域，期间过境北冰洋。如果按照功能划分，则需要关注三个运输走廊：首先是将北方海航道和东北航道连接欧洲大陆和美国东海岸，以及将北方海航道、穿极航道和西北航道连接亚洲和北美洲西海岸的"北部海上走廊"（NMC）；其次是格陵兰岛和斯瓦尔巴德群岛之间的"弗拉姆走廊"（FC），它将穿极航道与北大西洋相互连接并最终与北部海上走廊对接；最后是"戴维斯走廊"（DC），它连接北部海上走廊的西部分支和北美洲东海岸。从现实意义和利用价值来看，东北航道和西北航道是承担北极航运的主要路线，也是此处讨论的重点所在。

东北航道西起冰岛，经过巴伦支海沿欧亚大陆北方海域直到东北亚的白令海峡。在实践中，东北航道与北方海航道的概念时常交叉使用，容易造成概念上的混淆。按照普遍的观点，东北航道是俄罗斯北部航道曾经使用的名称，该航道连接太平洋和大西洋北部海域，但没有具体的起点和终点地理位置坐标。[①] 目前，俄罗斯更多地使用连接白令海峡和喀拉海峡的"北方海航道"这一概念。换句话说，北方海航道是东北航道的主要组成部分。在讨论航道问题时，通常将北方海航道视为东北航道的主要问题阈。[②] 根据估算，

---

① Østreng Willy, The International Northern Sea Route Programme：Applicable Lessons Learned, *Polar Record*, Vol. 42, No. 1, 2006, pp. 71 – 81.

② 该航道的最初构想是由俄国外交官季米特里·格拉西莫夫（Дмитрий Герасимов）提出的，但早在 11 世纪时在白海（Белое Море）沿岸从事殖民和贸易的波摩尔人（Поморы）已经对该航线进行了探索，并在 17 世纪建立了往来阿尔汉格尔斯克（Архангельск）和叶尼塞河（Енисей）河口的航线。这条航线被称为芒加塞亚（Мангазея）航线（以其最东的终点芒加塞亚命名），是北方海航道的前身。

从日本横滨港出发经东北航道前往荷兰鹿特丹港的航程总长 11205
海里，比传统的苏伊士运河航线航程缩短 7345 海里，节省 34% 的
航程距离。从中国上海经由同样的路线抵达鹿特丹的航程缩短 8079
海里，节省约 23% 的航程距离。（见表 5.1）

表5.1 北方海航道航运里程表

始发港口	经由	抵达俄罗斯摩尔曼斯克港	抵达荷兰鹿特丹港
日本横滨港	苏伊士运河	12840 海里	11205 海里
	北方海航道	5767 海里	7345 海里
	航程距离差（%）	7073 海里（55%）	3860 海里（34%）
中国上海港	苏伊士运河	11999 海里	10521 海里
	北方海航道	6501 海里	8079 海里
	航程距离差（%）	5498 海里（46%）	2442 海里（23%）
加拿大温哥华港	苏伊士运河	9710 海里	8917 海里
	北方海航道	5406 海里	6985 海里
	航程距离差（%）	4304 海里（44%）	1932 海里（22%）

资料来源：Northern Sea Route Information Office①

可以看到，北方海航道与苏伊士运河这一传统运输走廊相比，
在航程经济性具有相当明显的优势，特别是从亚洲和欧洲抵达俄罗
斯北部地区的航程距离差。在这种背景下，诸多的航运大国和跨国
公司开始对北方海航道定期通航的可行性进行研究。

从北方海航道发展的历史来看，俄罗斯在彼得大帝时期和沙俄
时期都曾以发布宣言的方式，对北方海航道提出主权要求，并宣传

---

① Northern Sea Route Information Office，http：//arctic-lio. com/images/nsr/nsr_1020x631. jpg.

对相关海域实施垄断性经营。① 苏联颁布了《苏联商业海运法》，规定外国航运公司必须通过苏联的相关机构通过船舶租赁的方式进行。成立于 1918 年的北方海航道委员会（Комитет Северного морского пути）是最早建立的北方海航运活动管理机构，该委员会隶属于苏联人民贸易委员会，其主要职责是建立由西伯利亚经北冰洋至西欧的可持续发展的海上通道。1932 年，苏联政府成立了"北方海航道管理总局"（Главное управление Северного морского пути）负责航道管理与开发。1971 年 9 月 16 日，依据苏联部长会议出台第 683 号决议，建立了"苏联海运部北方海航道管理局"（Администрация Северного морского пути Министерства морского флота СССР），负责组织相关航运活动，确保主航道与相邻航道的航运安全，防止航运污染等方面的工作。

目前，北方海航道的主管机构为"北方海航道管理局"（Администрация Северного морского пути），隶属于俄罗斯联邦交通部。根据 2012 年 7 月 28 日的《关于北方海航道水域商业航运相关法律部分条款的联邦修正案》规定，其主要职能包括："受理、审查和发放北方海航道水域船舶航行的许可证申请；监测北方海航道水域的水文气象、冰情和通航情况；在北方海航道水域协调安装通航装置和进行水文地理工作区域的设备；组织船舶航行，提供信息服务（适用于北方海航道水域），为船舶航行提供安全、通航水文和破冰船保障；根据指定水域的水文气象、冰情和通航情况，拟定船舶在北方海航道水域的航行线路和使用破冰船的建议；在北方海航道水域，协助组织搜救行动；为北方海航道水域进行船舶冰间领航的人员发放领航证；协助进行清除受船舶污染的危险和有害物

---

① Kolodkin A. L. and Volosov M. E. , The Legal Regime of the Soviet Arctic: Major Issues, *Marine policy*, Vol. 14, No. 2, 1990, pp. 158 - 169.

质、污水或垃圾作业。"①

有学者认为，"苏联在 20 世纪 60 年代之前没有对北方海域实行有效管理。"② 1965 年开始，苏联海洋船舶部提出对外国船舶在北方海航道的航行进行收费，还提出在部分海峡进行强制性领航和登船领航。③ 此外，还制定了如《加强毗邻苏联北方沿海地区和北部地区环境保护的法令》《专属经济区环境保护法》等一系列防止污染和保护环境的法律制度，其中包括了科考活动的报备制度，违反环保规定的罚款制度等。北方海航道曾经是苏联北部地区以及西伯利亚的"生命运输线"，也是东西部地区相互连接发展的重要走廊，更是雅尔塔体系和冷战格局中主要的战略高地。从航道的运输总量来看，北方海航道的航运高峰出现在 1987 年，货运总量达到 670 万吨。伴随着苏联的解体，北方海航道的使用也陷入严重的需求危机，相关港口的货运量减少 2/3，其中的部分港口因缺少一定的货运量已被废弃。1991 年，俄罗斯政府宣布北方海航道重新开放，并对所有国家船只采取无歧视政策，但至今该航道的使用率并不高。

近年来，由于气候变化的影响，北方海航道无冰季出现频率和持续度都有所增加。2009 年夏季，德国布鲁格航运公司的两艘货船从韩国启程，途径俄罗斯符拉迪沃斯托克港和西伯利亚扬堡港，最后抵达终点站荷兰鹿特丹港，实现了北方海航道的整体通航。④ 根据统计，北方海航道在近年来的使用率逐步提高，呈现了较快的发展趋势。（见表 5.2）

---

① Правительство Российской Федерации, Федеральный закон от 28 июля 2012 г. N 132 – ФЗ, http：//text. document. kremlin. ru/SESSION/PILOT/main. htm.

② 郭培清、管清蕾："探析俄罗斯对北方海航道的控制问题"，《中国海洋大学学报（社会科学版）》，2010 年第 2 期，第 7 页。

③ Franckx Erik, *Maritime Claims in the Arctic：Canadian and Russian Perspectives*, Kluwer Academic Publishers, 1993, p. 156.

④ Kramer Andrew and Revkin Andrew, Arctic Shortcut Beckons Shippers as Ice Thaws, *New York Times*, September 11, 2009, http：//www. nytimes. com/2009/09/11/science/earth/11passage. html？_r = 1.

表5.2   北方海航道航运统计

	2013 年	2016 年	2017 年	2018 年
总吨量（万吨）	135	750	1070	1970
总航次	71 次	1705 次	662 次	792 次

资料来源：Northern Sea Route Information Office

第二条航线是穿越加拿大北极群岛水域的西北航线。该航道东起戴维斯海峡和巴芬岛以北至阿拉斯加北面的波弗特海，并最终经过白令海峡到达太平洋，全长约1450千米。与巴拿马运河相比，西北航道使北美洲与亚洲之间的航程缩短3500海里。[1] 从通航环境来看，虽然西北航道在气候变化的影响下出现了短暂的夏季无冰状态，但如果从大西洋进入该航道，需要在格陵兰岛和巴芬岛之间巨大冰山间航行，造成较大的航行困难。另一方面，北极冰盖不断向阿拉斯加北部浅滩输送坚冰，将大批浮冰汇入阿拉斯加与西伯利亚间的白令海峡，造成经西北航道往太平洋方向的航行也同样存在风险。2013年，丹麦北欧散装轮船公司（Nordic Bulk）的冰级散货船从加拿大温哥华经由西北航道抵达芬兰，比传统的巴拿马运河航线节省了1000海里的航程，装载总量提高了25%，并节省了8万美元的燃料成本，为西北航道的商业化提供了可参考的成本数据。而根据估算，从上海出发经西北航道抵达纽约，航程总距离为8632海里，以20节船速计算需用时18天（不计算靠港时间），比传统的巴拿马运河航线节省1935海里的航行里程和4天的航行天数。[2]

普遍认为，加拿大和美国是西北航道开发的最大受益者，而美

---

[1]   Wilson K. J. , Falkingham J. , Melling H. and De Abreu R. , *Shipping in the Canadian Arctic: Other Possible Climate Change Scenarios*, in International Geoscience and Remote Sensing Symposium, September 20 – 24, 2004, Anchorage, Alaska, Proceedings, Vol. 3, IEEE International, New York, 2004, pp. 1853 – 1856. http: //arctic. noaa. gov/detect/KW_IGARSS04_NWP. pdf.

[2]   张侠："北极航道海运货流类型及其规模研究"，《极地研究》，2013年第2期，第25页。

欧、美亚贸易中的航运贸易大国也是潜在的获利方。但从目前来看，西北航道与北方海航道相比，其通航环境与时间更具有不确定性，尚未开始规模性的商业化运行，仅能从数据分析和预期层面做出评估。同时，依据何种航行规则制度，建立何种合作方式是西北航道开发的首要问题。与东北航道中的北方海航道情况相似，加拿大曾表示在遵守污染控制规章的前提下，欢迎各国利用该航道通商，但同时宣称该水域为加拿大的内水，这与《联合国海洋法公约》中的部分普遍性惯例相抵触。[1] 这种国内法与国际法的矛盾冲突背后，反映出加拿大等沿岸国航道战略中所包含的权力意识和扩张趋势，成为西北航道多边合作开发潜在的消极因素。

穿极航道指通过白令海峡的极点穿越航线，其间通过格陵兰岛并最终抵达冰岛。这条航线主要应用于北极科学考察和环境治理，并非传统意义上的贸易航道。根据统计，"世界发达国家大多数地处北纬30度以北地区，此区域生产了全世界近80%的工业产品，还占据全球70%的国际贸易份额。"[2] 在气候变化的影响下，如果实现北极航道的常态化通航，将产生不可估量的政治、经济等连锁影响，特别是对于世界经济、贸易、航运格局以及土著人地区的根本性改变。

二、北极的价值特点

第一，同质性与差异化并存。总体来看，除了环境和自然条件的一致性之外，北极地区在生物和非生物等资源禀赋上具有明显的同质性，而在经济和产业结构方面也较为相似，均以资源开发和粗加工的第一产业为主要业态。但如果横向比较，由于人文条件的地

---

① 无害通过权不包括涉及科研、捕鱼、间谍侦察、走私、污染和武器试验等活动。

② Østreng Willy, The Ignored Arctic, *Northern Perspectives*, Vol. 27, No. 2, 2002, pp. 1 – 17.

域差异性，相关国家北部地区在发展水平上，特别是北极地区经济规模所占各国总体经济规模比例上存在较大差异。例如，与北欧国家和加拿大相比，由于人口规模的差异，俄属北极地区和美国阿拉斯加地区是北极经济发展的主要驱动来源。有报告显示，在整个北极地区的生产总值中，俄属北极地区占 66.8%，阿拉斯加占 12.4%，两者之和接近北极地区经济总量的 80%。如果按照购买力平价计算，俄属北极地区的国民生产总值在北极地区经济总量中约占据 70%，阿拉斯加约占 12%，而其他国家总量仅占 18%。[①] 从具体产业来看，北极油气资源目前仍主要以陆地开采为主，而相关核心区域主要以俄罗斯的亚马尔—涅涅茨自治区、萨哈（雅库特）共和国和阿拉斯加州为主。同时，俄属北极地区、阿拉斯加地区、加拿大北方地区、格陵兰岛等北极地区之间的发展差异，也远超上述国家本身的差异。[②]

第二，内部需求和外部依赖共存。按照一般的统计，北极地区 2006 年的总人口约为 1044 万，人口密度为每平方千米 0.63 人，是地球上除南极大陆以外人口最稀少的地区。[③] 而根据更为严格的认定标准，北极地区居住的总人口约 400 万，其中土著人占 1/10 左右。[④] 由于严酷的自然条件和基础设施的落后，本地居民对于交通运输、居住医疗、教育服务等方面的升级建设具有强烈需求。但是，地广人稀的现实造成投资成本过高，而单一性的产业结构导致

---

① Gérard Duhaime and Andrée Caron. Economic and Social conditions of Arctic. In Solveig Glomsrod and Iulie Aslaksen (eds.) *The Economy of the North* 2008. Statistics Norway, Oslo-Kongsvinger. November 2009. p. 25.

② "Structure of the Economy Arctic_ru". http：//arctic. ru/economy-infrastructure/structure-economy.

③ 张侠："北极地区人口数量、组成与分布"，《世界地理研究》，2008 年第 4 期，第 132—141 页。

④ Koivurova Timo, *Indigenous Peoples in the Arctic*, Arctic Centre, 2008, http：//www. arctic-transform. eu.

北极资源开发在很大程度上需要通过具有规模效益的大型项目推动，[①] 而此类项目往往借助于跨域性的国际合作加以推进。由于第二产业规模有限，本地投资的需求和动力都较弱，而以公共服务为主的第三产业则主要依靠本国政府投入。这种外部依赖的发展模式弊端在于，本地社区难以直接获取相关资源开发类项目所产生的利益，而企业对于域外技术和人才的需求也大于本地，导致北极开发红利在某种意义上向外流失。

第三，商业型经济和生存型经济共存。世代居住在北极的土著人是本地区和北极国家重要的人文符号，而生存型经济（Subsistence Economy）是土著人传统经济活动的重要内容，狩猎、放牧和捕鱼等活动是北极社会关系和文化认同的重要部分。[②] 总体来看，北极地区在世界经济格局中主要扮演资源供应者角色，而生存型经济在产业规模、效率和利益方面无法与以资源开发为主的现代产业模式相提并论，生存型经济也会因地缘和种族的差异化有所不同，但对北极整体的身份和文化认同而言具有重要意义。[③] 由于保存北极传统文化和传统是北极国家的集体认同，也使生存型经济具备了独特的不可或缺性。随着北极土著人团体在国际和地区组织中不断争取自身的权利，土著人参政议政的权利在多个层面得到了增强，逐步成为北极开发规划与国际合作的重要参与方，土著人团体与本国政府也达成了相关的协议，极大地加强了土著人维护自身经济模式的权利。[④] 从政策规划的角度看，各国也特别强调保障土著人独特的发展权利，这种商业型经济和生存型经济共存的局面料将继续

① Huskey, L. and T. A. Morehouse. "Development in Remote Regions-What do we Know." *Arctic*, Vol. 45, No. 2, 1992.

② Birger Poppel, "Interdependency of Subsistence and Market Economics in the Arctic". In S. Glomsrod and I. Aslaksen (eds.): *The Economy of the North* 2006. Statistics Norway, p. 65.

③ AHDR: Arctic Human Development Report. Stefansson Arctic Intitute, Akureyri, 2004.

④ Saku and C. James, "Modern Land Claim Agreements and Northern Canadian Aboriginal Communities". *World Development* 30, Vol. 1, 2002.

维持。

第四，域内和跨域博弈共存。从长远看，气候变化导致的北极生态和环境变化总体有利于发展视角下的北极价值体现，特别是有利于北极地区的资源开发和经济利用。但是，这种价值体现同样会增加北极本身的战略意义，从而必须倚靠和平稳定的北极地缘政治格局，以及域外利益攸关方作为投资或消费方的有效参与。在这一过程中，域内外国家之间有关商业开发和环境保护的争论，有关设计规划权与合作主导权的互动与博弈也将更加频繁和常态化。

第二节　北极开发国际合作的制约因素

随着发展视角下北极价值的进一步显现，相关国家不断加大对北极开发的投入，在强化北极安全的同时积极谋求多元化国际合作。虽然从宏观上看涉北极开发的合作，尤其是资源开发与航道等基础设施建设合作出现了明显进展，域外国家成为重要的资金、技术和人才贡献方。但是，相关国家之间的地缘政治竞争依然显著，部分国家对域外国家参与开发合作的态度从初期的"引入"导向逐步转向"管控"导向，更为强调在规划设计、推进建设、产品输出等全流程的主导性，而商业活动的增多显然也增加了北极生态环境的承载压力，导致北极开发利用的整体性成本和风险的上升。

一、以美俄对抗常态化为标志的大国竞争

美俄之间的对抗"新常态"是北极国际开发合作的重大阻力。苏联解体后，美俄关系因冷战格局瓦解导致的对抗基础消失一度走出阴影，在整个20世纪90年代保持了短暂的"蜜月期"。除了经济

上采取西方建议的"休克疗法"外，还在制度上和对外关系上积极寻求融入欧洲大家庭。进入新世纪之后，普京在其执政初期曾寄希望于建立基于相互尊重的俄美关系，并在"9·11"事件后坚定支持美开展反恐斗争。但美国单边退出《反弹道导弹条约》，间接支持中亚国家和东欧地区的"颜色革命"，北约东扩进程愈演愈烈等一系列举动逐渐塑造出普京及俄精英阶层的对美强硬心理。奥巴马就任美国总统后，俄美关系出现了明显的改善基础。2009 年 4 月，奥巴马与时任俄总统的梅德韦杰夫在二十国集团（G20）峰会期间举行了首次双边会晤，美俄领导人在共同削减核武器方面取得了共识，同时宣布为双边关系设定了新议程，标志着美俄关系"重启"的开始。[①]同年 7 月，奥巴马在对俄罗斯进行首访期间与俄签署《进一步削减和限制进攻性战略武器问题谅解备忘录》《反导问题联合声明》《核领域合作联合声明》等文件，并于一年后正式签署《第三阶段削减进攻性战略武器条约》，俄罗斯精英将此视为俄美关系"重启"后的主要成果。[②] 此后，北约东扩的节奏暂时放缓，两国间的地缘竞争态势得到舒缓，奥巴马也提出"美俄关系已经成功重塑"。[③]

但好景不长，2011 年举行的杜马选举和随后的总统大选前后在俄境内爆发的数次"反普京"示威游行，成为俄美关系再度紧张的导火索。俄精英认定美国是上述活动的实际策划者，并希望在俄罗斯复制吉尔吉斯斯坦、乌克兰等国爆发的"颜色革命"。普京甚至直接指出，美国支持了俄反对派抗议示威并干涉了

---

① Леонид Марков, Встреча на Темзе-Россия и США Пересеклись в Лондоне, Российская газета, 02. 04. 2009, https：//rg. ru/2009/04/02/perezagruzka. html.

② Сергей Строкань, Перезагрузка под Нагрузкой, Коммерсантъ, http：//www. kommersant. ru/doc/1846554.

③ The White House, Remarks by President Obama and President Medvedev of Russia at Joint Press Conference, https：//www. whitehouse/gov/the-press-office/remarks-president-obama-and-president-medvedev-russia-joint-press-conference.

俄罗斯内政。① 随后，乌克兰危机和克里米亚事件的接踵而至，再次浇灭了两国缓和关系的意愿。美国和西方国家对俄实施了多轮经济和金融制裁，② 俄罗斯也采取了相应的反制裁措施，俄精英逐步将对抗博弈视为俄美关系的实质，不断呼吁建立"后西方"世界秩序。

实际上，俄美关系一直维持着"钟摆式"的发展特点，两国关系很少出现长时间的稳定和缓和，但大致上保持了"斗而不破"的基本趋势。同时，也有学者认为排斥和对立是俄美关系的"新常态"。③ 从美俄关系"蜜月期"到北约东扩引发的紧张局势，从中亚和苏联地区"颜色革命潮"到波兰等地的反导系统风波，俄罗斯精英阶层和主流观点对两国关系并未抱有巨大期待。乌克兰危机显然是本轮俄美关系恶化的重要导火索，甚至一度出现了俄美爆发军事冲突的猜想，并最终进入了制裁与反制裁的恶性循环中。在俄精英看来，俄美两国已经进入了"新冷战"式的对抗状态。奥巴马虽然提出了美俄关系的重启，但其终点却进入了俄美关系的"新冷战"状态，甚至比冷战时期更差。俄罗斯认为，俄美关系降至当前的低水平并非俄方之过，而是奥巴马政府政策的直接后果，导致合作基础被破坏。奥巴马卸任前还为俄美两国的长期合作埋下隐患，给继任者造成困难。④ 俄罗斯列瓦达中心的民调显示，超过七成的俄国人对美国本身和其扮演的世界角色持负面态度，普通公众的反美程

---

① Vladimir Putin, US Encouraged Election Protests in Russia: Prime Minister Vladimir Putin Accused the United States of Stirring Up Protests Against His 12 Year Rule, The Telegraph, http://www. telegraph. co. uk/news/wofldnews/eu-rope/russia/8943377/Vladimir-Putin-US-encouraged-election-protests-in-Russia. htm.

② Department of State, Ukraine and Russia Sanctions, http://www. state. gov/e/eb/tfs/spi/ukrainerussia.

③ Фёдор Лукьянов, Конец не начавшегося романа, Россия в глобальной политике, 12. 04. 2017, http://www. globalaffairs. ru/redcol/Konetc-ne-nachavshegosya-romana - 18678.

④ Лавров назвал виновных в ухудшении российско-американских отношений, РИА Новость, 04. 10. 2017, https://ria. ru/politics/2017/10/04/1506134984. html.

度在近年来较为罕见。① 美国已经成为俄罗斯民众心目中的头号
"敌人"，并对俄美关系的前景保持悲观。② 可见，两国各阶层因双
边关系剧烈波动造成的缺乏理性的"敌我"意识仍在延续和深化。

　　在特朗普竞选和执政初期，俄罗斯精英和知识阶层曾对其抱有
期待。特朗普在总统选举中获胜的消息甚至在俄罗斯国家杜马（下
议院）受到了掌声欢迎，俄罗斯精英希望新任美国总统在国家利益
优先、主权的重要性和对多边主义的态度上与俄罗斯保持一致。③
有学者认为，虽然特朗普在美国总统大选中的胜利造成了一场普遍
的混乱，因为对于民主党来说，特朗普的胜利就是普京的胜利，俄
罗斯正经历着快乐的兴奋。④ 在俄罗斯精英看来，俄罗斯一直对改
善两国关系做出了积极努力，并希望将美国作为务实性合作伙伴，
但美国本身才是导致俄美关系恶化的关键所在。俄罗斯杜马国际事
务委员会主席康斯坦丁·科萨切夫（Константин Косачев）指出，
"俄罗斯希望与美国的关系正常化，因为在当今世界中两国在解决
具体问题时均有求于对方。俄罗斯在这方面已经做出了自己的努
力，虽然尚未看到具体结果，但可以肯定的是，如果希拉里·克林
顿当选美国总统，俄美关系将更加难以改善。"⑤ 俄罗斯总统普京也
提出，"为加强世界的战略稳定，特别需要建设性的俄美对话，应在

---

① Levada, Восприятие США как Угрозы, 12. 07. 2016, http：//www. levada. ry/2016/07/
12v-rossii-snizilos-vospriyatie-ssha-kak-ugrozy/.

② Levada, Россияне Решили, Кто Им Враги, http：//www. levada. ru/06/02rossiyane-reshili-
kto-im-vragi/.

③ Евгений Педанов, Какими будут отношения России и США в 2018 году?,
Международная Жизнь, 19. 01. 2018, https：//interaffairs. ru/news/show/19164.

④ Фёдор Лукьянов, Ловушки Трампа, Россия в глобальной политике, 17. 11. 2016, ht-
tp：//www. globalaffairs. ru/redcol/Lovushki-Trampa – 18465.

⑤ Микаэль Виниарски, России нужны сильные США в качестве партнера, Россия
Сегодня, 30. 01. 2017, http：//inosmi. ru/politic/20170130/238628969. html.

平等互信的基础上推动俄美长期务实合作"①,"俄美关系实际上已经被美国国内事务'绑架',我们正在耐心等待这一政治进程的结束,我们在美国有很多'朋友'希望并有能力促使两国关系重回正轨"。②

部分观点对美俄关系的实质性再"重启"持悲观态度。例如,俄罗斯外交与国防政策委员会主席费德尔·卢基亚诺夫(Федор Лукьянов)认为,特朗普的对外政策已完全受制于国内议题。俄罗斯问题对美国来讲并非优先议题,但目前却被过度放大并作为一种工具解决美国内部的其他问题。同时,由于两国关系建立在自 20 世纪 50 年代起坚持的确保相互摧毁原则之上,这也决定了美俄关系的明显对抗性。③ 还有观点认为,美国社会的分裂导致特朗普难以对俄美关系作出改变,还引发了美国社会内普遍的反俄态度。如果特朗普没有当选,俄罗斯相关的负面因素和"通俄门"调查就不会出现。俄罗斯精英忽略了美国并不具备俄罗斯的所谓"垂直政治"模式,将"特朗普在竞选期间批评了除普京外的几乎所有领导人"作为对俄美关系前景保持乐观的论点。④ 俄罗斯总统新闻发言人德米特里·佩斯科夫(Дмитрий Песков)也表示,美国关于俄罗斯干预美国大选和"通俄门"等指控不仅会破坏俄美双边关系,也会对美国自身造成伤害。⑤ 在俄罗斯看来,俄美在冷战时期的对立是由于

① Deutsche Welle, Russia's Vladimir Putin Hopes for Better Relations with U. S., USA Today, Dec 30, 2017, https：//www. usatoday. com/story/news/world/2017/12/30/russia-vladimir-putin-hopes-better-relations-united-states/992368001/.

② Ivan Nechepurenko, Putin Says Russia Has "Many Friends" in U. S. Who Can Mend Relations, The New York Times, October 5, 2017, https：//www. nytimes. com/2017/10/05/world/europe/putin-russia-us. html.

③ Ф. Лукьянов, Конец не начавшегося романа, Россия в глобальной политике, 12. 04. 2017, http：//www. globalaffairs. ru/redcol/Konetc-ne-nachavshegosya-romana – 18678.

④ Е. Педанов, Какими будут отношения России и США в 2018 году?, Международная жизнь, 19. 01. 2018, https：//interaffairs. ru/news/show/19164.

⑤ Д. Песков, об обвинениях США в адрес РФ:《Они вредят самим США》, Regnum, 11. 01. 2018, https：//regnum. ru/news/polit/2366422. html.

社会主义和资本主义两个世界体系的根本对立所导致的，是意识形态主导下的难以调和矛盾。俄美两国间目前不存在意识形态上的对立，但双边关系的水平甚至比冷战时更糟糕。[1] 少数观点认为应理性地看待当前的俄美关系"低谷期"。有学者提出，针对美国对俄的制裁和俄美关系要做好长期应对的准备，保持战略耐心和政策的可持续性，有必要放弃与美国彻底断绝经济和人文合作的幻想，在俄美政治问题达到峰值的背景下，需要加大对美国社会、商界、媒体、高校等各界的投入，加强与美议员甚至普通民众的沟通。在全球化的背景下，俄美两国不可能一直选择逃避而拒绝与对方接触。[2]

从深层的原因来看，俄美精英对自身地位的认知差异是导致两国关系持续波动的原因之一。"历史终结论"是部分美国民众和精英阶层对冷战和苏联解体的基本认识，美国以冷战"胜利者"和"失败者"的二元对立视角处理双边关系相关问题，同时也乐见西方价值观在俄罗斯等国出现。但是，俄罗斯精英根本不认同冷战"失败者"这一身份，对苏联解体后初期美国在对俄关系中表现的歧视性态度耿耿于怀，也不认为俄罗斯的利益可以因此被忽略。[3] 另一方面，美国和西方国家在北约东扩、"颜色革命"、乌克兰危机等一系列问题中对俄的地缘政治挤压也使俄罗斯精英难以接受，并由此导致反美情绪的积累。2016 年的《俄罗斯外交政策构想》就提出，"美国及其盟友实施的遏制俄罗斯并施加政治经济、信息等压力的方针，破坏地区和全球稳定，同时给各方的长期利益带来损

---

① С. Лавров, Отношения России и США сложнее, чем во время холодной войны, Regnum, 22. 01. 2018, https：//regnum. ru/news/2370288. html.

② Иван Тимофеев, Умная политика：каким должен быть ответ России на санкции США? Международный дискуссионный клуб《Валдай》, 02. 08. 2017, http：//ru. valdaiclub. com/a/highlights/otvet-rossii-sanktsii-usa/.

③ Oleg Ivanov, Can Russia and the West Find Common Ground? Global Times, http：//www. globaltimes. cn/content/946495. shtml.

失"。① 民族主义和爱国主义高涨也是俄罗斯精英阶层和社会大众反
美情绪的背后推手，并在乌克兰危机后达到了顶峰。这种情绪化的
认知不但放大了俄美间现有矛盾的负面影响，也间接导致俄官方难
以在制裁条件下对双边关系做出缓解和妥协举措。俄罗斯精英对俄
美关系在近期内得到改善并不抱有巨大期望，但同样不会进一步激
化或破坏两国在现有合作中的默契，而是等待美国在合适的时机首
先表达改善关系的善意。正如普京所指出，俄美关系的改善现在不
依赖俄方，这主要取决于美方还是否会表现出善意，以及是否有勇
气和正确认识改善双边关系符合美国的国家利益。②

这种双边关系的紧张状态虽暂未直接反映至俄美在北极理事会
框架下的多边科研和环保合作中，但导致两国双边层面的北极合作
议题进一步缩水，共同开展北极开发合作的政治环境和空间也急剧
恶化。例如，美国国务卿蓬佩奥在出席 2019 年北极理事会部长级会
议时称，莫斯科非法要求其他国家经过北方海航道时向其申请许
可，并要求外国船只使用俄籍领航员，并以武力威胁不遵守上述规
定的船只，这些挑衅行为属于俄罗斯北极侵略性模式的一部分。③
对抗常态化对北极开发国际合作造成的负面影响在于，其他北极国
家包括美国的传统盟国、北欧中小国家等在面对俄罗斯相关开发合
作的邀请时，难以做出符合自身经济利益的选择，而被迫陷入"选
边站"的政治安全禁锢中，这种趋势也在近期北极各国对俄罗斯北
极开发的负面批评中有所体现。

---

① Концепция внешней политики Российской Федерации, 30.11.2016, http://www.mid.ru/foreign_policy/news/-/asset_publisher/cKNonkJE02Bw/content/id/2542248.

② Путин: Нормализовать отношения США с Россией может здравый смысл Вашингтона, Regnum, 11.01.2018, https://regnum.ru/news/2366565.html.

③ Secretary Pompeo Travels to Finland To Attend the Arctic Council Ministerial and Reinforce the U. S. Commitment to the Arctic, U. S. Department of States, May 6, 2019, https://www.state.gov/secretary-pompeo-travels-to-finland-to-attend-the-arctic-council-ministerial-and-reinforce-the-u-s-commitment-to-the-arctic/.

二、开发主导权的争夺

对于北极国家来说，发展视角下对资源的开发和利用固然重要，但处理北极问题的前提还是维护自身的主权和主权权利。在政治安全方面，这表现为相关国家对北冰洋大陆架外部界限、航道的法律地位等问题采取更加积极的立场，包括增强相应的海上搜救和应急机制与军事化部署。而在经济发展方面，主要表现为中央政府从国内和国际两个层面强化对北极开发利用的主导权。

以俄罗斯为例，俄通过 2018 年的机构改革加强政府对北极开发的垂直掌控。首先，对北极发展国家委员会进行架构调整，将成员数量由首届的 79 人缩减至 36 人，大幅削减企业和学术界代表并吸纳所有北极地方政府首脑。① 其次，俄罗斯将"俄联邦远东发展部"更名为"俄联邦远东和北极发展部"，把北极开发的政策、规划和管理职能纳入"大远东"范畴，使副总理尤里·特鲁特涅夫身兼总统驻远东联邦区全权代表、北极发展国家委员会主席、俄参与斯匹次卑尔根群岛活动国家委员会主席等数职，为其监督总统相关决策有效落地提供制度保障。

此外，俄对《俄联邦内水、领海和毗连区法》《俄联邦海商法典》《北方海航道水域航行规则》等联邦法中关于北方海航道的相关条文进行修订，赋予俄原子能公司（POCATOM）对于北方海航道的管理权力。根据新规，俄原子能公司组织管理北方海航道的航行活动，包括破冰服务、引航服务的规则制定，由原子能公司设立下属机构发放航行许可证、引航服务许可证。原子能公司有权根据水文气象、海冰等航行条件，制定关于船舶航行路线和破冰船使用

---

① Медведев утвердил новый состав госкомиссии по Арктике, ТАСС, 11 декабря 2018. https：//tass. ru/politika/5899424.

程序；为确保航行安全为船舶航行提供信息服务和破冰船援助；协助组织北海航道水域的搜救行动；对北方海航道内航行的船只航行和靠港情况进行监督；监督履行相应的国际义务等。①

同时，进行航道开发政权审批和商业运营的"职能合并"。此次调整后，俄原子能公司成为航道和基础设施开发的运营方，不仅部分获得北方海航道的管理权限，还有权以俄政府名义就开发和建设北方海航道沿线港口基础设施与国内外企业签订开发协议，并获得北方海航道水域沿岸重大固定资本项目建设权。此外，原子能公司成为联邦预算的间接制定方和直接执行方，既有权根据北方海航道的发展和可持续运营需要，对联邦预算资金进行规划和使用，还可就北方海航道的常态化运行与发展，为船舶通行建立导航条件建设，以及航道发展的整体预算规划和调配等问题向政府提出决策建议。力求改善此前航道管理局、地方政府、私营企业等多主体间利益诉求差异导致的非市场干预和制度障碍，并在行政管理和商业化运行两个层面强化自身北极航道开发的主导权。

最后是在国际合作中强化主导权。在俄与美西方对抗常态化的背景下，俄加强与北欧国家的合作平台，并邀请中国、日本、韩国、法国、意大利、印度等域外伙伴参与。与此同时，在部分合作领域中制定了以维护俄罗斯主导权为目的的"特别条款"。② 例如，尽管俄政府近年来尝试通过简化航行许可申请程序，取消强制引航条款并提供优惠的破冰和引航服务，从而增加北方海航道的吸引力并推动商业化运营，但仍难以实现商业利用和权力管控之间的平衡。2017 年底，俄对《俄联邦海商法典》进行修订，规定包括在北

---

① Подписан закон о наделении 《Росатома》 рядом полномочий в области развития Северного морского пути, Президент России, 28 декабря 2018, http：//kremlin. ru/acts/news/59539.

② Татьяна Шадрина, Под своим флагом Возить нефть и газ в Арктике будут наши суда, 19. 12. 2018, Российская газета-Федеральный выпуск № 286 （7749）.

方海航道进行油气产品运输等船必须悬挂俄罗斯旗，[①] 规定北极液化天然气 2 号项目订购和使用的液化天然气运输船必须在本国的红星造船厂（ССК Звезда）建造[②]，并积极讨论规划中的北极液化天然气 3 号项目强制使用俄罗斯技术建造等措施，借助行政手段强化俄罗斯企业、技术和人员在北极开发国际合作中的参与度。

三、协调和治理机制赤字

总的来看，北极国际合作的"基本面"没有变，北极国家的沟通协调机制仍发挥作用，北极国家和其他利益攸关方之间的相互需求关系持续。由于北极相关资源绝大多数处于北极国家的主权管辖范围内，相关的国际合作仍以双边或小多边为主。但问题在于，除了相关经济效应之外，随着北极开发和利用的进一步推进，相应产生的环境和生态压力具有外溢性和普遍性特征，其挑战并不会局限于某单一国家，需要借助相应的多边协调机制加以应对。

目前来看，有关北极开发利用的多边机制或平台极为有限。2013 年 5 月，北极理事会部长级会议发布《基律纳宣言》，提出改善北极经济和社会条件，将北极开发列为各类商业活动的核心，并提出促进北极地区商业团体的合作水平，推动地区可持续发展。与此同时，北极国家提出创立环北极商业论坛（Circumpolar Business Forum），推动北极的开发利益多边合作，[③] 这也成为北极经济理事

---

① The President Has Signed the Federal Law On Amending the Merchant Shipping Code of the Russian Federation and Invalidating Specific Provisions of Legislative Acts of the Russian Federation, December 29, 2017, http://www. en. kremlin. ru/acts/news/56546.

② ССК 《Звезда》 заключила с 《Совкомфлотом》 контракт на строительство арктического газовоза для проекта 《Арктик СПГ – 2》, 10 апреля 2019, PortNews, http://portnews. ru/news/275339/.

③ U. S. State Department, "Kiruna Declaration: On the Occasion of the Eighth Ministerial Meeting of the Arctic Council," May 15, 2013, https://2009 – 2017. state. gov/r/pa/prs/ps/2013/05/209405. htm.

会的雏形。2014年9月3日，北极理事会成员国的工商业代表及北极地区土著人常驻北极理事会代表在加拿大努纳武特地区首府伊魁特召开了北极理事会会议，宣告了北极经济理事会的成立。① 北极经济理事会的成立旨在强化北极地区的经济合作，为北极地区可持续发展提供商机，创造稳定、可预见和透明的商业氛围，为北极地区的贸易与投资提供便利，为北极地区土著人和中小企业的经济开发创造条件。加拿大环保部兼北方经济发展署及北极理事会部长阿格卢卡克（Aglukkaq）表示，经济理事会对于推动北极地区的可持续发展是历史性事件。②

虽然北极经济理事会不像北极理事会那样具有部分机制性特征，但仍是迄今为止北极国家和其他利益攸关方在北极开发利用问题上唯一的专门性多边平台，各方对共同推动和协调北极开发进程也具有共识。但非常可惜，北极经济理事会未能参与北极地区目前进行的所有油气资源、航道或基础设施建设等大型项目，在北极开发进程的国际合作中意外"失声"。有学者认为，就目前的运作方式和功能而言，经济理事会更像是一个俱乐部，其价值在于有机会作为北极开发的信息枢纽，有助于参与方了解北极开发的最新信息，获得与北极国家企业之间的互动渠道。而北极经济理事会在组织架构上不设观察员，将对话仅限于北极国家之间，使北极域外的利益攸关方只能通过工作组进行参与，不利于北极开发利用的国际合作。③ 这些缺陷也直接导致国家间或商业部门间在推动北极开发利用时缺少对技术要求、生态环境标准、劳工保障原则等多方面的

---

① Arctic Council, "Agreement on Arctic Economic Council," March 27, 2014, https：//arctic-council. org/index. php/en/our-work2/8 – news-and-events/224 – agreement-on-the-arctic-economic-coun-cil.

② "北极经济理事会宣告成立"，人民网，2014年9月4日，http：//world. people. com. cn/n/2014/0904/c1002 – 25606400. html。

③ 参见郭培清、董利民："北极经济理事会：不确定的未来"，《国际问题研究》，2015年第1期，第100—113页。

协调，使北极开发利用的国际合作陷入双边化和国家主导，从而带来更多的商业、环境和社会的不确定性。

四、环境风险和技术挑战

与其他地区相比，北极的生态系统显得格外敏感和脆弱，北极地区拥有世上仅存未大规模开发的沿海生态系统。[①] 环境问题专家认为，"北极环境问题的恶化已经严重威胁到人类健康，特别是现有海洋生物中发现的部分有毒物质，可能造成生态系统的重大危机。"[②] 温室气体和相关工业废气的排放，造成了"北极雾霾"状态，成为北极航运中的潜在威胁。[③] 恶劣的自然条件、匮乏的生态资源、较低的承载能力使北极生态系统一旦受到外界干扰，极易发生生态变化甚至突变，失去生物再生能力，破坏生态系统的平衡。北极生态环境具有较弱的自我修复及调节能力，如果遭到破坏将产生严重后果。[④] 生态与环境风险评估成为北极开发利用领域的首要前提，有研究机构就针对危机管理提出了北极开发的缓解措施。[⑤]（见表 5.3）

---

① "Protected areas in the Arctic 2002 – the coastal marine deficit", http：//www. grida. no/publi-cations/vg/arctic/page/2675. aspx.

② Orheim Olav, Protecting the Environment of the Arctic Ecosystem, *Proceeding of a Conference on United Nations Open-ended Informal Consultative Process on Oceans and the Law of the Sea*, *Fourth Meet-ing*, New York：UN Headquarters, 2003, pp. 2 – 5.

③ Roderfeld Hedwig et. al, Potential Impact of Climate Change on Ecosystems of the Barents Sea Region, *Climate Change*, Vol. 87, No. 2, 2008, pp. 283 – 285.

④ 曹玉墀、刘大刚、刘军坡："北极海运对北极生态环境的影响及对策"，《世界海运》，2011 年第 12 期，第 1—4 页。

⑤ Fridtjof Nansen Institute and DNV, *Arctic Resource Development*：*Risks and Responsible Manage-ment*, Joint Report, 2012, http：//www. dnv. com/binaries/arctic _ resource _ development _ tcm4 –532195. pdf.

表5.3　北极可预见风险因素及缓解措施

可预见的风险因素	缓解措施
低温环境对于航运和基础设施建设中材料性能带来的风险	相关建设工程必须设计安全保护程序确保材料选择的正确性和性能延展性
气候知识的缺乏带来中长期开发的不确定性	制定更具有严酷气候适应性的中长期发展战略
低温环境、海冰浮动以及个人心理状况对长期参与北极开发人员能力的影响	为相关人员提供必要的物质设施和心理辅导
对于环境脆弱性的理解缺乏敏感	设立更多的安全屏障（季节性开发窗口）等
北极活动带来的石油泄漏风险	建立更为细致的事故监测程序
北极逃生、疏散和搜救风险	制订多种备选方案并最终建立综合性的制度
知识鸿沟对土著人利益造成损害	对于土著人历史、文化和习俗的长期研究

换言之，生态环境保护问题是北极事务中最具普遍性的议题，也是各国面临的最紧迫任务。北极国际和利益攸关方在战略和政策，地区和产业发展规划，双边或多边合作议程中均将生态和环境保护作为优先方向，部分国家通过法律设定相关自然保护区，限制北极开发和利用。在国际和多边层面，《联合国气候变化框架公约》（Convention On Climate Change）、《生物多样性公约》（Convention on Biological Diversity）、《国际湿地公约》（拉姆萨公约）（Ramsar Convention）、《保护世界文化和自然遗产公约》（Convention Concerning the Protection of the World Cultural and Natural Heritage）、《北极熊保护协定》（Agreement on the Conservation of Polar Bears）等国际公约或多边协定有助于促进北极开发的谨慎原则和规范性，而北极理事会下辖的多个工作组也在强化北极生态环境标准方面做出努力。

从发展的视角看，北极开发必然引起更多的人类活动，导致北极生态环境的恶化①。自然资源的开采和交通基础设施建设可能造成的土壤、水源污染，多种制造业发展带来的有害物质排放，航运增加可能造成的海上事故，油类及危险货物的泄漏风险，大气和噪声污染等问题，均对北极的自然环境和野生动植物产生负面影响，并进一步传导至土著人的健康安全和社区发展，北极资源开发带来的输入性污染都对北极生态环境造成了诸多潜在问题，② 有学者将北极开发利用面临的综合性风险和挑战进行了详细梳理。③ （见表5.4）随着北极开发议题的持续升温，环境保护问题也受到国际组织的重视，部分环保类非政府组织担心经济开发会严重破坏北极生态环境，积极向国际社会表达保护北极生态环境的诉求，甚至以抗议行动试图阻碍开发活动。④

表5.4　北极综合风险的分析模型

风险程度/类型	自然风险	社会和环境风险	工业与交通风险	政治风险
多重灾难性风险	永冻土减少、温室气体排放增加、北冰洋海冰融化、甲烷排放	有机物污染、累计性环境破坏、持续性技术负担、破坏生物多样性、水资源污染	油污泄漏、海洋有毒和固体废物排放、北极运输风险、海上平台的建设和运营风险	北极和非北极国家之间的博弈，"北极国际法"的缺失，对北极点、大陆架和近海的主权主张

① Young Oran, Arctic Governance: Preparing for the Next Phase, 2002, http://www. arcticparl. org/_res/site/File/images/conf5_ scpar20021. pdf.

② Rayfuse Rosemary, Melting Moments: The Future of Polar Oceans Governance in a Warming World, *Review of European Community and International Environmental Law*, Vol. 16, No. 2, 2007, pp. 210 – 211.

③ Bolsunovskaya Y., Volodina D., Sentsov A., IOP Conference Series: Earth and Environmental Science, September 2016, https://core. ac. uk/download/pdf/80133066. pdf.

④ 例如，2012 年 8 月，绿色和平组织国际总干事库米·奈都带领 5 名组织成员登上俄罗斯天然气工业股份公司（Gazprom）位于俄罗斯西北部的伯朝拉海钻油台"普利拉兹罗姆纳亚"（Prirazlomnaya），要求该公司守护北极环境，随后被俄罗斯当局逮捕。

风险程度/类型	自然风险	社会和环境风险	工业与交通风险	政治风险
重大风险	漫长暴风期、经常和长时间的雾、强阵风	破坏土著人传统文化和生活习惯、健康风险	严格的健康和安全要求、基础设施匮乏	领海和国际水域边界划分、北方海航道的法律地位认定
可承受风险	大气温度低	土著人社区对气候变化的适应	冰区作业技术设备的缺少	北极和非北极国家间的潜在争议

五、特殊商业规范缺失

自然生态环境的特殊性不但决定了北极开发的环境和技术"硬标准",还对建立独立的商业投资规范等"软标准"提出需求。以基础设施建设投资为例,随着北极地区的经济活动和投资加强,各国政府和私营部门努力提升地区基础设施建设,港口、油气管道、铁路公路、机场等新设施不断出现。有数据显示,俄罗斯可能已实施或计划实施超过 3000 亿美元的北极基础设施建设计划,[①] 成为北极基础设施领域的绝对领导者,美国、加拿大、挪威和芬兰等国紧随其后。按照古根海姆(Guggenheim)公司的计算,北极地区 2016 年度计划、实施和因故取消的基础设施项目共计 900 余个,而在未来 15 年中,北极的基础设施投资总额将达到 1 万亿美元。[②] 在这一快速发展的过程中,以何种标准筛选负责任的投资主体,以何种标准认定相关设施的生态和环境友好程度,以何种标准评估项目设计

---

① CNBC, "Russia and China Vie to Beat the US in the Trillion-dollar Race to Control the Arctic" 06.02.2018, https://www.cnbc.com/2018/02/06/russia-and-china-battle-us-in-race-to-control-arctic.html.

② Guggenheim Partners, "Guggenheim Partners Endorses World Economic Forum's Arctic Investment Protocol," Guggenheim Partners, 21.01.2016, https://www.guggenheimpartners.com/firm/news/guggenheim-partners-endorses-world-economic-forums.

的可持续性和包容性，以何种指标评判商业投资本身的社会责任，成为各方探讨和参与北极开发的新挑战。

有观点提出，应当为北极地区的商业开发设立原则性标准。第一，在北极国家主导的基础上，针对不同地区的特点和本地需求，形成泛北极地区的商业标准。第二，在北极理事会和北极经济理事会等现有多边平台框架内，加强北极商业开发、基础设施建设发展等方面的讨论，形成针对投资和建设的适当认证框架。第三，强化伙伴间的知识共享渠道，建立特定行业、研究机构和政府管理部门之间的沟通机制，就本地区的开发经验开展交流，特别是强化北极国家和其他利益攸关方之间的沟通，引入世界范围内的最佳实践方案。第四，强化公私伙伴关系（PPP）的重要性，推广"设计—建造—融资—运营"（DBFO）的合作模式，从而在有效识别和满足本地需求的前提下，兼顾经济欠发达和环境恶劣地区的服务，并有效降低商业项目的风险。最后，在不同的商业领域实施非强制性的"北极认证计划"。例如，在基础设施建设领域，根据现有全球性的BREEAM标准、欧洲CEEQUAL标准，北美LEED标准等，为北极的基础设施建设设立区域性的认证标识，从而通过统一的设计、融资、建设和运营标准提升北极商业项目的生态环境友好度，以及社会效应和可持续性。①

不可否认的是，北极自然环境保护和资源开发利用之间存在矛盾，而这一矛盾源自于人与自然间和谐关系的宏观框架。因此，多利益攸关方有关北极个体利益与公共利益、主权权益与人类整体利益、商业利益与环境利益之间的争论和博弈，将始终伴随北极开发和利用的进程，并发挥关键性作用。

---

① Peter Sherwin, The Trillion-dollar Reason for an Arctic Infrastructure Standard, The Polar Connection, 10 February, 2019, http：//polarconnection. org/arctic-infrastructure-standard/.

第三节　北极跨域合作的需求和局限性：俄罗斯的经验

在气候变化造成融冰加速的背景下，北极对人类生存与发展的重要意义进一步显现，各国由于地理和定位上的差异对北极的战略、经济、安全和发展等利益诉求不尽一致。对于北极国家而言，除了传统的生态与环境议题之外，地区经济和社会发展在国家北极战略中同样占据一定比重。但是，由于地理位置和客观环境的差异，北极开发与利用在各国战略排序中的位置不尽相同。从主观意愿、客观环境、软硬件设施等条件来看，俄罗斯是北极开发利用的先行者，在吸纳域外国家参与北极开发利用方面，其相关实践反映出北极跨域合作的需求和短板，具有一定的代表性。目前，俄罗斯加强与域外国家的北极合作主要基于发展需求、航道复兴、安全布局和法律主张等多个战略考量，但仍存在相应的制约因素。

一、战略考量

第一，推进俄属北极地区发展。俄属北极地区对俄经济、战略和安全具有重要意义，推动北方海航道复兴及其相关能源和基础设施建设是发展俄属北极地区的关键。俄总统普京也指出，复兴北方海航道是俄属北极地区发展的首要任务。[1] 从资源禀赋来看，俄属北极地区是重要的能源储备库，天然气开采量占全俄开采量的

---

① Выступление Президента России В. В. Путина на пленарном заседании III Международного арктического форума 《 Арктика-территория диалога 》, Президент России, 25. 09. 2013, http：//kremlin. ru/events/president/transcripts/19281.

80%，石油开采量占全俄的 60%。① 因此，俄政府提出"建设北极交通运输基础设施，将北方海航道作为俄联邦国家统一的交通干线"的战略目标②，并在此框架下制定了一系列推动俄属北极地区经济发展的项目，包括开展区域间和洲际间基础设施建设，重点建设萨别塔港地区和摩尔曼斯克运输枢纽，利用国际先进水平的技术开采相关矿物资源，在摩尔曼斯克州形成采矿业、化学和冶金业产业集群等。③ 俄罗斯天然气工业股份有限公司还计划 2020 年前在亚马尔—涅涅茨自治区开发预计产能 1000 亿立方米的天然气田，使亚马尔半岛的年天然气产量达到 3100 至 3600 亿立方米。④ 通过相关建设规划，俄属北极地区占俄 GDP 的比重将从 2012 年的 6.3% 增加到 2020 年的 11.0%，劳动生产率增加 1.6 倍，高技术和知识密集型产业的产品在俄北极地区 GDP 的份额为从 0.9% 增加至 1.5%，而相关港口的货运量将增加至 5000 万吨。⑤

但是，受克里米亚事件的影响，俄属北极地区的发展规划在执行中遇到较大挑战。欧盟限制相关实体向俄石油部门的深海钻井、北极圈石油勘探和页岩油开发进行新的投资与提供关键设备和技术出口，并禁止俄企业在欧盟资本市场进行超过 30 天的融资，美国还将俄企业诺瓦泰克（Novatek）列入制裁名单，禁止美国金融机构和

---

① Закон о развитии Арктической зоны РФ может быть принят осенью 2017 года，*ТАСС*，22. 05. 2017，http：//tass. ru/v-strane/4272096.

② Правительство РФ，Стратегия развития Арктической зоны Российской Федерации и обеспечения национальной безопасности на период до 2020 года，20 февраля 2013，http：//government. ru/info/18360/.

③ Меламед И. И. и Павленко. В. И.，Правовые основы и методические особенности разработки проекта государственной программы 《Социально-экономическое развитие Арктической зоны Российской Федерации до 2020 года》，*Арктика：экология и экономика*，No. 2（14），2014，http：//www. ibrae. ac. ru/docs/2（14）/006_015_ ARKTIKA_2（14）_ 06_2014. pdf.

④ По официальным данным ОАО 《Газпром》. http：//www. gazprom. ru/press/news/2012/may/article135980/.

⑤ Меламед И. И.，Авдеев М. А.，Павленко. В. И.，Куценко С. Ю.，Арктическая зона России в Социально-экономическом развитии страны，*Власть*，2015（01），стр. 9.

投资者为其提供融资和交易服务。① 该企业是北方海航道开发和相关基础设施建设项目的重要主体，也是俄北极最大的能源和基础设施项目"亚马尔液化天然气"的控股方。西方制裁导致俄必须寻找新的北方海航道开发的资金、技术和人才来源，中国成为其重要的合作伙伴。例如，国家进出口银行和国家开发银行向"亚马尔天然气"项目分别提供107亿美元和15亿美元的为期15年的贷款，丝路基金有限公司也为该项目提供了12亿美元贷款。② 中俄共建"冰上丝绸之路"可进一步缓解西方制裁对俄属北极地区建设造成的压力。

第二，加快北方海航道复兴和海洋战略布局。一直以来，无论在官方层面还是学术界，俄都将北极航道开发合作的范围定位于北纬66°5′以北，西起东经68°35′的热拉尼娅角（Cape Zhelaniya），东至西经168°58′的北方海航道③，而并非国际普遍概念中的西起冰岛经巴伦支海沿欧亚大陆北方海域直到白令海峡的东北航道（Northeast Passage）。实际上，北方海航道在地理概念上是东北航道的主要部分，它既是俄北部地区发展的主要运输线路，也是连接亚欧两大市场的高纬度通道。在苏联时期，北方海航道的年均运输总量超过300万吨，最高峰值曾达到645万吨。但由于苏联解体后俄北部居民生活需求下降，该航道的年货运量下降至高峰时期的1/4，④ 处于半荒废状态。

---

① Heather A. Conley, Matthew Melino, and Andreas Østhagen, *Maritime Futures The Arctic and the Bering Strait Region*, Rowman & Littlefield Publishers/Center for Strategic & International Studies, November 2017, https：//rowman. com/ISBN/9781442280342/Maritime-Futures-The-Arctic-and-the-Bering-Strait-Region.

② Heather A. Conley, China's Arctic Dream, A report of the CSIS Europe Program, Feburary 2018, https：//www. csis. org/analysis/chinas-arctic-dream.

③ Закон РФ о Северном морском пути, 28. 07. 2012, N 132 – ФЗ, http：//nsra. ru/ru/zakon _o_smp/.

④ Владимир Стародубцев, Широты высокой важности, *Коммерсантъ*, № 53 (6047), 29. 03. 2017, https：//www. kommersant. ru/doc/3254502.

在历史上，北方海航道扮演了重要的安全通道作用。早在 1917
年，苏维埃政府就借助该航道将北极地区的物资用于国内革命。[①]
在二战期间，反法西斯盟军通过北方海航道向苏联运输了大量武器
装备和弹药，超过对苏总援助物资的四分之一。[②] 近年来，该航道
对俄的通道和能源战略意义更加显现，《2020 年前俄罗斯联邦国家
安全战略》明确指出，在中东、白令海、北极、里海和中亚的能源
争夺将成为国际政治斗争的焦点。[③] 有观点认为，北方海航道的复
兴可使俄获得相对开放、自由的出海口，改变其海权状况，成为俄
重返海洋强国，争取更大利益和世界影响力的历史机遇。[④]

根据俄方统计，2017 年经北方海航道的货运总量达到约 1070
万吨，俄北方海航道管理局全年向各类船舶共发放 662 份航行许可
证，其中发给外国船舶（悬挂外国船旗的船舶）107 份许可证，占
许可证总数的 1/6，仅有 2 份航行申请因技术原因在初次申请时拒
绝，但最终得以放行。在航行时间方面，中国太仓港起航抵达德国
不莱梅港的"波罗的海冬季"号（Baltic Winter）创造了最短时间
穿越北方海航道的航行记录，总航行天数为 5.6 天。[⑤] 2018 年，北
方海航道等总货运量实现"翻番"超过 1970 万吨[⑥]，而 2019 年前 9
个月的数据显示，其货运总量已达到 2337 万吨，预计全年将达到

---

① Тимошенко А. И., Российская Региональная Политика в Арктике в XX-XXI вв.：
Проблемы Стратегической Преемственности, Арктика и Север, 2011 (11)，p. 4.

② 倪海宁："二战中的冰海航线"，《解放军报》，2016 年 2 月 12 日，第 1 版。

③ Правительство РФ, Стратегия национальной безопасности Российской Федерации до
2020 года, Президенте России, 13 мая 2009 года, http：//kremlin. ru/supplement/424.

④ 万楚蛟："北极冰盖融化对俄罗斯的战略影响"，《国际观察》，2012 年第 1 期，第 65—
71 页。

⑤ Администрация Северного Морского Пути, Подведение итогов деятельности
Администрация СМП за 2017 год, http：//www. nsra. ru/ru/glavnaya/novosti/n19. html.

⑥ Объем перевозок по СМП в 2018 г. увеличился в 2 раза, Neftegaz. ru, 20 февраля 2019,
https：//neftegaz. ru/news/transport-and-storage/194483 – obem-perevozok-po-smp-v – 2018 – g-uveli-
chilsya-v – 2 – raza/.

2900 万吨。① 可以看到，由于航道夏季通航期的提早和延长，以及俄北极地区发展和过境运输需求的增多，经北方海航道运输的总货运量、过境货运量和总航次均创造了新的记录。

近年来，俄罗斯对北方海航道相关海运、铁路和公路基础设施建设投入大量资源，力争"使其成为具有全球竞争力的运输动脉"，并希望通过"'一带一路'与北方海航道的相互对接重构欧亚大陆的运输格局"。② 从具体规划来看，俄计划在 2024 年将北方海航道的年货运量提升至 8000 万吨。③ 根据《2010—2020 俄罗斯交通系统发展总体规划》，俄罗斯提出总投入 1449 亿卢布将摩尔曼斯克港打造为"综合运输枢纽"，使其成为俄北方最大的综合港口。④ 此外，俄罗斯还针对北方海航道水域制定了全面的港口建设和升级计划，共投入 250 亿卢布建设全新的阿尔汉格尔斯克港，使该港口在 2030 年前成为年货物吞吐量达到 3000 万吨的北极重要港口。为配合"亚马尔天然气"项目的顺利实施，俄罗斯天然气工业石油公司（Gazpromneft）计划投入 109 亿卢布将该项目所在地的萨别塔港进行升级改造，使其在 2020 年达到 3000 万吨的年货物吞吐量，并将其打造为俄罗斯的"北极之门"。⑤ 俄罗斯还大力发展海陆立体联运网，加大内陆铁路运输线与北方海航道沿线港口之间的基础设施建设。根据《2030 年前俄罗斯铁路发展战略》规划，俄罗斯计划投入

① Shipping on Northern Sea Route up 40％, The Barents Observer, October 4, 2019, https：//thebarentsobserver. com/en/arctic-industry-and-energy/2019/10/shipping-northern-sea-route－40.

② Vladimir Putin, *Speech at the One Belt*, *One Road international forum*, May 14, 2017, http：//ru. kremlin. ru/events/president/news/54491.

③ Правительство РФ, Сообщение Дмитрия Рогозина о работе Государственной комиссии по вопросам развития Арктики на совещании с вице-премьерами, 8 июня 2015 года http：//government. ru/news/18411/.

④ Российская Арктика в 2016 году. Развитие Мурманского транспортного узла, *The Rare Earth Magazine*, 26. 12. 2016, http：//rareearth. ru/ru/pub/2017/01/09/rareearth. ru/ru/pub/20161226/02799. html.

⑤ Российская Арктика в 2016 году：Развитие портов Северного Морского Пути, *The Rare Earth Magazine*, 09. 01. 2017, http：//rareearth. ru/ru/pub/20170109/02824. html.

7000 亿卢布兴建和翻新共计 1252 千米的"白海—科米—乌拉尔大铁路"（Belkomur），使北极的阿尔汉格尔斯克港和俄罗斯西西伯利亚地区之间的联系更为紧密。开展更为广泛的北极航道开发国际合作，有助于实现上述基础设施建设项目的资金和技术来源多元化，保障相关计划的顺利实施。

对俄罗斯而言，海洋运输不仅是发展海洋经济的重要保障，还是保障国家海上安全利益和加强国家海上战略纵深不可或缺的条件。① 俄将"使用北方海航道，将之作为俄联邦在北极地区统一的国家交通运输干线"称为俄罗斯在北极地区的主要国家利益，并强调"对穿越北极空中航线和北方海航道的飞机和船只实施有效的组织和管理"，"通过翻新和建设公路、港口等交通业、渔业所需的基础设施，大力发展俄罗斯北极地区的基础设施建设，为经济腾飞创造良好的发展条件"。② 俄政府在 2015 年 6 月批准了《北方海航道发展综合规划》，有效保护俄罗斯的军民船舶在此水域航行和作业的安全，保护海洋环境，为过境运输和俄属北极地区的能源出口提供保障。③

第三，支持法律主张。俄对北方海航道提出涉及部分历史性权利要素的主权主张，提出该航道属于俄国内航线。在苏联时期，北方海航道并没有明确的法律地位界定和地理表述，仅提出是"位于苏联内水、领海或毗连苏联北方沿岸的专属经济区内的基本国内海运线"④。由于北极融冰速度加快和航道开发的潜在条件逐渐成熟，

---

① 左凤荣："俄罗斯海洋战略初探"，《外交评论》，2012 年第 5 期，第 129 页。

② Правительство РФ, Основы государственной политики Российской Федерации в Арктике на период до 2020 года и дальнейшую перспективу, 18 сентября 2008, http: //government. ru/info/18359/.

③ Правительство РФ, Справка о Комплексном проекте развития Северного морского пути, 8 июня 2015, http: //government. ru/orders/selection/405/18405/.

④ Правила плавания по трассам Северного Морского Пути, Утверждены Министерством морского флота СССР, 14. 09. 1990, Статья 1. 2. , http: //forum. katera. ru/index. php? app = core&module = attach&section = attach&attach_id = 106243.

俄国家杜马于 2012 年批准了《关于北方海航道水域商业航运的俄罗斯联邦特别法修正案》，规定"北方海航道水域的概念是指毗邻俄联邦北方沿岸的水域，由内水、领海、毗连区和专属经济区构成，东起与美国的海上划界线及其到杰日尼奥夫角的纬线，西至热拉尼亚角的经线，新地岛东海岸线和马托什金海峡、喀拉海峡和尤戈尔海峡西部边线"①，还规定"北方海航道是历史形成（Historically Emerged）的俄罗斯联邦国家交通干线，在该航道航行需依照相关国际法、俄罗斯所签署的国际条约、本联邦法和其他联邦法或法律文件中公认的原则和条款进行。"② 通过北方海航道的国际化开发建设，俄罗斯可以国内法和规章为依据引导相关项目建设进程，从而间接达到对航道的"主权宣示"目的。

第四，加强实际控制。在苏联时期，外国船舶进入苏联的北极水域受到限制，需要提前获得苏联商船部的批准，遵守苏联的航行规则并付费。1990 年通过的《北方海航道航行规则》第 7.4 条规定，"船舶通过维尔基茨基海峡、绍卡利斯基海峡、拉普捷夫海峡和桑尼科夫海峡时，必须接受强制性的破冰引航"。③ 由于强制破冰引航服务并不利于北方海航道吸引更多的外国船舶，俄罗斯于 2013 年出台了新的《北方海航道航行规则》，设立北方海航道管理局作为航道的主管部门，以许可证制度和非强制性的引航服务替代了此前

---

① Кодекс торгового мореплавания Российской Федерации от 30 апреля 1999 г. N 81 – ФЗ, Статья 5.1, Плавание в акватории Северного морского пути, Российская Газета, 05.05.1999, https：//rg. ru/1999/05/05/morskoy-kodeks-dok. html.

② Федеральный закон от 7 мая 2013 г. N 87 – ФЗ г. Москва, О внесении изменений в Федеральный закон О внутренних морских водах, территориальном море и прилежащей зоне Российской Федерации и Водный кодекс Российской Федерации, Статья 14, *Российская Газета*, 13.05.2013, https：//rg. ru/2013/05/13/kodeks-dok. html.

③ Правила плавания по трассам Северного Морского Пути, Утверждены Министерством морского флота СССР, 14.09.1990, Статья 7.4., http：//forum. katera. ru/index. php? app = core&module = attach&section = attach&attach_id = 106243.

针对所有船舶的强制破冰引航规定。① 根据规定，所有计划在北方海航道航行的船舶需提前向俄北方海航道管理局提交航行申请，在取得航行许可证后，须严格按照相应的许可时期航行，并在驶入和驶离航道前向北方海航道管理局报告。通过推动航道的商业化运营，俄罗斯可进一步巩固对于北方海航道的实际控制权和管辖权，要求相关国家遵守北方海航道的航行组织程序、破冰服务和普通引航规则、水文和气象服务规章、无线电通讯规则、航行安全和防止船舶污染、保护海洋环境等规则，实践其对北方海航道的主权主张。

二、北极开发国际合作的实践

（一）中俄北极合作

随着全球化的不断深入发展，世界经济和全球贸易格局发生了显著变化，发掘和培育中俄务实合作的新"增长极"成为重要目标，"在北极航道开发利用、联合科学考察、能源资源勘探开发、极地旅游、生态保护等方面开展合作"② 成为中俄两国的共识。

在政治基础层面，两国政府和领导人已经就北极合作达成互信。以航道开发合作为例，两国北极事务主管部门自 2013 年起举办"北极事务对话"，并在双边联合声明中纳入航道合作的内容。③ 2015 年，两国元首在莫斯科签署《中华人民共和国与俄罗斯联邦关

---

① Правила плавания в акватории Северного Морского Пути, Утверждены Министерством транспорта РФ, 17. 01. 2013, http：//www. nsra. ru/files/fileslist/120 – ru-pravila_plavaniya. pdf.

② "中华人民共和国和俄罗斯联邦关于进一步深化全面战略协作伙伴关系的联合声明（全文）"，外交部网站，2017 年 7 月 15 日，http：//www. fmprc. gov. cn/web/ziliao_674904/zt_674979/dnzt_674981/xzxzt/xjpzxzt01_690022/zxxx_690024/t1475443. shtml。

③ 同上。

于丝绸之路经济带建设和欧亚经济联盟建设对接合作的联合声明》，正式提出"对接合作"目标，并在同年的《中俄总理第二十次定期会晤联合公报》中提出，"加强北方海航道开发利用合作，开展北极航运研究"。① 2017 年 5 月 26 日，外交部长王毅在莫斯科同俄罗斯外长拉夫罗夫会谈后共见记者时表示，愿同俄方及其他各方一道，共同开发北极航线。② 同年 7 月，习近平主席在莫斯科会见俄罗斯总理梅德韦杰夫时表示，"要开展北极航道合作，……落实好有关互联互通项目"，③ 并于同年 11 月再次提出共同开展北极航道开发和利用合作，④ 使北极航道开发合作成为"一带一盟"对接合作中的全新议题。

在经济基础层面，中国企业已经成为俄罗斯北极能源和交通基础设施项目建设的"主力军"。例如，东北航道开通对于连接我国北方港口和欧洲尤其是北欧港口，经济性极为显著，节省路途达 40% 以上。经初步测算，2016 年中远海运集团（COSCO Shipping Specialized Carriers）的 6 艘次船舶较走传统航线合计共节省航程 32137 海里，节省航行时间 108 天，节约燃油 4077 吨。⑤ 虽然相关航行经验和水文资料在目前仍较为有限，但有观点认为，"如果北极航线完全打开，用北极航线替代传统航线，中国每年可节省 533 亿美元至 1274 亿美元的国际贸易海运成本"。⑥ 截止 2018 年，中远海

---

① "中俄总理第二十次定期会晤联合公报（全文）"，外交部网站，2015 年 12 月 17 日，http：//www. mfa. gov. cn/chn//pds/ziliao/1179/t1325537. htm. （上网时间：2018 年 7 月 1 日）

② "王毅：俄罗斯是共建'一带一路'的重要战略伙伴"，新华网，2017 年 5 月 27 日，http：//www. xinhuanet. com/world/2017 – 05/27/c_1121045357. htm. （上网时间：2018 年 7 月 1 日）

③ "习近平会见俄罗斯总理梅德韦杰夫"，《人民日报》2017 年 7 月 5 日，第 2 版。

④ "习近平会见俄罗斯总理梅德韦杰夫"，新华网，2017 年 11 月 1 日，http：//news. xinhuanet. com/2017 – 11/01/c_1121891929. htm. （上网时间：2018 年 7 月 1 日）

⑤ 丁克茂、刘雷、卫国兵："北极东北航道船舶通行现状及航海保障能力分析"，《航海》，2017 年第 5 期。

⑥ 张侠："北极航线的海运经济潜力评估及其对我国经济发展的战略意义"，《中国软科学》，2009 年第 2 期，第 35 页。

运特运公司累计完成了 22 个北极东北航道航次，节省航行里程
93350 海里，节约航次时间 7332 小时，减少燃油消耗 8948 吨，减
少排放二氧化碳 27833 吨，折合成人民币超过 9000 万元。[①] 2018
年，中远海运特运公司承担的航次占北方海航道过境运输总航次的
近 1/3。

中国企业还成为俄罗斯北极能源运输的可靠承运方。目前，北
极能源开发进入快车道。俄罗斯、中国和法国企业共同建造了世界
上单套装置和整厂规模最大的亚马尔天然气液化项目（Ямал
СПГ），其投资总额达到 269 亿美元，是目前俄属北极地区投资规模
最大的基础设施综合体[②]，中国国家进出口银行和国家开发银行向
该项目分别提供 107 亿美元和 15 亿美元为期 15 年的贷款，丝路基
金有限公司也为该项目提供了 12 亿美元贷款。[③] 该项目年生产 1650
万吨 LNG 和 100 万吨凝析油，由中石油和法国道达尔公司分别持股
20%，丝路基金持股 9.9%，相关中国企业还承揽了亚马尔项目
85% 的模块建造，相关合同金额达到 163 亿美元，包括 6 艘运输船
建造、15 艘液化天然气运输船中 14 艘船的运营等，工程建设合同
额达 78 亿美元，船运合同额达 85 亿美元。[④] 2019 年，中石油天然
气勘探开发公司和中海油又分别与诺瓦泰克公司签署购股协议，各
收购北极液化天然气二号（Арктика СПГ - 2）项目 10% 的股权。
该项目包括 3 条年 660 万吨的 LNG 生产线的建设和运营，年生产能
力总计为 1980 万吨，同时还将开发陆上凝析气田超过 70 亿桶油当

---

① "特运开启 2019 北极航行"，中远海运特种运输股份有限公司官网，2019 年 7 月 20 日，http：//spe. coscoshipping. com/art/2019/7/20/art_12481_109944. html。

② "Final Investment Decision Made on Yamal LNG Project," *Novatek*, December 18, 2013, http：//novatek. ru/en/press/releases/index. php? id_4 =812.（上网时间：2018 年 7 月 1 日）

③ Heather A. Conley, "China's Arctic Dream," A Report of the CSIS Europe Program, February 26, 2018, https：//www. csis. org/analysis/chinas-arctic-dream.（上网时间：2018 年 7 月 1 日）

④ "超级工程亚马尔 LNG 项目投产 核心模块'海油制造'"，国务院国有资产监督管理委员会网站，2017 年 12 月 14 日，http：//www. sasac. gov. cn/n2588025/n2588124/c8341571/content. html。

量的资源。①

随着能源开发项目的增多，能源运输通道成为北方海航道的重要职能。由于北极地区独特的自然环境和航道冰情，相关运输船只需具备特定的冰级。中国是液化天然气的重要进口国，2018 年的进口总量达到 5300 万吨，创下历史新高。② 根据国际能源署的预测，中国将超过日本成为全球第一大液化天然气进口国。③ 目前，中远海运能源运输公司是相关能源运输的主要运营商，与其同行一起为亚马尔天然气液化项目运营 10 艘各类船舶。2018 年 7 月，中远海运能源运输公司运营的"弗拉基米尔·鲁萨诺夫"（Владимир Русанов）号液化天然气船通过北方海航道抵达江苏如东，为中国运来首船来自亚马尔项目的北极液化天然气。

第三是能源运输产业的重要投资方。随着相关能源项目加速发展，运输能力和船只短缺成为北极液化天然气项目的主要挑战。例如，截止 2019 年上半年，亚马尔液化天然气已经生产了 900 万吨液化天然气和 60 万吨天然气凝析油，但该项目预定的冰级运输船仍有 5 艘尚未交付，对船舶建造的需求潜力巨大。目前，中远海运能源运输有限公司参与并投资了亚马尔液化天然气项目订购的 19 艘新 LNG 运输船中的 18 艘，其中 14 艘为 Arc7 级破冰船液化天然气运输船。中国企业还可在北极液化天然气 2 号项目中作为投资方参与运输船只建设。此外，中国保利集团还拟投资 5.5 亿美元参与阿尔汉

---

① НОВАТЭК，CNPC и CNOOC подписали документы относительно доли в "Арктик СПГ 2"，Агенство Нефтегазовой Информации，10 июня 2019 года，http：//angi．ru/news/2872195 – НОВАТЭК-CNPC-и-CNOOC-подписали-документы-относительно-доли-в-Арктик-СПГ – 2 –/．

② "2018 年我国液化天然气进口规模创历史新高"，央视网，2019 年 4 月 5 日，http：//news．cctv．com/2019/04/05/ARTIICJnWP73DM95wuzkml4v190405．shtml？spm ＝ C94212．PV1fmvPpJ-kJY．S71844．99。

③ "国际能源署：中国将成为全球最大液化天然气进口国"，新华网，2019 年 5 月 17 日，http：//www．xinhuanet．com/2019/05/17/c_1124505024．htm。

格尔斯科深水港建设，[①] 中国远洋运输集团也确认希望参与该项目的投资。[②] 在俄罗斯北极发展国家委员会制定的 150 个投资总额近 5 万亿卢布（约 797 亿美元）的北极交通基础设施升级改造、油气资源开发项目中，有 4 万亿卢布（约 637 亿美元）的投资将来自非联邦预算内各类融资渠道，特别是来自亚洲国家的支持。[③]

最后是多边合作的重要参与者。合作是中国参与北极事务的有效手段，促进各类双边和多边合作是中国航运公司参与北极航道开发的关键途径。在 2019 年的圣彼得堡国际经济论坛上，中远海运集团与诺瓦泰克股份公司、俄现代商船公共股份公司（Совкомфлот）以及丝路基金有限责任公司，在圣彼得堡签署《关于北极海运有限责任公司的协议》，各方将为俄北极向亚太区运输提供联合开发、融资和实施的全年物流安排，组织亚洲和西欧之间通过北极航道的货物运输，这种新的多边合作模式也有助于北方海航道开发的国际化。[④]

在知识基础层面，中国近年来在国际北极科学委员会、北极理事会等多边框架下积极与俄罗斯开展北极科研合作，加强对于北极陆地和海洋认知的科学交流。为执行中俄关于在北冰洋海域开展合作研究的协议，两国于 2016 年 8 月开展首次北极联合科考[⑤]，由科学家组成的联合考察队对北冰洋俄罗斯专属经济区内楚科奇海和东西伯利亚海进行综合调查，成为两国北极海洋领域合作的历史性突

---

① "Arkhangelsk Region Hopes to Reach Agreement With Poly Group on Belkomur in February-March 2017," *Port News*, October 5, 2016, http：//en. portnews. ru/news/227409/.

② COSCO подтверждает заинтересованность в трансарктическом морском сообщении с Архангельском. //The Barents Observer. 27 сентября 2017, https：//thebarentsobserver. com/ru/arktika/2017/09/cosco-podtverzhdaet-zainteresovannost-v-transarkticheskom-morskom-soobshchenii-s.

③ Рогозин：санкции помогли РФ найти партнеров в Азии. //Вести. 13 октября 2016, http：//www. vestifinance. ru/articles/76219.

④ "Совкомфлот"，"Новатэк"，COSCO и Фонд Шелкового Пути создадут СП по развитию флота танкеров，Совруменный Коммерческий Флот，7 июня 2019 года，http：//www. scf-group. com/press_office/news_articles/item101694. html.

⑤ "中俄完成首次北极联合科考"，《中国科学报》，2016 年 10 月 17 日，第 4 版。

破，知识共享和技术互鉴是中俄北极合作的主要对接领域之一。

（二）与其他亚洲国家的合作

此外，俄罗斯还积极开展与其他亚洲国家的北极开发合作。俄罗斯与日本在北方海航道开发和北极能源合作上取得初步进展。2018年，两国签署近10项北极天然气开发项目的合作意向书，日本商船三井公司（MOL）与俄罗斯联邦远东投资和出口署（FEIA）签署了谅解备忘录，在北方海航道和俄远东地区开发中开展合作。[①] 商船三井公司还与中远海运集团一道，参与了俄部分液化天然气破冰船的投资、建造和运营。[②] 俄诺瓦泰克公司计划利用日本 Saibu 天然气公司的液化天然气终端，优化其对亚太地区的液化天然气供应。[③] 此外，日本三井物产株式会社和日本国家石油天然气和金属公司（JOGMEC）也获得北极液化天然气二号项目10%的股权投资，正式成为俄罗斯北极能源开发合作的参与者。[④]

对于俄罗斯来说，日俄北极能源合作符合俄罗斯在北极开发上的融资多元化需求。诺瓦泰克公司计划将该项目的40%股权用于吸引外国投资者，其中法国道达尔、中石油、中海油已签署合作协议分别入股10%。此次日俄北极能源项目投资协议的签署，将在俄北极能源开发中引入更多的外部竞争因素，从而在企业间的基础设施投资、产品分成协议、定价议价权等问题上确保俄罗斯的绝对主导

[①] Mitsui O. S. K. Lines and Far East Investment and Export Agency of the Russian Federation Sign a Memorandum of Understanding-Cooperation for the Development of the Northern Sea Route and Russian Far East, Mitsui O. S. K. Lines, Press Release, February 26, 2018, https：//www. mol. co. jp/en/pr/2018/18012. html.

[②] MOL and China COSCO Shipping Jointly Own 4 LNG Carriers for Russia Yamal LNG Project, Mitsui O. S. K. Lines, Press Release, November 2, 2017, https：//www. mol. co. jp/en/pr/2017/17075. html.

[③] 《НОВАТЭК》 и Saibu Gas подписали базовые условия соглашения, НОВАТЭК, 05 сентября 2019 года, http：//www. novatek. ru/ru/press/releases/index. php? id_4 = 3406.

[④] Японский консорциум Mitsui/Jogmec купит у "НОВАТЭК" 10% в "Арктик СПГ 2", Интерфакс, 29 июня 2019 года, https：//www. interfax. ru/business/667184.

权和利益最大化。对于日本来说，日俄能源合作是巩固其北极事务重要利益攸关方地位的重要选项。虽然日本在北极科研方面的起步较早，但在因气候变化出现的北极商业机遇方面，相关投入和参与度不高。例如，日本企业在参与北方海航道的商业试航方面落后于中国、韩国等。此次日本企业成功击败韩国、沙特等亚洲竞争者获得北极液化天然气二号的参与权，代表着其希望在对俄北极能源开发合作上取得领先。

印度也是俄罗斯北极开发的重要合作方。俄罗斯在 2019 年召开的第五届"北极—对话区域"国际北极论坛上，邀请印度的政府机构和企业界代表共同讨论"北南"国际运输走廊（INSTC）框架下的经贸合作。[①] 从地缘概念上来看，"北南"国际运输走廊项目既可以帮助俄罗斯绕开苏伊士航线向南连接印度洋，又可通过圣彼得堡—阿尔汉格尔斯克铁路干线延伸至北方海航道西端，打通连接东亚的北冰洋通道，并借助现有的"哈萨克斯坦—土库曼斯坦—伊朗铁路"、"欧洲—高加索—亚洲运输走廊"（TRACECA）等通道形成贯穿欧亚大陆中部和南部，连接北冰洋和印度洋地区的运输网络，对俄具有重要战略意义。此外，俄罗斯还邀请印度参与俄罗斯北极大陆架资源的开发。[②] 印度石油和天然气部长普拉得罕（Shri Dharmendra Pradhan）也表示，印度石油有限公司（IOCL）、印度石油勘探公司（Oil India）、印度巴拉特石油公司（Bharat Petro Resources Ltd）和印度石油天然气公司（ONGC）四大油气公司对俄罗斯北极大陆架的油气项目极具兴趣。[③] 因此，俄将"北南"国际运输走廊建设与北极国际合作挂钩，

---

① The International North-South Transport Corridor: India's Grand Plan for Northern Connectivity, The Polar Connection, http://polarconnection.org/india-instc-nordic-arctic/.

② Россия и Индия думают о совместной разработке шельфа Арктики, РИА Новости, 30 августа 2019 года, https://ria.ru/20190830/1558093304.html.

③ Dharmendra Pradhan Discusses Co-operation With Russian Leaders for Energy and Steel Sectors, SME Street, September 1, 2019, https://smestreet.in/global/dharmendra-pradhan-discusses-co-operation-with-russian-leaders-for-energy-and-steel-sectors/.

试图增加印度对北方海航道基础设施建设和北极资源开发的关注度。

三、制约因素

（一）政治和法律挑战

第一，在当前实践中，北极事务形成了北冰洋沿岸国、其他北极国家、非北极国家和非国家行为体的多利益攸关方参与格局，各方因身份和利益诉求差异对以俄罗斯主导下的北极航道开发合作持不同态度。一是各国对于开发范畴的认知存在差异。俄罗斯认为，北方海航道的开发和相关基础设施建设是北极航道合作的重点，挪威①、丹麦②等北冰洋沿岸国和韩国③、日本④等国际航运和贸易大国认为，打通亚欧间高纬度整体运输通道才是参与航道开发的主要诉求，加拿大则更强调对北极相关水域的主权，并认为西北航道的开发是加北极政策的优先方向。⑤ 二是是对建设原则的理解差异。在俄罗斯看来，北方海航道的开发应由其主导推进，但其他国家主张参与航道建设的主体多元化和渠道多样化，不愿看到包括俄罗斯在内的任何国家在该问题上"一家独大"。三是是对建设目标的诉求

---

① Norwegian Ministry of Foreign Affairs, *Norway's Arctic Policy*, 2014, https://www.regjeringen.no/globalassets/departementene/ud/vedlegg/nord/nordkloden_en.pdf.

② Kingdom of Denmark Strategy for the Arctic 2011 – 2020, http://um.dk/~/media/UM/English-site/Documents/Politics-and-diplomacy/Greenland-and-The-Faroe-Islands/Arctic%20strategy.pdf?la=en.

③ Dongmin Jin, Won-sang Seo and Seokwoo Lee, "Arctic Policy of the Republic of Korea," *Ocean and Coastal Law Journal*, Vol. 22, No. 1, February 2017, http://digitalcommons.mainelaw.maine.edu/oclj/vol22/iss1/7.

④ Japan's Arctic Policy, Announced by The Headquarters for Ocean Policy, the Government of Japan on 16 October 2015, http://www.research.kobe-u.ac.jp/gsics-pcrc/sympo/20160728/documents/Keynote/Japan_Arctic%20Policy.PDF.

⑤ Minister of Indian Affairs and Northern Development & Federal Interlocutor for Métis and Non-Status Indians, *Canada's Northern Strategy*: *Our North*, *Our Heritage*, *Our Future*, 2009, http://www.northernstrategy.gc.ca/cns/cns-eng.asp.

差异。俄罗斯希望借助航道开发助推全面开发俄属北极地区的战略实施，确立对北方海航道的权利主张，拓宽航道基础设施建设的融资渠道；加拿大希望通过开发东北航道为西北航道的开通积累经验；美国希望借助航道的国际化开发再次确认航行自由原则①；芬兰希望将其"北极走廊"规划与北极航道开发相联通，打通前往北欧国家和东欧市场的"最后一公里"，并与"泛欧交通运输网"相连②；冰岛、瑞典等非北冰洋沿岸国则乐见域外力量参与北极航道开发，平衡域内国家间在议题设定和治理能力上的落差。③

　　第二，俄罗斯对北方海航道的法律主张受到部分北冰洋沿岸国的反对。美国在 2009 年颁布的《国家安全总统指令与国土安全总统指令》中提出，北方海航道包括用于国际航行的海峡，过境通行制度适用于经过这些海峡的航道。④ 挪威、冰岛都认为，北方海航道应适用《联合国海洋法公约》所规定的航行自由制度，沿岸国在顾及航行自由的情况下，可依据《公约》制定有关海洋环境保护的法律法规。冰岛还在 2007 年发布的《北冰洋法律地位》声明中提出，俄罗斯与美国阿拉斯加之间的白令海峡属于《联合国海洋法公约》规定的用于国际航行的海峡，沿岸国不能设置不必要的障碍影响北极的航行。⑤ 中国在使用北方海航道时接受俄罗斯航道管理机

---

① The White House, *National Strategy for the Arctic Region*, May 2013, https://obamawhitehouse. archives. gov/sites/default/files/docs/nat_arctic_strategy. pdf.

② Martin Breum, "Finland Plans 'Arctic Corridor' Linking China to Europe," *Euobserver*, February 28, 2018, https://euobserver. com/nordic/141142.

③ Government Offices of Sweden, *Sweden's strategy for the Arctic Region*, 2011, http://www. government. se/49b746/contentassets/85de9103bbbe4373b55eddd7f71608da/swedens-strategy-for-the-arctic-region.

④ National Security Presidential Directive and Homeland Security Presidential Directive, January 9, 2009, https://georgewbush-whitehouse. archives. gov/news/releases/2009/01/20090112 – 3. html.

⑤ "Legal Status of the Arctic Ocean," Opening Address at the Symposium of the Law of the Sea Institute of Iceland on the Legal Status of the Arctic Ocean The Culture House, Reykjavík, 9 November 2007, https://www. government. is/2007/11/09/Legal-Status-of-the-Arctic-Ocean/? PageId = dd5e4331 – 829b – 11e7 – 941c – 005056bc530c.

构的管理进行航前申报，恐被外界解读为接受或默认俄罗斯对航道的主权管辖，以此作为其航道主权主张的国际法实践。

第三，作为北冰洋沿岸国之一，美国既是北极事务的核心成员，也是北极航道开发进程中无法避开的主体。在俄美间趋于常态化的地缘政治博弈影响下，两国在北极的相关合作受到不同程度的影响，俄罗斯近年来在北极地区加快相关军事化部署也引起美各界的警惕和担忧，双方的政治角力存在向军事安全领域溢出的潜在风险。

（二）经济与技术风险

首先是俄罗斯基础设施建设缺口过大。俄总统普京在国情咨文中提出，俄罗斯计划到 2024 年将北方海航道的年货运总量提升至8000 万吨。在西方经济制裁的大背景下，加快北极多边合作的驱动力在于解决俄罗斯港口和相关基础设施升级的融资难问题。由于相关规划的资金缺口巨大，联邦和地方政府的政策博弈频繁，冰区作业的风险和投资回报率难以预估。

其次是航道过境运输需求波动。北方海航道在近期气候变化的影响下出现了季节性无冰期，货运航次也明显增加。虽然北方海航道的货运量在 2016 年就已超过 1986 年苏联时期的 650 万吨峰值①，但在总航次方面，由于俄罗斯官方的统计口径既包含完全穿越北方海航道的过境运输和由其他各国驶入北方海航道港口的跨境运输，也包括沿俄罗斯北极地区海岸线进行的境内运输，真正穿越北方海航道的过境运输自 2013 年起便呈现下降趋势。2011—2013 年，完全穿越北方海航道的过境运输次数分别为 41 次、46 次和 71 次，但

---

① Владимир Стародубцев, Широты высокой важности: арктическое судоходство, Коммерсанть. 29 марта 2017，https：//www. kommersant. ru/doc/3254502.

2014—2016 年却分别下降至 22 次、18 次和 19 次。[1] 以 2016 年为例，北方海航道海域内的货运总航次为 1705 次，但仅有 19 次为穿越航道由亚洲抵达欧洲的过境运输，其他大多为俄罗斯境内运输和跨境运输。[2] 2018 年，过境运输的总航次为 27 次。冰情的不稳定性，冰区航行技术和经验的欠缺，航行商业化保险的不成熟，破冰和引航费用的波动，沿岸基础设施的落后等，都成为航道经济性从理论走向实际需要面对的问题。目前来看，北方海航道在中短期内只能作为俄北极能源开发项目的配套基础设施，依托于能源运输的需求增长进行开发，而不具备成为全球性贸易航道的条件。

（三）心态疑虑与操作障碍

在中俄合作方面，所谓中国的"威胁论"在俄罗斯少数媒体、知识界或社会精英层面依然保有市场。部分观点依旧认为，俄罗斯将为中俄合作付出能源、就业岗位甚至出让土地的代价，[3] 也有观点刻意夸大和虚构现有中俄合作对于生态环境、土壤水质的负面影响，提出相关合作未严格遵守环保标准和相关法律，[4] 以及没有尊重和顾及本地居民的利益。[5] 由于北极开发和冰区作业的特殊条件，当地居民、土著人组织和意见领袖可能在北极航道开发和利用，能

---

[1] Malte Humpert, "Shipping Traffic on Northern Sea Route Grows by 30 Percent," *High North News*, January 23, 2017, http：//www. highnorthnews. com/shipping-traffic-on-northern-sea-route-grows-by－30－percent/.

[2] Malte Humpert, "Shipping Traffic on Northern Sea Route Grows by 40 Percent," High North News, December 19, 2017, http：//www. highnorthnews. com/shipping-traffic-on-northern-sea-route-grows-by－40－percent/.

[3] *Татьяна Романова* Дружба с драконом：Чем Россия может заплатить за дружбу с Китаем? //Лента новость. 3 июня 2014, https：//lenta. ru/articles/2014/06/02/china/.

[4] *Сергей Аксенов* Россия продаст Байкал Китаю? //Свободная Пресса. 8 марта 2017, http：//svpressa. ru/economy/article/167799/.

[5] *Яна Лисина* Массовая драка в Иркутской области：почему жители Бильчира выгоняют китайцев-бизнесменов из поселка. //Комсомольская Правда. 29 июня 2012, https：//www. kp. ru/daily/25907/2863688/.

源和交通基础设施建设项目的环保标准、本国劳工保护、土著人权益等问题上"做文章"。

在日俄合作方面，北方领土争端是日俄关系的"死结"。安倍首相此前数次访俄并与普京会谈，并在 2018 年达成以 1956 年《日苏共同宣言》为基础加速和平条约缔结谈判的意愿，但两国在如何对待二战结果及领土问题上的诉求各不相同。安倍希望将和平条约的签署与南千岛群岛（日称"北方四岛"）领土争端进行"一揽子解决"，但普京认为日方所谓基于共同宣言的立场偏离了《日苏共同宣言》的本质，超出了共同宣言的范围。俄罗斯近年来基于政治经济利益考量对该问题采取了"双轮驱动"策略，也就是希望将经济和主权两大议题分别处理。在目前的国内外格局条件下，俄罗斯在该问题上对于日本的原则立场不会改变。历史原因导致苏联与周边多个国家存在领土边界争议，俄罗斯在对日领土问题上的强硬姿态一方面是要维护战后现状，另一方面则是担心出现"多米诺效应"。普京所提出的"不设先决条件签订俄日和平条约"，既意味着俄罗斯欢迎包括北极合作在内的各类日俄务实合作，但也意味着绝不会在领土主权问题上做出妥协，这种立场可能阻碍日俄北极合作的深度和广度。另一方面，缺乏有效的执行监督机制和基层官僚主义是困扰俄属北极地区相关发展规划实施的主要障碍。例如，打造"摩尔曼斯克综合运输枢纽"计划最早于 2001 年 12 月提出，[①] 至今仍未取得明显进展。

总的来说，俄罗斯出于国内发展需求，近年来从资金、技术和人才上加快了对俄属北极地区的投入，特别是加快开展与包括中国在内的亚洲国家的北极开发合作，取得了显著的成绩。

---

① Российская Арктика в 2016 году. Развитие Мурманского транспортного узла，*The Rare Earth Magazine*，26. 12. 2016，http：//rareearth. ru/ru/pub/20170109/rareearth. ru/ru/pub/20161226/02 799. html/.

但与此同时，相关的政治和法律挑战，经济和技术风险以及疑虑心态和操作障碍依旧存在，成为阻碍北极开发利用跨域合作的主要因素。

第六章

治理维度：北极国际治理体系论

北极事务的跨域性是当前各方的普遍共识。北极自然环境、科学认知、政治安全、开发利用的多维度特性，将北极国家与域外利益攸关方紧密相连，形成包含各方利益和责任的综合体。① 目前，各方对于北极事务的认识已经基本从冷战时期的敏感区域逐步转变为多边合作的新平台，随着参与主体的多元化发展，以及议题和挑战的复杂化趋势，各国开展北极合作的平台和形式也更加多样化，探索建构以化解矛盾、应对挑战和发掘机遇为目的的国际治理体系，逐步成为北极事务中的重要议题。

当前治理过程中，由于不同行为体在不同维度中对与北极事务的理解不一致，不同层次的治理平台在主客体构成、治理目标和组织机制上也有所区别，从而产生具有差异的治理效果。例如，在政治维度中，形成了主权利益为核心的北极国家群体以及以发展利益为核心的利益攸关方群体，两类群体之间的身份差异决定了各方在北极治理的机制上无法达成一致，造成国家与非国家行为体共存、中央与地方行为体共存、域内和域外行为体共存的多元治理格局。同样，由于缺乏对于治理理念、标准和方式的集体认同，也使北极国际治理在不同层面上的能力建设和资源共享受阻。因此，相较于

---

① Emmerson Charles, *The Future History of the Arctic*, New York：Public Affairs, 2010, pp. 10 - 16.

分析不同治理机制本身，探索不同治理理念下的认知差异，归纳国际治理的能力赤字和范围盲区，有助于总结北极国际治理的当前形态和未来趋势。

第一节　北极国际治理的动态转型

随着北极事务经历阶段性历史演变，北极国际治理的环境也不断变化。而就北极国际治理的现状来看，呈现出以"国家主义"回归为特征的主体变迁，以强化约束性为导向的机制变迁，以及有关权力与权利，发展与保护动态平衡为原则的理念变迁为代表的动态转型。同时，在北极的地理空间内部以及全球层面的讨论中，对于北极国际治理的准则、形式和份额等方面仍存在众多争议，而北极地区的合作与竞争态势加速演变。单一分析北极所面临的挑战、治理机制的综述性研究已经无法满足多维北极的复合型治理需求，针对北极治理主体、理念和机制变迁的趋势性研究，有助于设计和塑造北极国际治理体系未来发展的路径。

一、北极国际治理的环境演变

北极问题并非近年来出现的新产物，人们对该问题的关注度与重视程度经历了较长时间的演变。这种演变与外界变化紧密相连，特别是与国际政治、经济、社会大环境息息相关。具体来看，至少经历了四个主要阶段：第一阶段以 19 世纪以前的北极探险活动为主，称之为北极探险期。这一时期，大量勇敢的探险家踏上危险的旅程，试图揭开地球最北方的那层面纱，为后人留下了很多宝贵的探险日志。第二阶段以 19 世纪至 20 世纪初期的北极航线大规模考察开拓为主要特征，可以称为航线开拓期。在这一阶段中，北极地区的活动以航线开拓为主，最大的变化是随着国际贸易需求的增加，人们对于北极航线的利用产生了新的认识。第三阶段是从20世纪初期至本世纪初，其间横跨了两次世界大战和冷战时期。在这一阶段里，北极问题以军事对抗背景下的无序竞争为主，反映的主要问题集中于战时与战后背景下的集团对立，有着明显的意识形态对抗色彩，可以统称为"权力扩张期"。第四阶段从本世纪初起至今，北极问题的焦点体现在跨界背景下的多元合作态势。由于气候变化带来的影响超越了国家和主权范畴，而相关的问题边界也从主权、资源等传统领域延伸至生态、社会各个方面，无法通过单一的国家行为解决，由此产生了更多的合作需求，可以称为北极治理探索期。这种划分标准一方面体现了北极问题由无序到有序的转变，也突出了其"竞争—矛盾—合作"的三步走态势。

第一，北极国际治理的环境演变与冷战结束密切相关。在冷战初期，由于东西方两大阵营在意识形态上的高度对立，北极地区形成华约和北约国家相互对抗的二元格局。[①] 在此期间，国家的权力扩张也延伸至北冰洋，加拿大和苏联分别宣布对西北航道和东北航道的主权诉求，视北极为军事要地和战略制高点，这种对抗局面一直延续至冷战结束。当然，在此期间的北极的国际合作并未完全冻结，一些跨国性的极地科学考察的合作也并未停止，其中包括1957年举行的国际地球物理年、国际环极健康联盟、联合国教科文组织"人与生物圈项目"下设的北方科学网络等。[②] 按照学者的定义，北极地区在20世纪80年代后，从"冷战前沿"变成了"合作之

---

① 陆俊元：《北极地缘政治与中国应对》，时事出版社，2010年版，第3页。
② Nuttall Mark and Callaghan Terry, *the Arctic*：*Environment. People. Policy*，Amsterdam：Harwood Academic Publishers，2000，pp. 601 – 620.

地"。① 80 年代后期，随着苏联内部发生的深刻变化，华沙条约组织逐渐解体，两大阵营之间的冷战开始出现缓和的转机。1987 年，美国总统里根和苏共总书记戈尔巴乔夫在美苏首脑会议上，共同提出了改变对抗局面，开展北极科学合作的号召。在这种大环境的影响下，北极地区出现了缓和的迹象，这种转变始于苏联领导人戈尔巴乔夫的摩尔曼斯克讲话。他提出，北极地区"聚集了巨大的核毁灭潜力的潜艇和水面舰艇"，必将"影响整个世界的政治气候，可以引爆在世界任何其他地区的政治军事冲突。"但他同时提出，"现代文明可以允许我们让北极服务于近北极国家的经济和其他的个体利益，服务于欧洲和整个国际社会。为了实现这一目标，需要解决积累已久的该地区的安全问题……让北方成为全球性的北方，让北极成为一个和平区域，让北极点成为人类的和平点"②。戈尔巴乔夫的讲话非常及时，被看作是对北极地区更广泛的环境和安全问题的回应。

值得注意的是，苏联的表态从表面上看是为了应对北极地区在环境等问题上的新挑战，但也从另一个侧面反映了其开发北极的内生需求，"人类利益"和"地区和平"成为北极安全问题的核心要素，合作成为确保本国经济和安全利益的一种方式，也将人类利益的范畴拓展至更大范围。③ 随着苏联的解体，北极地区的国际合作逐步加快步伐，并在不同层面中得到体现，北极科考、环境保护、航道开发等问题成为各国的主要关切。1990 年，苏联、美国、加拿大、挪威、丹麦、冰岛、芬兰和瑞典宣布成立国际北极科学委员

---

① Young Oran，Governing the Arctic：From Cold War Theater to Mosaic of Cooperation，*Global Governance*，Vol. 11，No. 1，2005，pp. 9 – 15.

② Gorbachev Mikhail，Speech in Murmansk in at the Ceremonial Meeting on the Occasion of the Presentation of the Order of Lenin and the Gold Star to the City of Murmansk，1987，http：//teacher-web. com/FL/CypressBayHS/JJolley/Gorbachev_speech. pdf.

③ Keskitalo Carina，International Region Building：Development of the Arctic as an International Region，*Cooperation and Conflict*，Vol. 42，No. 2，2007，p. 195.

会，并随后签署《北极环境保护战略》。由此开始，北极问题的核心关切从军事安全逐步迈入以经济为导向的多元化结构，而各国间的互动方式也从较浓的单边主义色彩转向更为开放的区域合作。从目前来看，各国对北极地区的定位已经基本超越了"战略纵深"的简单考虑，虽然北极国家从安全角度出发，还是将其视为重要的战略补充，但已绝非冷战期间美苏两大阵营对垒的"试验场"。

第二，全球化的深入发展客观上推动了北极国际治理的需求。20 世纪 50 年代以来，随着全球化的不断深入，全球性问题随之凸显。全球性问题超越了制度和意识形态差异，涉及全人类的利益。1972 年，罗马俱乐部发表《增长的极限——罗马俱乐部关于人类困境的研究报告》（The Limits to Growth），指出了影响世界的五种主要趋势：加速的工业化、快速的人口增长、普遍的营养不良、不可再生性能源的耗尽、恶化的环境。报告认为，"如果在世界人口、工业化、污染、粮食生产和资源消耗方面让现在的趋势持续下去，这个行星的增长极限将在今后的一百年中出现。为了避免这样的结果，建立全球的均衡状态，必须尽早开始工作。"[1] 全球性问题种类繁多，形态各异，但究其根本，始终是围绕人、社会与自然三者之间的关系展开。一般来说，所谓问题的"全球性"是指由多大陆之间形成的相互依存网络构成的一种世界状态。[2] 人类社会在不同地域、领域间形成一种互动的整体。而全球性问题是指国际社会所面临的一系列超越国家和地区界限，关系到整个人类生存与发展的严峻问题。[3] 全球化进程在不同阶段所表现出由分散的地域国家走向全球社会的趋势，并且随着时空和组织联系的加快融合，引发了当

① 罗马俱乐部著，李宝恒译：《增长的极限——罗马俱乐部关于人类困境的研究报告》，四川人民出版社，1983 年版，第 20 页。
② ［美］约瑟夫·奈、约翰·唐纳胡著，王勇、门洪华等译：《全球化世界的治理》，世界知识出版社，2003 年版，第 11 页。
③ 蔡拓等著：《全球问题与当代国际关系》，天津人民出版社，2002 年版，第 2 页。

代全球问题的理念更新和范式转变。① 全球性问题跨越国家主权与民族边界，超出意识形态与制度分歧的特点，使之成为全人类所共同面临的挑战。全球化问题的出现既反映出相互依存的时代特征，又体现了全球化进程的负面影响。

从目前看来，"人类所面临的各种紧迫问题，几乎没有一个单靠一国的力量就能解决的。"② 经济全球化是其中的核心部分，也就是通过商品、技术、服务和资本跨境流动的快速增长，增加各国经济相互依存。③ 按照国际货币基金组织的定义，经济全球化是指"跨国商品与服务贸易及资本流动规模和形式的增加，以及技术的广泛迅速传播使世界各国经济的相互依赖性增强"④。使生产、金融、贸易和投资等要素在全球范围内进行组合与互动。这种互动过程由部分国家所主导，并借助于世界范围内的产业再分工和资源再分配，实现跨越国家疆界的要素流动。这种变化一方面加剧了当今世界相互依存体系的构建，另一方面也逐步淡化了国家和民族间的疆界。大规模的国际贸易必须依托于安全高效的运输通道，而北极航线在运输时间和成本上具有其他传统航路无可比拟的优势，必然成为各国所瞄准的新增长点。如何协调上述相互依存的互动模式，成为北极国际治理的主要需求来源。

第三，科学技术进步成为北极国际治理的重要驱动因素。北极

---

① 部分学者将全球化进程分为不同的阶段与水平，例如罗兰·罗伯森将到目前为止的全球化分为萌芽、开始、起飞、争霸、不确定性等阶段。而戴维·赫尔德等从8种维度近乎定量地分析了全球化的历史形态。他将全球化分为前现代的全球化、现代早期的全球化（大约1500—1850年）、现代的全球化（大约1850—1945年）和当代的全球化（1945年—至今）。参见：[英]戴维·赫德尔等：《全球大变革》，杨雪冬等译，社会科学文献出版社，2001年版，第575—589页；Roland Robertson, Mapping the Global Condition: Globalization as the Central Concept, Theory Culture & Society, Vol. 7, No. 4, 1990.

② 王兴成、秦麟征：《全球学研究与展望》，社会科学文献出版社，1988年版，第93页。

③ Joshi Mohan, *International Business*, New Delhi and New York: Oxford University Press, 2009, p. 31.

④ International Monetary Fund, *World Economic Outlook* 1997, http://www.imf.org/external/pubs/ft/weo/weo1097/weocon97.htm.

的大规模科学考察时代，开始于 1957 年至 1958 年的国际地球物理年。12 个国家的 10000 多名科学家在北极和南极进行了大规模、多学科的考察与研究，在北冰洋沿岸建成了 54 个陆基综合考察站，在北冰洋中建立了许多浮冰漂流站和无人浮标站。尽管随着北极的地理发现，一些国家很早就开始了零星的海洋学、地质学、冰川学、测绘与制图学、气象学、生物学等学科的考察，但是国际地球物理年科学活动的成功，才标志着北极和南极科学考察进入了正规化、现代化和国际化的阶段。可以说，随着人类科学活动进入大科学时代，以及国际政治格局的巨大变化，20 世纪 80 年代后期，北极的科学研究活动已出现了真正国际化的趋势。随着北极科考的不断深入，以及科学技术的不断进步，人类对北极潜在价值的认识也更为清晰，在相应北极活动主体和范围增多的背景下，北极国际治理的需求也越发明显。

第四，气候变化是北极国际治理的重要的"催化剂"。各种研究表明，气候变化对北极问题的影响十分直接，特别是气候变暖带来了海冰融化速度加剧，造成了一系列北极海洋生态系统的变化。按照联合国的统计，过去 100 年北极平均温度增加的速度几乎是全球平均增温速度的两倍。如果人类的气体排放达到当前估计范围的高端值，北冰洋大多数区域在本世纪末将可能全年无冰雪覆盖。[①]2014 年，政府间气候变化委员会（IPCC）发布的《气候变化 2013：自然科学基础》报告指出，1979 至 2012 年间北极海冰范围以每十年 3.5% 至 4.1% 的速度缩小，达到 45 万—51 万平方千米。北极夏季的多年海冰范围则以每十年 9.4% 至 13.6% 的速度减少，达到 73 万—107 万平方千米。另一方面，20 世纪 80 年代初以来，北极的多年冻土区出现解冻现象，在阿拉斯加北部一些地区的升温幅度达到

[①] United Nations, *UN and Climate Change*, http：//www.un.org/zh/climatechange/regional.shtml.

3℃，俄罗斯北部地区达到 2℃，在俄罗斯的欧洲北部地区，多年冻土层厚度和范围大幅减少。根据这种趋势，北冰洋在本世纪中叶前就可能出现在 9 月份无冰的情况。[①] 美国国家冰雪数据中心（National Snow and Ice Data Center）的报告显示，2013—2014 年北极海冰面积（海冰量 15% 以上的北冰洋面积）比 1981—2010 年间同期的平均值下降了超过 100 万平方千米。由于自然环境变化带来的外溢性影响，北极治理的视阈也逐步从区域走向国际，从边缘走向中央。

二、北极国际治理转型的内涵

（一）治理主体变迁

主体的多元性是北极国际治理的基础特征。所谓多元主体，是指北极作为全球性问题，其治理主体是多元和多结构的。这其中既包含国家与非国家行为体的"二元结构"，也包括中央政府、地方自治体与土著人之间的"纵向结构"，还包含域外国家和域内国家、组织机制成员与非成员的"立体结构"。在每个不同的结构中，又需要按照不同的标准进行归类划分。值得注意的是，在国家行为体和非国家行为体的二元结构中，从属于国家行为体类别的为相关主权国家，而如何界定"相关"的含义显得尤为重要。按照一般理解，北极问题的治理主体自然是北极国家，也就是以地理概念作为标准，界定具体的参与方。但值得注意的是，《斯瓦尔巴德条约》通过明确挪威对于斯瓦尔巴德群岛的主权，换取各签约国在该地区进行开发的非歧视性原则，并在安全上限制了任何军事设施的建

---

① Intergovernmental Panel on Climate Change，*Climate Change* 2013：*the Physical Science Basis*，2014，https：//www.ipcc.ch/report/ar5/wg1/.

立，从而有效保障各国和平、平等、共同利用该地区。按照这一条约的标准，所有签约国都应被视为治理参与方，也自然享有治理主体的资格。另一方面，北冰洋是北极地区的构成要素，相关海域的资源、环境等问题也适用于《联合国海洋法公约》的管辖范围，理论上讲所有签约国也都应被视为治理主体。可以看到，北极治理的主体既有地理范畴的北极国家，也应该包含法理范畴中的相关缔约国。

按照传统概念界定，治理主体或行为体可以分为国家治理、社会治理和全球治理三个不同的领域。在国家治理当中，权威型的政府构成治理的一元主体；在社会治理中，由政府、企业、媒体、公众、公共组织等构成治理的多元主体；而在全球治理中，包括主权国家、非正式的公民社会组织和精英个人。这里的主体泛指负责制定和实施全球议题的个体，通过不同的界定要素和层级划分，形成多层主体结构。① 上述三者均可根据自身的需要或目的发现问题、提出议题并推动设定议题。

但随着世界范围内的"国家主义"回归态势，北极国际治理的主体特征也出现了新变化，主要表现为国家行为体由于核心关切的拓展和延伸，强化主导和控制治理进程。按照传统的理解，在不同的北极国际治理平台中，国家行为体扮演了完全不同的角色。例如，在涉及北极传统安全、海洋划界和主权归属等议题的治理平台或对话中，北极国家依据"主权至上"原则占据绝对优势地位，而在涉及生物与非生物资源开发、航道和基础设施建设等发展议题时，国家行为体往往处于"相对优势"地位，与地方政府、域外国家、跨国公司、社会组织、土著人群体等多利益攸关方共享部分治理权。在设计生态建设、环境保护、气候治理等公共性议题中，国

---

① ［英］戴维·赫尔德著，胡伟等译：《民主与全球秩序——从现代国家到世界主义治理》，上海人民出版社，2003 年版，第 5 页。

家行为体普遍居于"弱势地位"，在科学类国际组织、科学家群体的主导下参与合作，共享甚至让渡部分权力。随着当前全球化的新旧动能转换和出现的"再全球化""逆全球化"趋势，推动全球治理体系变革已不可避免。在传统的全球治理体系中，少数发达国家掌握着绝对的主导权，而广大发展中国家对于发展议程的参与程度很低，自身对于国际事务和国家发展的诉求缺乏足够的表达渠道。此轮孤立主义、民粹主义思潮的兴起，将重新强化国家行为体在全球治理中的优势地位。而在北极国际治理中，这种态势则更加清晰。主权国家作为当前北极事务的主要行为体，相较于地方自治机构、非正式的社会组织、土著人群体等多利益攸关方，不但更具有资源统筹的优势，也再次凝聚了国家在多维北极中发挥主导作用的理念共识，使其行为能力和影响范围也更为广阔。

（二）治理机制变迁

治理的核心是在非强制性的管辖下，对某一具体事务进行能力范围内的管理、解决或应对。[①] 也有学者认为，治理是政府和社会管理行为的不同表现形式，这种特殊形式意味着管理理念的变革[②]，似乎成为一种从权威性到有序性，从统治到管理的新方式。[③] 治理与统治的核心区别在于程序和机制的多元指导理念，在政府的统治中，其程序更具有权威性，并注重于建立相应的约束关系。[④] 从结构上来看，统治体制更多具备相应的正式结构。与之相比，治理涉

---

① Czempiel Ernst-Otto, Governance and Democratization, in Rosenau James and Czempiel Ernst-Otto eds., *Governance without Government: Order and Change in World Politics*, Cambridge: Cambridge University Press, 1992, p. 250.

② Kooiman Jan, Social-Political Governance: Introduction, in Jan Kooiman ed., *Modern Governance: New Government-Society Interactions*, London: Sage Publications Ltd., 1993, p. 2.

③ Rhodes R. A. W., the New Governance: Governing without Government, *Political Studies*, Vol. 44, No. 4, 1996, pp. 652 – 653.

④ ［美］约瑟夫·奈·约翰·唐纳胡著，王勇等译：《全球化世界的治理》，世界知识出版社，2003 年版，第10—11 页。

及的领域和范围则更为宽泛，其指导理念更具公共性和跨域性，而其结构则更为松散和弹性，时常以软性协调代替权威约束。① 北极国际治理机制虽然兼有非约束性和约束性特征，但是非约束性明显比约束性更突出、更广泛。② 一直以来，议题设定目的的不确定性使各国的收益预期无法明确，对北极问题的广度与深度理解无法一致，出现主权让渡困境和普遍性权威缺失等一系列问题，对参与统一的制度性安排产生抵制或疑虑心理，此种差异导致个体利益与公共利益无法交汇，从而很难真正实现所谓的合作性博弈。在此前提下，非制度性安排的对话与不具有强制性特征的合作成为主要方向。但是，这一基本特征随着北极治理需求的变化也出现了调整，部分治理平台更倾向于机制化路线，产生具有法律约束力的治理成果。

例如，北极理事会长期以来被视为松散的且具备论坛性质的治理平台，其意见或合作成果不具备法律和实践意义上的强制性。但是，理事会近年来达成了多项具有普遍约束力或法律约束力的协议，从而逐步改变其在北极治理中的"软性"平台印象。2011 年，理事会通过具有普遍约束力的《北极海空搜救合作协定》（Agreement on Cooperation on Aeronautical and Maritime Search and Rescue in the Arctic），旨在建立北极地区完善的海空搜救系统。③ 总体而言，该协定的出台是基于多种国际协议之上的产物，而非一种脱离国际法体系之外的地区性规制，为北极海空搜救合作起到了规范生成的

---

① Rosenau James, Strong Demand, Huge Supply: Governance in an Emerging Epoch, in Ian Bache and Matthew Flinders eds. , *Multi-Level Governance*, Oxford: Oxford University Press, 2004, p. 31.

② 王新和：《推进北方海上丝绸之路："北极问题"国际治理视角》，时事出版社，2017 年版，第 123 页。

③ Arctic council, Agreement on Cooperation on Aeronautical and Maritime Search and Rescue in the Arctic, Arcticle 2, Objective of this Agreement, 2011, p. 2.

作用。① 2013 年，理事会通过具有法律约束力的《北极海洋石油污染预防与应对合作协议》（Agreement on Cooperation on Marine Oil Pollution Preparedness and Response in the Arctic），强化北极石油污染发生时各缔约国间的责任与分工。该协议的制定与近年来北极地区油气开发的日益增多密切相关。② 由于石油开发活动造成的污染对北极生态环境和人居环境带来了相对较大的影响，以条约形式约束污染的措施也势在必行，北极各国的合作与预防行动也需要法律保障。③ 2017 年，北极理事会出台第三份具有强制约束力的《加强北极国际科学合作协定》（Agreement on Enhancing International Arctic Scientific Cooperation），旨在通过各国间的科学合作提高对北极科学认知的有效性。④ 为了推动上述三份具有约束力的协议最终签署，北极理事会还特别下设了搜救任务组（TFSR）、北极海洋油污防范和应对任务组（TFOPPR）、加强北极科学合作任务组（SCTF），进一步加强理事会针对具有约束力条约制订的机制化建设。在完成缔约程序后，这些工作组均已自动撤销。有学者认为，从防治海上石油污染到北极海空搜救，再到北极科学合作，北极理事会的"硬法化"进程，已经从环保、民生等低政治敏感度领域扩展到具有高度战略性的极地科学领域，体现出北极理事会从"行政型垄断"到"知识型垄断"的转型。⑤

---

① 肖洋："北极海空搜救合作：规范生成与能力短板"，《国际论坛》，2014 年第 2 期，第 13—19 页。

② 贾茹："浅析《北极海洋石油污染预防与应对合作协议》的颁布意义"，《法制博览》，2014 年第 10 期，第 178 页。

③ Arctic Council, Agreement on Cooperation on Marine Oil Pollution Preparedness and Response in the Arctic, Arcticle 1, Objective of this Agreement, 2013, p. 2.

④ Arctic Council, Agreement on Enhancing International Arctic Scientific Cooperation, Arcticle 2, Purpose, 2017, p. 2.

⑤ 肖洋："北极科学合作：制度歧视与垄断生成"，《国际论坛》，2019 年第 1 期，第 103—113 页。

（三）治理理念变迁

北极国际治理的理念变迁主要反映在对两组关系的认识之上：

首先，是如何看待权力和权利的互动关系。在北极国际治理中，权利并非是简单的"权力利益复合体"，而是包含了政治、经济、安全和科技等多个层面的合情、合理、合法的正当诉求，而权力则限于"国家对北极的控制"。① 权力的核心概念是保证安全，指一国发展北极军事、经济、政治、文化力量的出发点，是其国家安全整体概念的延伸部分。北极权力是维护权利的切实保障，而实现北极权利又是发展权力的有力基础，这两者间既有紧密的逻辑联系，又有切实的互动关系。各国以维护自身北极权利为目标，通过多途径强化其北极权力，把传统的安全因素和资源开发、环境保护、科技发展等能力按照合理比例纳入权力的构成要素，在一定程度上确保了自身安全，也促进了北极以和平的方式实现可持续发展。但是，部分国家因历史或现实原因，以安全为由一味追求北极权利的非理性夸大和权力的无边界扩张，打破了两者间的逻辑关系，由此导致北极权利和权力互动的失衡，引发各国在此类概念间的争夺与妥协。

其次，是如何看待开发与保护的关系。北极地区一直被视为尚未开发的"净土"，这主要是以资源的角度而做出的定义。由于特殊的地理和气候环境，人们对北极的资源开发始终无法摆脱相关不确定性的影响。随着近年来气候变化的影响，特别是气候变暖带来的融冰，使北极资源的大规模开发重回议事日程，为相关国家进一步利用北极航道提供了新的机遇。但是，融冰加剧带来的影响具有明显的两面性。气候变化还带来了北极地区冰川和冰架的融化，以

---

① Olav Schram Stokke and Geir Hønneland, *International Cooperation and Arctic Governance: Regime Effectiveness and Northern Region Building*, London and New York: Routledge, 2006, pp. 74 – 79.

及永久冻土层出现解冻等现象，对现有生态系统造成冲击。相关研究还表明，北极海域的融冰会反作用于气候系统，加速引起全球气候变暖。[①] 从渔业资源来看，随着需求的快速增长，渔业市场的规模和捕捞总量也不断攀升。有观点认为，全球超过75%的深海渔业市场处于饱和与过度开发状态。[②] 这种快速增长趋势给全球海洋生物多样性造成潜在威胁，也影响北极渔业市场和贸易的合理水平。可以看到，北极问题的边界在某种程度上超越了地理范围，造成全球性的广泛影响，但对于主权范围内地区的资源开发属于相关国家的合理诉求。因此，如何校对北极开发的"正负极"，最大程度地减少开发与保护之间的矛盾，充分平衡当前与未来的可持续性发展，并处理好人与自然的协调关系是北极问题的本质。

第二节 多边主义和共生理论视阈中的北极治理

北极事务兼具全球属性和区域属性，实现北极地区的善治无疑需要准确把握北极的双重属性，平衡北极事务行为体的利益与责任。

一、多边主义框架下的北极治理

全球气候变化影响下北极自然生态环境的变化，使北极事务的内涵和外延均超越了区域主义范畴，进入多边和国际治理的语境中。多边主义是北极国际治理的基本理念之一。"普遍的行为准则"

① Arctic Climate Impact Assessment, Policy Document, http://www.acia.uaf.edu/PDFs/ACIAPolicyDocument.pdf.

② OECD, Strengthening Regional Fisheries Management Organizations, 2009, p.17, http://browse.oecdbookshop.org/oecd/pdfs/product/5309031e.pdf.

是北极多边治理的核心概念，而这种行为准则表现出参与者对于权利和责任的集体认同。北极治理从区域向多边过渡的进程中，出现了较为明显的行为体多元化趋势，也就是从一元行为体向多元行为体的演变。这里的"多元"不单单指行为体的本质发生变化，其行为方式也发生了从"合作性博弈"到"选择性妥协"的明显变化，而这种变化带来的直接影响，则聚焦于多边治理的构成基础之上，也就是普遍性行为准则的合法性。

从一般意义上来看，在国家或社会治理、区域或多边治理、国际或全球治理三组不同治理关系中，相关的治理主体也存在较大区别。这里的"主体"泛指负责制定和执行议题的个体，通过不同的界定要素和层级划分形成的主体结构。[①] 其中，国家或社会治理关系中的主体差异在于，权威型政府作为一元主体和企业、媒体、公众、公共组织等多元主体之间的不同。在区域或多边治理关系中，主体差异主要体现在狭义的身份认同标准和集体利益的共识之间。在国际或全球治理关系中，其主体差异性主要围绕主权国家、非正式的公民社会组织和精英个人而展开。

有学者指出，"北极在一定程度上的公共属性以及全球性影响，无法通过单边或局限多边的模式解决矛盾，而是应当纳入更多的行为体开展广泛合作。"[②] 目前，在北极生态、环境和气候等自然维度中，形成了以国家行为体、政府间国际组织、非政府组织、土著人群体为核心的主体构成。在探索和认知等科学维度中，出现了以科学类多边组织和科学家群体为核心的主体构成。在北极传统安全、海洋划界和主权归属等政治维度中，出现了以主权国家和建立在狭义身份认同为核心的主体构成。在资源利用和商业开发等发展维度

---

① ［英］戴维·赫尔德著，胡伟等译：《民主与全球秩序——从现代国家到世界主义治理》，上海人民出版社，2003 年版，第 5 页。

② Загорский Андрей，*Арктика：зона мира и сотрудничества*，Москва：ИМЭМО，2011，p. 12.

中，则出现了域内外国家、次级行政主体和跨国公司为核心的主体结构。可以看到，北极治理的主体结构在不同维度中各有交叉，无法按照传统意义上国家或社会治理、区域或多边治理、国际或全球治理的治理关系进行划分。但需要注意的是，相较于地方自治机构、国际政府间或非政府组织、土著人团体和域外各类组织而言，主权国家作为北极事务的主要行为体更具有资源统筹的优势，其行为能力和影响范围也更为广阔，是影响北极国际治理成效的关键。

在多边主义视角下的北极治理中，治理主体可以分为"独立主体""代理主体"和"辅助主体"三种类型。所谓独立主体，是指有独立的政策制定、战略规划、信息沟通、义务承担能力的主体，这主要包括各主权国家的政府。这类主体的主要特点是决策权和行为能力的独享，因此在收益分配和责任承担上更具备独立性，因而在多边治理中占据优势地位。从范围来看，独立主体已经不单单局限于地理范畴中的北极国家，而是随着北极问题影响的泛化，北极开发潜力的拓展等因素蔓延至北极圈外。但是，各方目前对于域外国家主体的身份认定尚未达成一致。所谓代理主体，主要指虽然具备一定程度上的政策制定、战略规划、信息沟通和义务承担能力，但在法律地位上隶属于某个独立主体，或受限于某类更高级别的法律或行政约束，这类主体通常包括联邦制国家中的民族或行政自治区，以及单一制国家中的地方政府或次级行政单元。此类主体的特点是决策权和行为能力的非独享，在多边治理中需要通过独立主体作为"代理人"，实现收益和责任的诉求。

需要注意的是，这类主体的收益和责任诉求与其存在隶属关系的独立主体的诉求并非吻合，在行为积极性上也并不同步，甚至有可能出现利益冲突，因此导致两个主体的策略制定和行为方式出现一定的抵触。例如，2017 年 11 月，阿拉斯加州政府、阿州天然气开发公司（AGDC）同中国石化、中投公司和中国银行签署协议，邀请中国投资 430 亿美元在阿拉斯加州开发液化天然气，但随着中美两国贸易摩擦的不断升级，特别是 2018 年 7 月中美两国进行第二轮征税清单，相关内容涉及石油、天然气和化工产品，[①] 导致中美北极能源合作受到影响。2018 年 10 月 3 日，阿州天然气开发公司与中国石化等三家公司再次签署补充协议，提出将 75% 的液化天然气产能为中方未来的进口作出保留。[②] 可以看到，阿拉斯加州出于自身发展的需要，在北极资源开发问题上更希望引入域外国家作为战略投资者，而这种以发展维度为主的政策导向与美国整体的北极战略取向可能存在冲突，并且极大受制于国际地缘政治和经济格局的演变。此外，加拿大政府受到北方地区政府关于捕猎诉求的影响，制定出与其国家战略并不十分吻合的海豹捕猎许可，并引发与其他国家或国家群体的矛盾，甚至影响到欧盟获得北极理事会的观察员地位。[③] 俄罗斯政府出于安全考虑，谨慎考虑北部地区吸引外资的条件和义务，这也与当地政府的切实需求产生差异。[④] 可见，虽然独立主体是地方政府的代理人，但两者间最终的诉求妥协还是经过了中央和地方的二元博弈所产生。

所谓辅助主体，是指不具备独立的政策制定、战略规划、信息沟通和义务承担能力的主体，在治理中也没有决策权和行为能力，但却是具体议题的参与方或行为人，或其立场可以间接影响"代理主体"和"独立主体"的决策与行为。此类主体的主要特点是在法

① 王震、侯萌："中美经贸摩擦对双边能源合作的影响"，《国际石油经济》，2018 年第 10 期，第 4 页。

② "China Firms, Alaska Reaffirm Plans to Advance Alaska LNG Project," *Natural Gas Intelligence*, October 3, 2018, https://www.naturalgasintel.com/articles/115997 – china-firms-alaska-reaffirm-plans-to-advance-alaska-lng-project.

③ Arctic Council Should Deny Observer Status to the EU: Nunavut MLAs, Nunatsiaq News, 10 May, 2013, https://nunatsiaq.com/stories/article/65674arctic_council_should_deny_eu_observer_status_nunavut_mlas/.

④ Лукин Ю. Ф., Российская Арктика в изменяющемся мире, Архангельск, 2012, стр. 42.

律上不具备独立资格，却又在科技、知识等领域具备专业性，是契约执行环节中不可或缺的一部分，因此具有一定的辅助性效应。一般来说，涵盖各种商业机构、国有或私营跨国企业、科研院所、社会团体等非国家行为体。各级主体在多边治理中所处的位置，可以用"中心—外围—边缘"的关系结构予以表现。

将多边主义理念下的治理与北极区域治理进行比较可以发现，由于治理参与者和治理客体的范围有限，区域治理中的区域利益与个体利益的重合度较为集中，因而呈现出以排他性为主的域内自主治理模式。在这当中，北极域内主体间的博弈更多地以收益分配为主要目标，也就是通过主体间的合作博弈，首先诱发区域共同利益的正增长，亦或在实现自身利益诉求时避免侵害域内其他主体的利益。从理论的角度看，这种合作性博弈所产生的结果可以带来"合作剩余"[①]，也就是博弈各方合作时所运用的技巧，更容易获得更为趋同的利益预期，从而产生剩余的利益分配。区域治理主体具有较为趋同的身份认同和价值取向，更便利于在有限范围内进行信息的传递和交流，并最终通过信息的互换产生可行性较高的共同约定，甚至形成一定程度上的"准联盟"概念。例如，强调成员所具备的北冰洋沿岸国共同身份，表明对于《联合国海洋法公约》涉北极制度的集体认同，从根本上消除产生北极新法律制度或条约体系可能性，强调主体资格的区域排他性、客体范围的区域集中性、利益争端的区域协商性以及终极目标的区域概念性的"伊卢利萨特进程"[②]就是区域治理的典型代表。值得注意的是，这种准联盟方式的合作一旦达成，必须以一套强制性约定作为内部利益分配的法律基础。

---

① "合作剩余"指各方通过合作所得到的纯收益，也就是扣除合作成本后的收益（包括减少损失额），相较于不合作或竞争所能得到的纯收益即扣除竞争成本后的收益（也包括减少损失额）之间的差额。

② 主要指以《伊卢利萨特宣言》为核心的治理进程，参见 Arctic Ocean Conference, The Ilulissat Declaration, 2008, http：//www.oceanlaw.org/downloads/arctic/Ilulissat_Declaration.pdf.

但是，有学者提出，"目前北极地区还缺乏具有支配性的政治法律机制，缺乏促进区域总体发展的制度性安排，更缺乏协调北极资源和航运通道的共识性机制。"① 带有强制性条款的法律基础是保证合作性博弈的关键，但这种具有普遍强制性意义的契约在实践中很难实现，特别是由于背叛成本与收益的非对称性，其可执行性水平也相对较低，从而导致了北极区域治理只能局限于"高政治"层面的利益分配，但无法在"低政治"或非政治层面实现更为广阔范围的责任划分。此外，由于北极国家在政治、身份、社会结构上的巨大差异化，各主体也难以完全满足区域治理所强调的狭义身份认同，而往往是根据北极事务的不同维度选择恰当身份。（参见表6.1）

表6.1　北极国家在区域治理组织中的身份差异

组织名称 \ 国别	加拿大	丹麦	芬兰	冰岛	挪威	瑞典	俄罗斯	美国
北极理事会	成员	成员	成员	成员	成员	成员	成员	成员
北极经济理事会	成员	成员	成员	成员	成员	成员	成员	成员
巴伦支欧洲—北极理事会	观察员	成员	成员	成员	成员	成员	成员	观察员
北极地区议会大会	成员	成员	成员	成员	成员	成员	成员	成员
"伊卢利萨特进程"	成员	成员	非成员	非成员	成员	非成员	成员	成员
北欧部长理事会	非成员	成员	成员	成员	成员	成员	非成员	非成员
北部维度	观察员	成员	成员	成员	成员	成员	成员	观察员
北方论坛	非成员	非成员	非成员	成员	非成员	非成员	成员	非成员

与区域治理相比，在多边主义理念下的北极治理中，这种合作性博弈无法适应范围逐步扩大的行为体参与，以及治理客体范围的相应拓展。在此种条件下，合作性博弈逐步向选择性妥协发展，也就是多边环境下治理主体出于个体理性的边际效应，产生实现个体利益诉求时的选择性妥协行为，也就是塑造一种竞争与合作并存的

①　Borgerson Scott, Arctic Meltdown, *Foreign Affairs*, Vol. 87, No. 2, 2008, pp. 63–77.

互动关系。从广义来看，这种选择性妥协更像是合作与非合作性博弈的总和，也就是在不同的时间环境和物质环境下，既可能关注于合作性博弈中的利益分配，又可能注重于非合作性博弈中的策略选择。合作性博弈的前提条件可能是由于对于集体收益的强烈预期，而选择非合作性博弈的理由则是个体利益与共同利益存在非对称性时自身策略和行为的差异所导致的。虽然区域治理的范围更小，但其互动绩效却取决于集体行为，多边治理的参与者和客体范围更大，但互动成效则更注重于个体的策略选择，也就是选择性妥协产生的可能性。

也就是说，多边主义视阈下的北极治理在表现形式上不以狭义的地理或政治身份认同作为唯一标准，而是强调北极事务的跨领域整合，建立北极国家内部以及域内外的良性互动模式。在兼容性上，更为关注国际体系和地区间关系的兼容作用，重视外部输入性的整合动力。在认同标准上除了强调单一的利益认同，还关注与跨国家、跨民族、跨区域的利益及规范认同，这种认同和利益兼容性有效促进了北极的多维度治理进程。

二、共生治理的理论指向与核心单元

（一）理论指向

共生在理论渊源上并非国际政治术语。有观点将其形容为单一生物寄生于他者体内或体外并形成互利关系的状态，[①] 也有学者认为是一起生活的生物体间具有某种程度的永久性物质联系，[②] 或是生物间的良性互动塑造了适合生存的生态系统，而这一生态系统中

---

① 夏征农、陈至立：《辞海》，上海辞书出版社，2010 年版，第 3516 页。
② Douglas Angela, Symbiotic Interactions, Oxford University Press, 1994, pp. 1 – 11.

能量间的互动与物质的进化，逐步演变出物种间、生物与自然间的共生关系。① 实际上，共生概念并不限于某个具体学科，而是指所有单元间形成的共同进化状态，而这种状态具有高度的共荣性。② 在国际体系中，主体、资源和约束条件是共生关系中的要素，资源是各主体间互动的纽带，而约束条件则是共生关系的基本运行准则。③ 这三个基本要素组成了不同形态的国际共生关系模型，并衍生出相应的国际机制，通过资源的合理交换、分享和竞争实现国际间的共生状态。④

从治理的角度看，共生单元是其中的基本要素，共生环境是单元间互动的主观与客观状态，而共生模式则是合理分工与互补竞争的结构表象。在演进路径上，共生单元从互动收益、客观需求和交易成本这三个方面作为是否进入共生发展的衡量评价标准。在良性的共生状态下，各方按照合理分工进行互动，借助各自优势实现互补性竞争，并最终成为共生发展的原动力。部分观点认为，共生单元间的相互作用将会产生一定的共生红利，从而促进单元的内生性适应能力，并在单元间构建相应的结构，以满足外部环境的需求。⑤ 按照字面的理解，竞争与合作的概念是相互对立的。从北极问题的客观构成来看，是有着不同主体针对有限资源归属权和开发权的争夺过程，属于典型的竞争态势。但在一个成熟的共生系统中，合作成为共生的源生特性，这种源生性并不排斥竞争，而是强调通过竞争来产生合作领域、渠道和方式的创新。也有学者提出，"合作性竞

① 杨玲丽：《共生理论在社会科学领域的应用》，《社会科学论坛》，2010年第16期，第149—157页。
② 李思强：《共生建构说：论纲》，中国社会科学出版社，2004年版，第15—20页。
③ 胡守钧：《社会共生论》，复旦大学出版社，2006年版，第22页。
④ 包括两主体间资源交换模型的共生关系、多主体间资源交换模型的共生关系、多主体同一资源分享共生关系、两主体间同一资源竞争型的共生关系、多主体间同一资源竞争型的共生关系。详见胡守钧：《国际共生论》，《国际观察》，2012年第4期，第36页。
⑤ Moor James, Predators and Prey: A New Ecology of Competition, *Harvard Business Review*, Vol. 73, No. 5, 1993, pp. 22-31.

争是共生关系中的根源表象"①，"合作性竞争有助于优化共生系统中的互动效率，成为重要的良性因素。"②

共生单元的外部影响因子被统称为共生环境，其作用形式以物质和信息的互流互通为主。共生环境既包含了国际、区域和各国国内的客观互动基础，也包括价值取向、政治文化、经济水平以及文化归属等不同方面。如果外部共生环境由当前的全球、多边和区域多层合作逆向发展，重新回到以邻为壑或集团对抗为导向的零和博弈环境，势必会破坏共生环境的构建，同样会降低实现共生关系的可能性。由于共生单元间存在着多元的政治取向、经济水平、文化传统，内部共生环境的塑造具有追求认同平衡、接纳平衡和交融平衡这三方面的特点。

共生模式的显性特征反映了共生单元的互动方式，而其隐形特征则反映了这种互动的深度、强度和频率。前者的互动可以按照间歇、连续或一体化的种类区分，而后者则按照对称或非对称、互惠与非互惠等类别予以辨别。[8]需要指出的是，共生模式与共生关系并非处于恒定状态，反而具有强烈的波动性，这种波动的幅度和趋势与共生单元的构成、共生环境的变化紧密相连。从大的国际环境来看，其自我完善和发展意识逐步增强，经济全球化和国际关系多极化的表征更为明显，使各国不但产生了更多的治理意识，也谋求在共生关系这一基础上建立互动秩序的需求。总的来看，共生治理所强调的是个体间努力形成紧密的共存状态和共生单元，通过主观或客观的引导建立一种互补性竞争模式，从而产生合理的资源与分工配置，最终实现个体间的共存且共同进化的状态。

---

① Kogut Bruce, The Stability of Joint Ventures: Reciprocity and Competitive Rivalry, *Journal of Industrial Economics*, Vol. 38, No. 2, 1989, pp. 183 – 198.

② Park Seung Ho and Russo Michael, When Competition Eclipses Cooperation: An Event History Analysis of Joint Venture Failure, *Management Science*, Vol. 42, No. 6, 1996, pp. 875 – 890.

（二）北极共生治理的核心单元

北极在地理概念中以具体地区为界限，其内部的互动往往强调主体的身份构成。在涉及具有地区性质的利益博弈时，各方趋向于达成具有约束力的制度和协定，有助于形成具有共同利益诉求的区域性联合体，在较短期限内实现具体的利益诉求。但是，根植于区域主义的治理模式使各行为体难以摆脱对外的排他意识，优先依靠内部的自主治理动力。而在多边主义理念下的治理中，各类组织的制度化程度和议程执行力又略显匮乏，从而造成议程设置和制度建设中"软性"和"硬性"治理的失衡。共生治理中的互补性竞争与合作，正是多边治理中的制度创新。在北极事务的不同维度上，可以借助不同主体的差异性力量优势实现全要素型互补。例如，在渔业治理中，以渔业资源为经济支柱的国家需要其他北冰洋沿岸国和非捕捞大国在养护制度、生态系统维护和减少渔业贸易壁垒等方面的积极配合，在区域、多边渔业制度建构上的共同促进。在航道治理中，拥有航道主权或控制权的国家需要与航运贸易大国终端国、造船业大国、冰区航行技术大国等的相互信息技术交流；港口基础设施欠发达国家需要经济大国和对外贸易大国的外资支持。在环境治理中，除了实现北极国家间的信息技术交流外，还能够借助非北极国家的远洋极地科考能力。这种互补性的竞争与合作能够刺激各主体间的共生关系形成，从而为实现共生治理打下基础。

多维北极在结构、内涵和影响上的巨大差异性，特别体现在北极自然生态环境保护与开发利用之间，"去边疆化"的科学认知与维护国家主权和安全边界之间，内部战略规划和对外政策沟通之间的互动、交融和博弈关系之上。因此，以地理空间为标准的狭义身份认同和对外排他性等区域治理范式饱受诟病。例如，北极理事会于2013年吸纳包括中国、日本、韩国、印度、新加坡和意大利等域外国家成为正式观察员。但实际上，北极国家提前对观察员国的职责、能力范围、权利和义务做出了详细且严苛的规定，使域外国家更像是"享有参与权的旁观者"。有学者就认为，这种做法只是通过北极理事会的机制化而巩固北极利益的国家和地区属性，为相关机制谋求道义合法性。[①] 这种关系是在域内竞争中寻找利益交汇点并做出战略妥协，从而实现区域内部的共赢以及对域外力量参与的"物理隔离"。但是，虽然只是北极国家为加强区域内聚性塑造的包容假象，但在客观上也激发了各国间的新互动点与逐利方向，特别是保障了治理的多元主体和妥协空间，这为塑造以互补性竞争强化各行为体之间互动的共生治理创造了条件。

从北极共生关系的演进来看，在北极的初期探险阶段，因为权力的使用尚处于不受控制的状态下，在国家间敌对的初始假设情况下，暴力手段和战争成为国家保护自己的首选方法，从而形成了非利共生关系。冷战结束以来，北极地区逐渐变为"合作之地"[②]，部分国家进入了以集体身份、集体价值观为基础，以集体行动来应对北极变化的挑战的偏利共生关系。而近十年来，以多元化主体、多层级平台和选择性妥协为标志的多边治理趋势逐步兴起，成为实现互利共生的重要基础。

在治理主体方面，北极共生治理与多边治理相似，既包括区域治理中强调身份认同的北极圈内国家和北冰洋沿岸国家，也包括多边治理中的域外利益攸关方。既包括区域治理中的制度设计和环境塑造主体，也包括多边治理中强调的独立主体、代理主体和辅助主

---

① Aggarwal Vinod, the Unraveling f the Multi-Fiber Arrangement: An Examination of International Regime Change, *International Organization*, Vol. 37, No. 4, 1983, pp. 617 – 645.

② Young Oran, Governing the Arctic: From Cold War Theater to Mosaic of Cooperation, *Global Governance*, Vol. 11, No. 1, 2005, pp. 9 – 15.

体。① 与多边治理不同的是，北极共生治理的主体更为多元化，不但在宏观层面以国家行为体和非国家行为体这一标准进行划分，还在微观层面也出现了土著人群体、科学家团体等新兴主体，或被称为"政治动员者"。② 也就是说，共生治理的主体并不以范围或类型来判断主体的构成指标，而是以主体间的共生程度来决定的。这种共生程度的表现形态可以是地域上的边界关系，也可以是领域上的相互依赖关系，亦或可以是抽象的共享价值关系。

通过进一步观察可以发现，北极多边治理在淡化以地理空间为标准的狭义身份认同的同时，强化多利益攸关方之间的共同利益和责任，而这种强调超越物理空间、政治身份的认知在某种程度上也属于共生治理的范畴。例如，虽然北极国家与北极事务的相关度最高，但由于这些国家本身与北极圈外国家有着不同程度的密切联系，包括政治伙伴关系、经济依赖关系、文化继承关系等不同方面，从而使域内外国家间自然产生间接的共生关系。同理，虽然部分非政府组织、社群团体和精英个人与北极国家不存在上述伙伴关系，但由于部分抽象层面的理念和价值共享，也逐渐生成与域内国家间的间接共生关系，而这些间接共生关系是推动北极共生治理的核心单元。除了不同主体间的共生关系，责任共生也可以通过相关的主观意识构建逐渐形成。例如，应对全球气候变化对北极的生态环境影响就逐渐成为各国的普遍责任认同。但是，为了保障共生治理的客观性，这种责任共生还需具备相应的平等意识和共处意识。

所谓平等意识，主要针对北极域内外国家间、国家和非国家行为体之间的能力差异，特别是国家间的发展阶段和制度差异性。从

---

① 赵隆："从航道问题看北极多边治理范式——以多元行为体的'选择性妥协'实践为例"，《国际关系研究》，2014 年第 4 期，第 64 页。

② Stokke Olav, International Institutions and Arctic Governance, in Stokke Olav and Geir Honneland eds., *International Cooperation and Arctic Governance: Regime Effectiveness and Northern Region Building*, London and New York: Routledge, 2006, pp. 175 – 177.

目前的北极国际治理机制来看，不同机制中治理主体的权利分散、组织界限模糊等问题已经逐步显现。例如，各方可以在北极理事会框架下就科学合作、海空搜救、海上事故应对等分领域问题上达成小范围共识，但难以在科学研究、商业开发的标准、规则和路线等更具普遍性的议题上建立有效的协调配合机制。

所谓共处意识，就是要消除治理主体间的认同差异，特别是对于治理结构中规范性和协商性的认同差异。由于理论指向的特殊性问题，学界在以"治理"为分析框架探讨北极事务时，往往容易过于强调治理的多层级和主体的多元性，强调"主权分享和让渡"①与"没有政府的治理"②的重要性，但却容易忽视北极国家相关主权和主权权利在北极事务中的普遍性存在。有学者提出，北极地区应该被视为一个公共财富系统，成为维持人类社区和生态系统可持续发展的重要区域。以共同管理或权力共享为手段，同时顾及土著人传统实践和西方科学程序的共同发展理念。③北极共生治理的核心在于既要强调以协商性为主的治理路径，也不能淡化规范性治理的必要性，而是要将二者通过共生意识的培养建立在集体认同的基础上，首先考虑国家对权利转移的条件和方式的认同性。④

必须承认的是，当前北极不同主体间在治理和话语权上还存在较大的能力鸿沟，在共生关系的观念认同尚未统一，治理的实践远未达到共生治理理想的主体结构和互动方式。因此，如何塑造北极事务中的"互补性竞争"的关系就显得尤为重要。互补性竞争的概

---

① Ole Jacob Sending and Iver B. Neumann, Governance to Governmentality: Analyzing NGOs, States, and Power, *International Studies Quarterly*, Volume 50, Issue 3, September 2006, pp. 651 – 672.

② James N. Rosenau, *Governance without Government: Order and Change in World Politics*, Cambridge University Press, 1992.

③ Ostrom Elinor, *Governing the Commons: The Evolution of Institutions for Collective Action*, Cambridge: Cambridge University Press, 1990, pp. 20 – 32.

④ Hawkins Darren ed. , *Delegation and Agency in International Organizations*, Cambridge: Cambridge University Press, 2006, pp. 11 – 20.

念最早应用于国际多边贸易领域，特别是区域经济合作作用的解释，我国学者对这一关系也有详细的论述。[①] 简单来说，就是认为以世界贸易组织为代表的区域经济合作规则和全球多边贸易体系间存在的非替代性竞争，建立一定程度的区域经济集团也并不意味着贸易"藩篱"，而是形成了多边环境下相得益彰、兼容协同的互补性竞争关系。从要素对比来看，两者产生于问题本身的影响和治理需求超越了国界，在内容上有合作原则的一致性，在目标上有开发与保护并进的趋同性。

从北极国家的角度看，参与治理的根本原因是当中涉及的政治和经济利益，希望通过构建高度一体化的区域结构来获得好处，因此具有较强的积极性。同时，希望通过参与多边治理，来借助多边体系中其他主体的资源力量与自身实现互补，并且提高自身在多边甚至全球事务中的影响力和话语权。从域外国家的角度看，参与北极多边治理更像是合理实现利益诉求的间接渠道。由于北极问题影响的扩散性，不具备高度身份认同的域外国家希望通过多边合作来提升区域治理的开放性，这间接促进了共生关系的产生。例如，跨国公司在北极地区进行开发或投资行为，除了实现相关的利益诉求之外，其根本目标是扩大自身在多边或层面的影响力和竞争力，提升公司的比较优势，促进趋同制度的产生和市场的一体化，这些目标在客观上使区域投资行为变成了促进区域治理向多边治理过渡的重要推动力。可以看到，多边治理自身的发展则能够有效约束区域治理的消极特性，这在客观上催生了治理范式上的共生现象。

目前来看，北极生态与环境保护合作是共生治理的最佳实践区。但环境问题的本质较为特殊，特别是在治理过程中的低政治性、低冲突性和低敏感性特质，尚难在北极事务的其他侧面加以复

---

① 刘光溪：《互补性竞争论——区域集团与多边贸易体制》，经济日报出版社，2006 年版，第 22 页。

制，从而实现北极共生治理范式的整体过渡。需要促进北极治理的制度建构从敏感性博弈向普遍共生性的过渡，特别是需要关注以下几个原则的共生：首先是互信原则。需要关注北极国家和非北极国家、发达国家和发展中国家、具有区域影响力的大国之间的利益协调。缓解拥有北极地区合法权益的群体间（如土著人、环保组织、企业、政府）的矛盾和对立状态，塑造信任良性增长的共生状态。其次是议题原则。由于北极议题设置的原因和目的差异，以及对挑战不同程度的关切，造成了个人和公众之间的利益鸿沟。北极共生治理的所有参与者应消除在规制构建、责任认定、治理路径上的差异，并确立主要的共生议题。第三是权益原则。需要平衡各主体的主权权利、获取自然资源的权利、环保监管和土著人相应权利，根据相关的国际法承认北极国家和部分非北极国家的权利与义务，使这些权利和义务能够形成共生。第四是适应原则。对于治理原则不同的理解影响着治理模式，也同样制约了治理成效。在处理北极地区极其复杂的综合问题上，应着重建构具有相当适应性和灵活性的制度安排，以应对较高的不确定性和挑战。

第三节　全球治理新疆域中的北极

除了多边治理和共生治理以外，以全球治理理论作为分析工具探讨北极问题成为重要的研究方向。学界对于北极治理是全球治理的重要组成部分这一判断具有共识，[1] 而全球治理中的多层治理概

---

① 参见王晨光："北极治理法治化与中国的身份定位"，《领导科学论坛》，2016 年 1 月，第 76—85 页。Sutyrin, Sergei F："What Type of Global Governance Do we Need in Arctic?" Proceedings from the 5th NRF Open Assembly in Anchorag, September 24, 2008, https：//www. rha. is/static/files/ NRF/OpenAssemblies/Anchorage2008/a/5th_nrf_anc_2008_sutyrin_what_type_global_governance_need_ in_arctic. pdf.

念也被认为是北极治理的未来发展方向。① 因此，明确全球治理新疆域的理论指向和治理原则显得尤为重要。

一、全球治理新疆域的理论指向

（一）何为"新疆域"？

近年来，随着科学进步和新技术在深海、极地、外空、互联网等空间的应用，由此产生的新问题影响着国家间的互动与博弈方式，逐步改变了相应的治理主体、结构和路径，并由此产生了所谓全球治理与合作的"新疆域"，也有观点将部分空间称之为"全球公域"（Global Commons）。从概念定义来看，深海主要包括《联合国海洋法公约》中确立的以"人类共同继承财产原则"为基础，以"平行开发制"为保障的国际海底区域，② 以及由各国内水、领海、群岛水域和专属经济区以外不受任何国家主权管辖和支配的海洋空间组成的公海。③ 极地主要包括以北极圈、等温线、海洋区块和树线等自然地理边界和北冰洋沿岸国、北极国家、域外利益攸关方等政治地理边界构成的北极，④ 以及《南极条约》规定的南极洲整体。⑤ 外空主要指国际法概念中国家领空之上供一切国家自由探测和使用，不得由任何国家据为己有的空气空间。⑥ 互联网主要指互联网、通信网、计算机系统、自动化控制系统、数字设备及其承载

① 孙凯："机制变迁、多层治理与北极治理的未来"，《外交评论（外交学院学报）》，2017年第3期，第109—129页。

② 《联合国海洋法公约》，第十一部分，第133—191条。

③ 《联合国海洋法公约》，第七部分，第86—120条。

④ 赵隆：《北极治理范式研究》，时事出版社，2014年版。

⑤ Antarctic Treaty, *The New Encyclopedia Britannica*, Chicago: Encyclopedia Britannica Inc., 15th edition. , 1992, Vol. 1, p. 439.

⑥ 《关于各国探索和利用包括月球和其他天体在内外层空间活动所应遵守的原则条约》，中国人大网，http://www.npc.gov.cn/wxzl/gongbao/2000 - 12/26/content_5001481.htm.

的应用、服务和数据等组成的网络空间。[1] 有学者提出，"极地、深海、网络、外空是人类生存和可持续发展的全球新疆域"[2]，认为"网络空间是一国陆、海、空、天四个疆域之外的第五疆域"[3]。

（二）新疆域与全球公域之异同

从概念的发展来看，全球公域有着更明确的理论来源和基础。有学者认为，全球公域的概念源于加勒特·哈丁（Garrett Hardin）的"公地悲剧"[4] 理论，将其定义为全球性公共问题的表现场域。也有观点认为，马汉在其《海权论》中所提出的"海洋在政治和社会方面所能提供的首个和最明显的重要性是一个广阔的公域"[5] 是全球公域的理论起源。在西方理论界，苏珊·巴克（Susan Buck）为全球公域的研究建立了总纲性质的理论框架，[6] 而约翰·沃格勒（John Vogler）等学者主要从环境和技术角度关注全球公域的制度研究，[7] 巴里波森等则更关注全球公域的安全与军事议题。[8] 近年来，美国从国家安全的视角将"共享空间"（Shared Spaces）作为全球公域的代名词，称其是"不为任何一个国家所支配而所有国家的安

① 国家互联网信息办公室："《国家网络空间安全战略》全文"，中国网信网，2016 年 12 月 27 日，http：//www. cac. gov. cn/2016 – 12/27/c_1120195926. htm。

② 杨剑、郑英琴："'人类命运共同体'思想与新疆域的国际治理"，《国际问题研究》，2017 年第 4 期。

③ Jeff D. Dailey, "Fifth Dimensional Operations：Space-Time-Cyber Dimensionality in Conflict and War", *Small Wars Journal*, Aug 31 2014, http：//smallwarsjournal. com/jrnl/art/fifth-dimensional-operations。

④ Garret Hardin, "The Tragedy of the Commons," *Science*, Vol. 162, December 13, 1968, pp. 1243 – 1258.

⑤ Alfred Thayer Mahan, *The Influence of Sea Power upon History* (1660 – 1783), New York：Dover Publications, 1987, p. 25.

⑥ Susan J. Buck, *The Global Commons：An Introduction*, London：Earthscan Publications Ltd. , 1998.

⑦ John Vogler, *The Global Commons：Environmental and Technological Governance*, Chichester：Wiley, 2000.

⑧ Barry R. Posen, "Command of the Commons：The Military Foundation of U. S. Hegemony", *International Security*, Vol. 28, No. 1. , 2003.

全与繁荣所依赖的领域或区域"，将海上安全、外空安全、网络安全和航空安全统称为共享空间，并作为美国国家安全战略的重要目标。① 与之相比，新疆域的概念出现时间较晚。

在共性上，新疆域和全球公域都与全球性问题的凸显、全球化和全球治理理论的兴起密不可分。一般来说，所谓问题的"全球性"是指由多大陆之间形成的相互依存网络构成的一种世界状态。② 人类社会在不同地域、领域间形成一种互动的整体，而全球性问题是指国际社会所面临的一系列超越国家和地区界限，关系到整个人类生存与发展的严峻问题。③ 全球化进程在不同阶段所表现出由分散的地域国家走向全球社会的趋势，并且随着时空和组织联系的加快融合，引发了当代全球问题的理念更新和范式转变。④ 全球性问题种类繁多且形态各异，但究其根本，始终是围绕人、社会与自然三者之间的关系展开。随着人类科学技术水平的飞速发展，各国借助新技术进入的新空间与新领域日益增多，对世界政治、经济、科学和安全的影响也呈现全球性特征，部分影响跨域国家主权与民族边界，超出意识形态与制度分歧的特点，使之成为全人类所共同面临的挑战，从而构成了所谓各国合作与治理的新疆域和全球公域。

但从差异来看，全球公域特指主权国家管辖之外的人类共有资源、区域与领域，而新疆域的提出主要针对传统疆域的拓展和延伸，既包含主权国家管辖之外的人类共有资源、区域与领域，也包

① The White House, National Security Strategy, Feb. 2, 2015, http://nssarchive.us/wpvcontent/uploads/2015/02/2015.pdf.
② ［美］约瑟夫··奈、约翰·唐纳胡著，王勇、门洪华等译：《全球化世界的治理》，世界知识出版社，2003年版，第11页。
③ 蔡拓等著：《全球问题与当代国际关系》，天津人民出版社，2002年版，第2页。
④ 部分学者将全球化进程分为不同的阶段与水平，例如罗兰·罗伯森将到目前为止的全球化分为萌芽、开始、起飞、争霸、不确定性等阶段。戴维·赫尔德等从8种维度近乎定量地分析了全球化的历史形态。参见：［英］戴维·赫德尔等著，杨雪冬等译：《全球大变革》，社会科学文献出版社，2001年版，第575—589页。Roland Robertson, "Mapping the Global Condition: Globalization as the Central Concept", *Theory Culture & Society*, Vol. 7, No. 4 (1990)。

含部分因科技进步使人类可以接触和利用的新空间，其中部分空间可能已经直接或间接处于主权国家的管辖。例如，随着互联网技术的不断发展，网络空间与人类日常生活的联系更加紧密，作为虚拟空间的网络虽并不直接处于主权国家的管辖内，但国家主权在网络空间中同样得到表现与延伸，网络空间不属于全球公域，而是国家主权的重要组成部分得到部分认可①。同时，因科技发展而出现的新治理空间内也可能存在不同的属性。例如，南极和北极的法律地位截然不同。由于气候变化的影响，北极融冰加速，部分区域虽然脱离冰封状态，但其主权归属并未发生改变，南极的主权则处于《南极条约》下的冻结状态，等同于全球公域中的海底、公海、外空等"人类共同遗产"或未处于国家管辖范围内的区域。

简单来说，新疆域和全球公域在空间的定义上具有一定的共同特性，但前者的涵盖范围比后者更为广泛，空间类别更为多样，法律地位和治理的相关理论也仍处于发展和实践中。全球公域虽然强调"公共"概念，坚持国家管辖权在此类空间中的空白状态，但也默许通过建立霸权获取没有明确国家属性空间的资源与权力，同时限制竞争对手进入公共空间，获取政治、经济、军事资源。② 例如，美国几乎控制了互联网标准制定和管理的所有国际组织和核心企业，并拒绝将相关管理职能国际化或交由联合国专门机构管理，③美国等发达国家在互联网国际技术标准、行业和产业规范领域处于绝对强势地位。④ 而新疆域既具备"共同"概念，就是此类空间所具有的人类共同命运属性，也特别关注因技术进步而开辟的新空间

---

① CSCAP："Ensuring a Safer Cyber Security Environment, a Memorandum from the Council for Security Cooperation in the Asia Pacific", May 2012.

② Barry R. Posen, "Command of the Commons: The Military Foundation of U. S. Hegemony", *International Security*, Vol. 28, No. 1. , 2003. pp. 5 –46.

③ 沈逸："全球网络空间治理原则之争与中国的战略选择"，《外交评论》，2015 年第 2 期，第 66—70 页。

④ 杨剑：《数字边疆的权利与财富》，上海人民出版社，2012 年版，第 213—221 页。

与新领域，以及对于此类空间的新治理模式和新合作方式。

二、全球治理的理论发展与新疆域治理的联系

自 1992 年全球治理委员会（Commission on Global Governance）成立以来，全球治理的理论和实践已走过了近三十年的历程。伴随着全球化的深入发展和人类相互依存的日益加强，全球治理理论的兴起成为当代国际关系研究中的重要现象，全球治理在国际体系的重构和国际格局的变革中扮演着推动世界多极化和国际关系民主化的关键角色，全球治理的重要性愈来愈为人们所认同。在对国外理论界的相关研究进行梳理后可以看到，主要有以下几种价值观主导的全球治理。

首先是现实主义治理观，其表现形式为权力主导的政治手段。现实主义治理观强调权力在国际关系中不可替代的作用，并且构建出霸权体系下的治理模式，认为"全球治理依赖于有能力提供可靠的治理方案的霸权国家，所以全球治理实际上是霸权国家领导下的治理"，"全球治理将产生于那些较有权力团体的选择和行为，所以在团体内建立秩序的主要手段是有支配力的权力"。例如，罗伯特·吉尔平（Robert Gilpin）在《世界政治中的战争与变革》中提出的"霸权下的全球治理"①，赫德利·布尔（Hedley Bull）在《帝国：全球化的政治秩序》中提出的"新中世纪主义"（New Medievalism），迈克尔·哈特（Michael Hardt）和安东尼奥·内格里（Antonio Negri）提出的"帝国"理论等②。这种传统意义上的治理观念随着全球化的不断深入和全球性问题的影响拓展而逐渐式微。

---

① ［美］罗伯特·吉尔平著，武军等译：《世界政治中的战争与变革》，中国人民大学出版社，1994 年版。

② ［美］迈克尔·哈特、安东尼·内格里著，杨建国、范一亭译：《帝国：全球化的政治秩序》，江苏人民出版社，2003 年版。

其次是自由制度主义治理观，其表现形式为制度塑造的开放过程。随着全球化的深入发展，国际制度的合理性与可行性逐渐成为"有效治理"的基础。例如，詹姆斯·罗西瑙（James Rosenau）的"在国际—国内边疆上的治理"理论，认为"国际制度为全球公共问题的管理与治理，提供了一条'法治'的途径。"① 罗伯特·基欧汉（Robert Keohane）在《局部全球化世界中的自由主义、权力与治理》中提出的"理性制度治理"也是自由主义治理观的代表性观点。他认为，如何为一个空前规模和多样性的世界"政体"设计有效而民主的国际制度，是21世纪世界政治的核心议题。② 此种治理观把全球治理看作是行为体和社会结构间互相生成的过程，认为知识、话语和规范等元素并不是既定的治理工具和内容，而是有着特定身份、利益和价值观的行为体，通过行动和对话建立起来的一套组织规则和阐释框架。

最后是多层多元治理观，其表现形式为世界主义思想下的协调与互动。新兴市场国家的崛起对传统世界权力中心带来了巨大的冲击，国内因素对国际事务的影响逐步增加，促使全球治理模式从"次国家"到"超国家"，由私人部门到第三部门的转变，形成了多层面复合型的治理模式。戴维·赫尔德（David Held）在《民主与全球秩序——从现代国家到世界主义治理》中提出了"世界主义"的概念，认为"一种全球化的权威分散体系，一个受民主法律的约束和限制的、变化多样的和重叠的权力中心体系。"③ 安东尼·麦克格鲁（Anthony McGrew）认为，"从地方到全球的多层面中公共权威

---

① James Rosenau, *Along the Domestic-foreign Frontier*, Cambridge: Cambridge University Press, 1997, p. 7.

② Robert Keohane, "International Relations and International Law: Two Optics", *Harvard International Law Journal*, Vol. 38, No. 2, Spring 1997, pp. 487–502.

③ ［英］戴维·赫尔德著，胡伟等译：《民主与全球秩序—从现代国家到世界主义治理》，上海人民出版社，2003年版，第5页。

与私人机构之间一种逐渐演进的（正式与非正式）政治合作体系，其目的是通过制定和实施全球的或跨国的规范、原则、计划和政策来实现共同的目标和解决共同的问题。"①

有学者提出，当前新疆域的国际治理存在人类活动增加和治理机制相对滞后之间，开发利用与环境保护之间，集团或区域国家利益与人类共同利益之间的三大矛盾，而这些矛盾的根源在于缺乏理念共识。② 新疆域国际治理的认知和观念演变与全球治理理论的发展脉络较为契合，是一种由权力要素向制度要素和多元要素主导的渐变过程。地缘战略和军事部署曾是极地和外空开发利用的主要利益诉求，而对于深海和互联网的开发进程中同样充满了大国的安全和经济博弈。从对外空和极地资源的所谓"先占"原则，到互联网空间"去主权化"和"公域化"的提出，都在一定程度上体现了现实主义的治理观。

现实主义者强调国际规制与大国霸权体系之间的关系，认为国际机制反映了国家实力在世界的分配，它建立在主导国对霸权追求的基础之上。③ 由于全球化的深入发展，对于新疆域治理的认知和观念逐步转向制度主义，通过强调制度的客观约束，以"间接排他"或"直接排他"的制度框架限制参与新疆域治理的主体范围，在一定的区域或范围内塑造新疆域治理的主体资格排他性、客体范围集中性、利益争端协商性以及终极目标的一致性，也就是狭义的区域治理或俱乐部治理模式，也就是部分国家通过制度设计和议程设定对新疆域进行管理，这在以罗瓦涅米进程和南极条约体系为基础的极地治理中尤为明显。但是，随着发展中国家和非政府行为体

---

① 俞可平主编：《全球化：全球治理》，社会科学文献出版社，2003年版，第151页。

② 杨剑、郑英琴："'人类命运共同体'思想与新疆域的国际治理"，《国际问题研究》，2017年第4期。

③ John J. Mearsheimer, "The False Promise of International Institutions", *International Security*, Vol. 19, No. 3, 1994, pp. 5 – 49.

复杂性的增强，通过国际组织这一制度形式进行多边合作的"俱乐部模式"的全球治理越来越难以维持。① "新世纪以来一大批新兴市场国家和发展中国家快速发展，世界多极化加速发展"②，这些国家在新疆域中的科学、安全、政治和经济影响日益上升，其在新疆域中的权益范围和内涵，开发和利用新疆域的目标和手段，参与新疆域国际治理的需求和路径均发生了转变。平衡国家利益在新疆域中的"必然性"和"有限性"，引导新疆域国际治理在主体、价值、目标和路径上的多元化成为当前的重要方向。

三、新疆域治理框架下的北极治理

和平是开展新疆域治理的必要基础。而新疆域的和平与稳定是开展相应的科学认知，应对环境变化挑战和推动国际治理的重要基础。和平也是保护新疆域中独特的自然、虚拟和人文环境多样性，减少人类活动对新疆域的负面影响的前提。在北极事务中，和平也是各类活动的基本前提。"一个和平、安全和可持续发展的北极符合北极地区和人民的利益，符合国际社会整体利益"③。目前来看，虽然俄罗斯、美国等部分国家逐步加快在北极地区的军事化部署，以及相应的舰船和军事装备提升，但北极和平与稳定的总体态势没有改变，北极国家在传统安全领域爆发冲突的风险远低于冷战时期。与此同时，非传统安全的威胁则不断上升，而北极国家和其他利益攸关方在应对北极非传统安全方面形成基本共识，并针对某些

---

① ［美］罗伯特·基欧汉著，门洪华译：《局部全球化世界中的自由主义、权力与治理》，北京大学出版社，2004 年版，第 18—19 页。

② "习近平接见 2017 年度驻外使节工作会议与会使节并发表重要讲话"，新华社，2017 年 12 月 28 日，http：//www. xinhuanet. com/politics/2017 – 12/28/c_1122181743. htm。

③ 外交部："王毅部长在第三届北极圈论坛大会开幕式上的视频致辞"，外交部网站，2015 年 10 月 17 日，http：//www. fmprc. gov. cn/web/wjbzhd/t1306854. shtml。

具体议题共同开展治理。例如，为了应对不断增加的航运需求，确保北极海域的航行安全，美国与俄罗斯于 2018 年联合制定了针对白令海峡的双向航线系统，并作为议案提交给国际海事组织。根据协议，两国在白令海峡建立 6 条双向航线和设立 6 个航行警惕区，指示来往船只躲避浅滩、礁石和航线外岛屿，从而减少海上受损或发生海难的风险，这套双边航线由各国船舶自愿执航。① 可见，对于作为全球治理新疆域的北极治理而言，和平原则不仅包括传统安全语境下的军事和国防安全，也包括随着北极人类活动增加造成的非传统安全威胁。

主权是开展新疆域治理的必要条件。如上所述，新疆域不同于全球公域，它既包含主权国家管辖之外的人类共有资源、区域与领域，也包含直接或间接处于主权管辖下的新空间和新领域，开展新疆域外交必须尊重相关国家依法享有的主权、主权权利和管辖权。在北极事务中，除了北冰洋公海和国际海底区域，北极地区大陆和岛屿的领土主权以及由此产生的海洋权利分别属于俄罗斯、加拿大、美国、挪威、瑞典、芬兰、丹麦和冰岛八个北极国家，北极国家的主权和管辖权具有优先地位。但与此同时，北极国际治理中针对主权和主权权利又存在特殊安排和制度创新。例如，以《斯瓦尔巴德条约》为基础的主权和主权权利的分离。这里的主权指斯匹次卑尔根群岛在法律上的归属权，也是国家对该区域所拥有的至高无上的、排他性的政治权利。而主权权利可以理解为从主权所派生出来的一系列次级权利的总和。其他缔约方以承认挪威对斯匹次卑尔根群岛享有主权，换取包括采矿权、捕鱼权、自由出入权等一系列主权权利。也就是说，挪威和其他缔约方之间的"双向承认"，分

① Malte Humpert, "The United States and Russia Jointly Propose a Routing System for Vessels Passing through the Bering Strait and Bering Sea", Feb. 6, 2018, High North News, https://www.highnorthnews.com/en/us-and-russia-propose-two-way-shipping-routes-bering-sea.

别赋予对方相应的权利与合法性，而这种双向承认必须是一个整体，任何单方面的切割或破坏承认，都会影响到各自权利的合法性。

从环境要素来看，这种权利分离的顺利实施要建立在多边共识之上，而多边共识所追求的目标必须是超越个体利益的。例如，各国在斯匹次卑尔根群岛问题上之所以能够产生妥协效应，其重要原因是无序治理状态带来的后果出现了代际效应，生态系统的破坏不仅造成了当前的个体经济利益损失，还影响到远期的潜在集体利益，而个体利益是依附于这种集体利益之上的。从运行要素来看，这种权利分离必须建立在普遍性行为准则的基础上。这种普遍性不仅仅涉及到主权权力的范畴，甚至影响到一部分主权。例如，虽然条约从法理层面认定了挪威对于该区域的主权，但同样需要遵守关于非军事化区域的普遍性准则，也就是条约第九条规定"根据挪威在国际联盟所承诺的权利和义务，挪威将不会建造或允许他国在上述领土建立任何海军基地，并且不建造任何可被用于战争的防御性工事"[①]，成为各缔约方必须遵守等标准化行为方式。

普惠是新疆域治理的重要理念。新疆域的未来发展关乎人类共同命运和国际社会整体利益，以合作共赢的方式增进科学认知和技术进步，参与相关资源的开发和利用是各国有序开展新疆域治理的重要保障。深海、极地、外空和互联网国际合作与治理的影响具有长期性和普遍性，新疆域治理的普惠原则既包括双边、多边的互利共赢，也包括国家利益与国际社会整体利益的平衡，以及正确处理可持续发展和代际公平问题，意味着新疆域治理的维度要从"自利"走向"互利"，治理主体从"一元"走向"多元"，治理理念

---

① Treaty Between Norway, The United States of America, Denmark, France, Italy, Japan, the Netherlands, Great Britain and Ireland and the British overseas Dominions and Sweden concerning Spitsbergen signed in Paris 9th February 1920, http://www.ub.uio.no/ujur/ulovdata/lov – 19250717 – 011 – eng.pdf.

从"独占"到"共有"的转变。兼顾北极国家以外的多利益攸关方，以权益及技术能力有限国家的合理关切，重视非政府组织、科学家群体、精英个人等非国家行为体的特殊作用，倡导对不同价值理念、利益诉求、制度构想的包容性。主体多元、目标多样、路径多层是各国参与北极国际治理的最大公约数，实现包括国家和非国家行为体在内的各利益攸关方之间的互利互惠、利益共享、责任共担，都有机会公平参与北极国际治理。

共治是新疆域治理的主要构想。长期以来，发达国家在总体上主导全球治理和新疆域治理进程，制定治理规则和构建治理机制，是少数人决定多数人的命运，由少数国家抢占世界发展的多数红利。"权利平等、机会平等、规则平等"是全球治理体制变革的总基调，也是解决当前全球治理机制代表性、公正性、民主性赤字问题的大方向。"全球治理体系是由全球共建共享的，不可能由哪一个国家独自掌握"[1]。共治原则在北极国际治理中体现在通过全球、多边、区域和双边协调，促使各国共同应对传统和非传统挑战，相互尊重北极国家和其他利益攸关方在北极事务中的权利和义务，共同完善北极个领域的相关合作平台，为北极的健康有序发展构建稳定的客观环境。

---

① "习近平接受美国《华尔街日报》书面采访"，新华网，2015 年 9 月 22 日，http：//news. xinhuanet. com/zgjx/2015 –09/22/c_134648774. htm.

结语

　　总体来看，北极事务的多维性是其本质属性，这与北极特殊的自然、生态、气候和环境特征息息相关，也与其地理位置、经济价值、合作模式和治理主体结构等因素密不可分。在对多维北极的国际治理研究中可以发现，气候变化持续影响着北极自然生态环境、科学研究进展、开发利用条件、政策规划导向、治理框架和原则等多个维度，而上述不同维度变化带来的经济社会发展的驱动力变化，科考重点和区域的变化，人类活动范围和频率的变化，战略布局和博弈的变化，以及治理目标和态势的变化，又反向引导北极事务的整体发展，甚至影响着气候变化的趋势。正如有学者提出，在探讨北极环境合作时存在三种话语逻辑，包括主权逻辑、知识逻辑和发展逻辑。在主权逻辑中，国家、地方政府和土著人社群之间的有关合作的开展至关重要。在知识逻辑中，不同形式的知识生产者对于北极环境治理的目标和方向存在不同理解，其合作状态决定着环境合作的走势。在发展逻辑中，只有将可持续发展理念作为北极理事会等多边平台的核心理念，才有可能共同应对环境的综合性挑战。①

　　在微观层面，北极不同维度的内部联动性也十分明显，形成了

---

　　①　Monica Tennberg, *Arctic Environmental Cooperation: A Studiy in Governmentality*, Ashgate Pub Ltd., 2001, pp. 20 – 65.

北极国际治理进程中自然性、科学性、政策性、经济性和制度性因素相互交织、塑造和影响的结构。在自然维度，对于北极自然地理边界、政治安全边界、人文历史边界和社会文化边界的不同认定，直接影响着北极国家的治理重点，从而影响着以"罗瓦涅米进程"为标志的制度形态和治理进程。在科学维度，涉北极国际机制的科学路径构建和延续，决定了科学家群体不同的北极治理角色，从而影响国家行为体对于"科学优先"原则的认可，以及北极认知共同体的制度保障与活动空间。在政策维度，国际格局的宏观演变趋势直接投射于北极地缘政治和经济格局中，成为北极国家战略取向和驱动的决定性要素之一，并影响着域外国家作为利益攸关方参与北极治理的节奏和立场。在发展维度，北极价值的综合性评估主导北极开发利用的重点，而不同国家对北极价值的认同差异客观上构成了国际合作中的制约因素。而在治理维度，从何种理论视阈下观察北极国际治理，直接影响着各国参与治理的供给意愿和能力，以及对于北极国际治理的需求。

中国虽不是北极国家，但对北极变化的感知直接且迅速，这种关联性带来的挑战不以个别国家的意志为转移，也同样不会因为"我者"和"他者"的二元身份划分法而消失。《中国的北极政策》将自身定义为北极事务的"重要利益攸关方"，提出在尊重、合作、共赢、可持续原则的指导下，认识北极、保护北极、利用北极并参与治理北极。① 这种身份定位和政策目标不是主观谋划的政治产物，而是面对北极变化全局性、趋势性和综合性影响等现实的客观反应，中国在北极的相关实践，其根本在于促进北极的和平稳定和可持续发展，维护国际社会在北极的整体利益，而认识、保护、利用和参与治理北极也与"多维北极"的核心内容相吻合。多维北极的

---

① 中华人民共和国国务院新闻办公室：《中国的北极政策》，人民出版社，2018 年版。

国际治理研究有助于明确和优化中国参与北极国际治理的目标、途径和价值判断，指导自身政策与实践从地区责任向全球使命的转变，实现从议题跟随到理念引领的角色转变，巩固北极事务重要利益攸关方的自我定位。

然而，虽然本书识别并分析了北极不同维度间的内外联动性特征，但仍然缺乏更为量化的评估指标体系，用于分析北极自然维度、科学维度、政策维度、发展维度和治理维度之间相互依存的比例值，以及超国家或准国家层面的国际机制，国家层面的战略政策，次国家层面的地方政府、企业、土著人群体、非国家层面的组织行为体的影响因子差异。换言之，不同行为体的认知和行为取向，能够在多大程度上影响多维北极的国际治理进程，尚缺乏可追述和可量化的评估模型，仍需留待今后加以跟踪研究和论证。

参考文献

一、外文文献

1. A Parliamentary Resolution on Iceland's Arctic Policy, Approved by Althingi at the 139th, Legislative Session March 28, 2011.

2. ACAP Strategy to Address Contamination of the Arctic Environment and Its People, September 2, 2016.

3. ACIA, Arctic Climate Impact Assessment, ACIA Overview Report, Cambridge University Press, 2005.

4. Adapting To Change: UK Policy towards the Arctic, Polar Regions Department, Foreign and Commonwealth Office, 2013.

5. Aggarwal Vinod, the Unraveling of the Multi-Fiber Arrangement: An Examination of International Regime Change, *International Organization*, Vol. 37, No. 4, 1983.

6. Agreement between the Governments in the Barents Euro-Arctic Region on Cooperation within the Field of Emergency Prevention, Preparedness and Response, December 2008.

7. AHDR, Arctic Human Development Report, Stefansson ArcticInstitute, Akureyri, 2004.

8. Alaska Arctic Marine Fish Ecology Catalog, Prepared in Cooperation with Bureau of Ocean Energy Management, Environmental Studies Program (OCS Study, BOEM 2016 – 048), 2016.

9. Alaska Arctic Policy Commission, AAPC Submits Final Report, introduces Arctic Policy Legislation, January 28, 2015.

10. Alexander Wendt, Driving with the Rearview Mirror: On the Rational Science of Institutional Design, *International Organization*, Vol. 55, No. 4, 2001.

11. Alun Anderson, *After the Ice: Life, Death and Geopolitics in the New Arctic*, Smithsonian Books, 2009.

12. AMAP, Arctic Ocean Acidification 2013: An Overview, Oslo, 2014.

13. AMAP, Arctic Pollution Issues: A State of the Arctic Environment Report, Oslo, Norway, 1997.

14. Anatoli Bourmistrov et al., *International Arctic Petroleum Cooperation: Barents Sea Scenarios*, Routledge, 2015.

15. Anderies John, Janssen Marco and Ostrom Elinor, A Framework to Analyze the Robustness of Social-ecological Systems from an Institutional Perspective, *Ecology and Society*, Vol. 9, No. 1, 2004.

16. Antarctic Treaty, *The New Encyclopedia Britannica*, Chicago: Encyclopedia Britannica Inc., 15th edition., 1992.

17. Antholis William, A Changing Climate: The Road Ahead for the United States, *The Washington Quarterly*, Vol. 31, No. 1, 2007.

18. AR5 Climate Change 2014: Impacts, Adaptation, and Vulnerability, Full Report Part B: Regional Aspects, IPCC.

19. Arctic Climate Assessment Programme, *Assessment Report*, Cambridge: Cambridge University Press, 2005.

20. Arctic Climate Impact Assessment, *Impacts of a Warming Arctic*, Synthesis Report, Cambridge: Cambridge University Press, 2004.

21. Arctic Climate Impact Assessment, *Scientific Report*, Cambridge: Cambridge University Press, 2005.

22. Arctic Council, Agreement on Cooperation on Marine Oil Pollution Preparedness and Response in the Arctic, Article 1, Objective of this Agreement, 2013.

23. Arctic Council, Agreement on Enhancing International Arctic Scientific Cooperation, Arcticle 2, Purpose, 2017.

24. Arctic Council, Agreement on Cooperation on Aeronautical and Maritime Search and Rescue in the Arctic, Article 2, Objective of this Agreement, 2011.

25. Arctic Council, Arctic Marine Shipping Assessment, 2009 Report.

26. Arctic Council, Senior Arctic Officials Report to Ministers, May 2011.

27. Arctic Ocean Conference, *The Ilulissat Declaration*, 2008.

28. Baev K. Pavel, "Russia's Arctic Ambitions and Anxieties," *Current History*, 2013.

29. Barabanov Oleg, Bordachev Timofei, Lissovolik Yaroslav, Lukyanov Fyodor, Sushentsov Andrey and Timofeev Ivan, Living in a Crumbling World, Valdai Discussion Club Report, October 2018.

30. Beckman C. Robert, *Governance of Arctic Shipping*, *Balancing Rights and Interests of Arctic States and User States*, Brill Nijhoff, 2017.

31. Bender, J., "This Map Shows the Massive Scale of Russia's Planned Fortification of the Arctic", The Business Insider, Mar 17, 2015.

32. Bennett, M., "What Does Trudeau Victory in Canadian Elec-

tion Mean for the Arctic?", Arctic Newswire, Oct. 26, 2015.

33. Berkman A. Paul and Young R. Oran, "Governance and Environmental Change in the Arctic Ocean," *Science*, Vol 324, April 17, 2009.

34. Berkman Paul, *Environmental Security in the Arctic Ocean: Promoting Co-operation and Preventing Conflict*, London and New York: Routledge, 2012.

35. Berton Pierre, *The Arctic Grail: The Quest for the Northwest Passage and the North Pole* 1818 – 1909 (*New Edition*), Toronto: McClelland and Stewart, 2000.

36. Beyond the Ice: UK Policy towards the Arctic, Polar Regions Department, Foreign and Commonwealth Office, 2018.

37. Birger Poppel, "Interdependency of Subsistence and Market Economics in the Arctic". In S. Glomsrod and I. Aslaksen (eds.): *The Economy of the North* 2006, Statistics Norway.

38. Bloom Evan, Establishment of the Arctic Council, *American Journal of International Law*, Vol. 93, No. 2, 1999.

39. BolsunovskayaY., Volodina D., Sentsov A., IOP Conference Series: Earth and Environmental Science, September 2016.

40. Borgerson G. Scott, Arctic Meltdown, The Economic and Security Implications of Global Warming, *Foreign Affairs*, March/April 2008.

41. Borgerson Scott, Arctic Meltdown, *Foreign Affairs*, Vol. 87, No. 2, 2008.

42. Breum Martin, "Finland Plans 'Arctic Corridor' Linking China to Europe," *EUobserver*, February 28, 2018.

43. Brooks Brian, *News Reporting and Writing*, Tenth Edition, Bedford: Missouri Group, 2010.

44. Buck Susan, Book Reviews on Elinor Ostrom'sGoverning the

Commons: The Evolution of Institutions for Collective Action, *Natural Resources Journal*, Vol. 32, No. 2, 1992.

45. Byers Michael, *Who Owns the Arctic? Understanding Sovereignty Disputes in the North*, Vancouver: Douglas and McIntyre Publishers, 2009.

46. Byers Michael, Who Owns the Arctic? Understanding Sovereignty Disputes in the North, Vancouver, BC: Douglas & McIntyre, 2010.

47. Carroll JoLynn, Vikebø Frode, Howell Daniel, Broch Ole Jacob, Nepstad Raymond, Augustine Starrlight, Skeie Geir Morten, Bast Radovan, Juselius Jonas, "Assessing Impacts of Simulated Oil Spills on the Northeast Arctic Cod fishery", *Marine pollution bulletin*, Vol. 126, January 2018.

48. Cecile Pelaudeix, What Is Arctic Governance-A Critical Assessment of the Diverse Meanings of Arctic Governance, *The Yearbook of Polar Law VI*, 2015.

49. Charles F. Doran and Wes Parsons, "War and the Cycle of Relative Power", The American.

50. Chaturvedi Sanjya, *Polar Regions: A Political Geography*, John Wiley & Sons, 1996.

51. Chris Southcott and Stephanie Irlbacher-Fox, *Changing Northern Economies: Helping Northern Communities Build a Sustainable Future*. Priority Project Report: Northern Development Ministers Forum, October 14, 2009.

52. Christiansen B. Sonja, "Britain and the International Panel on Climate Change: The Impacts of Scientific Advice on Global Warming Part I: Integrated Policy Analysis and the Global Dimension," *Environmental Politics*, Vol. 4, No. 1, 1995.

53. Circum-Arctic Resource Appraisal Assessment Team, "Circum-Arctic Resource Appraisal: Estimates of Undiscovered Oil and Gas North of the Arctic Circle", U. S. Department of the Interior, U. S. Geological Survey, 2008.

54. Clinton N. Westman, Tara L. Joly and Lena Gross, Extracting Home in the Oil Sands: Settler Colonialism and Environmental Change in Subarctic Canada, Routledge, 2019.

55. Coates Ken and Lackenbauer Whitney, *Arctic Front: Defending Canada in the Far North*, Toronto: Thomas Allen, 2008.

56. Coffey, L. , Russian Military Activity in the Arctic: A Cause for Concern, The Heritage Foundation: Washington, D. C. , Dec. 16, 2014.

57. Coglianese Cary, Globalization and the Design of International Institutions, Nye Joseph and Donahue John eds. *Governance in a Globalizing World*, Brookings Institution Press, 2000.

58. Cohen J. et al. , "Recent Arctic Amplification and Extreme Mid-latitude weather", *Nature Geoscience*, Vol. 7, No. 9, 2014.

59. Conley A. Heather, "China's Arctic Dream," A Report of the CSIS Europe Program, February 26, 2018.

60. Conley A. Heather, Matthew Melino, with Andreas Østhagen, *Maritime Futures the Arctic and the Bering Strait Region*, Rowman & Littlefield Publishers/Center for Strategic & International Studies, November 2017.

61. Conley A. Heather, *The Implications of U. S. Policy Stagnation toward the Arctic Region*, Report of the CSIS Europe Program, 2019.

62. Conley Heather and Kraut Jamie, *U. S. Strategic Interests in the Arctic*, Report of the CSIS Europe Program, 2010.

63. CSCAP: "Ensuring a Safer Cyber Security Environment, a Memorandum from the Council for Security Cooperation in the Asia Pacific", May 2012.

64. Czempiel Ernst-Otto, Governance and Democratization, in Rosenau James and Czempiel Ernst-Otto eds. , *Governance without Government*: *Order and Change in World Politics*, Cambridge: Cambridge University Press, 1992.

65. Danish Ministry of Defence, Danish Defence Agreement 2010 – 2014.

66. Danish Ministry of Defence, Danish Defence Agreement 2013 – 2017.

67. Dawn A. Berry, Nigel Bowles and Halbert Jones, *Governing the North American Arctic*: *Sovereignty*, *Security*, *and Institutions*, Palgrave Macmillan, 2016.

68. Department of defense, "Report to Congress on Strategy to Protect United States National Security Interests in the Arctic Region", December 2016.

69. Depledge Duncan and Klaus Dodds, *The UK and the Arctic*, The RUSI Journal, Vol. 156, No. 2, 2013.

70. Donald L. Gautier, Kenneth J. Bird, Ronald R. Charpentier, et al. "Assessment of Undiscovered Oil and Gas in the Arctic", Science, Vol. 324, Issue 5931.

71. Dongmin Jin, Won-sang Seo and Seokwoo Lee, "Arctic Policy of the Republic of Korea," *Ocean and Coastal Law Journal*, Vol. 22, No. 1, February 2017.

72. Dosman Edgar, *Sovereignty and Security in the Arctic*, London and New York: Routledge, 1989.

73. Douglas Angela, Symbiotic Interactions, Oxford University Press, 1994.

74. Douvere F. and Ehler C. , New Perspectives on Sea Use Management: Initial Findings from European Experience with Marine Spatial Planning, *Journal for Environmental Management*, Vol. 90, 2009.

75. Drucker P. E. , Innovation and Entrepreneurship, New York: Harper & Row, 1985.

76. E. Carina H. Keskitalo, *Climate Change and Globalization in the Arctic*: *An Integrated Approach to Vulnerability Assessment*, Routledge, 2008.

77. Ebinger Charles and Zambetakis Evie, The Geopolitics of Arctic melt, *International affairs*, Vol. 85, No. 6, November 2009.

78. ElanaW. Rowe, Policy Aims and Political Realities in the Russian North, in Rowe Elana ed. , *Russia and the North*, Ottawa: University of Ottawa Press, 2009.

79. ElanaW. Rowe, *Arctic governance*: *Power in cross-border cooperation*, Manchester University Press, 2018.

80. Elana W. Rowe, ed. , *Russia and the North*, Ottawa: University of Ottawa Press, 2009.

81. Elena Conde and Sara I. Sánchez, *Global Challenges in the Arctic Region*: *Sovereignty*, *Environment and Geopolitical Balance*, Routledge, 2016.

82. Ellehuus Rachel, *Shifting Currents in the Arctic*: *Perspectives from Three Arctic Littoral States*, Report of the CSIS Europe Program, 2019.

83. Elliot-Meisel Elizabeth, *Arctic Diplomacy*: *Canada and the United States in the Northwest Passage*, New York: Peter Lang, 1998.

84. Emmerson Charles, *The Future History of the Arctic*, New York: Public Affairs, 2010.

85. EU, *European Commission Communication on the European Union and the Arctic Region*, Brussels, 20 November 2008.

86. Executive Office of the President National Science and Technology Council, Arctic Research Plan: FY 2013 – 2017, February 2013.

87. Ezra B. W. Zubrow, Errol Meidinger, Kim Diana Connolly ed. , *The Big Thaw: Policy, Governance, and Climate Change in the Circumpolar North*, SUNY Press, September 2019.

88. FAO, *FAO Yearbook*, *Fishery and Aquaculture Statistics* 2011.

89. Farmer, B. , " Russia Threatens NATO Navies with ' Arc of Steel' from Arctic to Med", The Telegraph, Oct. 7, 2015.

90. Finland's Strategy for the Arctic Region 2013, Government Resolution on 23 August 2013, Prime Minister's Office Publications 16/2013, Edita Prima, 2013.

91. Fleming R. James et al. , *Globalizing Polar Science: Reconsidering the International Polar and Geophysical Years*, Palgrave Macmilan, 2010.

92. Franckx Erik, *Maritime Claims in the Arctic: Canadian and Russian Perspectives*, Kluwer Academic Publishers, 1993.

93. Fridtjof Nansen Institute and DNV, *Arctic Resource Development: Risks and Responsible Management*, Joint Report, 2012.

94. Garret Hardin, " The Tragedy of the Commons," *Science*, Vol. 162, December 13, 1968.

95. Gérard Duhaime and Andrée Caron. Economic and social conditions of Arctic. In Solveig Glomsrod and Iulie Aslaksen eds. *The Economy of the North* 2008. Statistics Norway, Oslo-Kongsvinger. November 2009.

96. Gorbachev Mikhail, Speech in Murmansk in at the Ceremonial Meeting on the Occasion of the presentation of the Order of Lenin and the Gold Star to the City of Murmansk, 1987.

97. Government of Canada, *Canada's Northern Strategy: Our North, Our Heritage, Our Future: Canada's Northern Strategy*, 2009.

98. Government of Canada, *Statement on Canada's Arctic Foreign Policy: Exercising Sovereignty and Promoting Canada's Northern Strategy*, 2010.

99. Government of Norway, Balancing Industry and Environment-Norwegian High North Policy, Foreign Minister Børge Brende's Speech at the Arctic Frontiers 2016 conference in Tromsø 25 January, January 25, 2016.

100. Government Offices of Sweden, Sweden's Strategy for the Arctic Region, 2011.

101. Graeter K. A, "Ice Core Records of West Greenland Melt and Climate Forcing", *Geophysical Research Letters*, Vol. 45, No. 7, 2018.

102. Graham Allison, *Destined for War: Can American and China Escape Thucydides' Trap*, Houghton Mifflin Harcourt; Reprint edition, May 30, 2017.

103. Grant Shelagh, *Polar Imperative: A History of Arctic Sovereignty in North America*, Vancouver: Douglas and Mclntyre Publishers, 2010.

104. Gray S. Tim, Hatchard Jenny, Environmental stewardship as a New form of Fisheries Governance, *ICES Journal of Marine Science*, Volume 64, Issue 4, May 2007.

105. Grebmeier J. , "Shifting Patterns of Life in the Pacific Arctic and Sub-Arctic Seas" . *Annual Review of Marine Science*, No. 4, 2012.

106. Griffiths Franklyn, Huebert Rob and Lackenbauer Whitney,

Canada and the Changing Arctic.

107. Guidelines of the Germany Arctic policy, Federal Foreign Office, September 2013.

108. Gunhild H. Gjørv et al. , *Routledge Handbook of Arctic Security*, Routledge, 2019.

109. Haas M. Peter, "Introduction: Epistemic Communities and International Policy Coordination", *International Organization*, Vol. 46, No. 1, 1992.

110. Haas M. Peter, "Obtaining International Environment Protection through Epistemic Consensus", *Millennium*, Vol. 19, No. 3, 1990.

111. Hans Meltofte et al. , High-Arctic Ecosystem Dynamics in a Changing Climate, Advances in Ecological Research, Volume 40, 2008.

112. Hass B. Ernst, *When Knowledge is Power: Three Models of Change in International Organizations*, Berkeley: University of California Press, 1990.

113. Hass M. Peter, "When Does Power Listen to Truth? A Constructivist Approach to the Policy Process, "*Journal of European Public Policy*, Vol. 11, No. 4, 2004.

114. HassolS. J. , *Impacts of a Warming Arctic*, UK: Cambridge University Press, 2004.

115. Hawkins Darren ed. , *Delegation and Agency in International Organizations*, Cambridge: Cambridge University Press, 2006.

116. Heininen Lassi and Heather Exner-Pirot, *Climate Change and Arctic Security: Searching for a Paradigm Shift*, Palgrave Pivot, 2019.

117. Heininen Lassi, *Arctic Strategies and Policies: Inventory and Comparative Study*, The Northern Research Forum and The University of Lapland, 2011.

118. Hezel J. Paul, IPCC AR5WGI: Polar Regions Polar Amplification, Permafrost, Sea Ice Changes, Working Group I Contribution to the IPCC Fifth Assessment Report, 2013.

119. Hitchcock Robert and Vinding Diana, *Indigenous Peoples' Rights in Southern Africa*, IWGIA, 2004.

120. Howard Roger, *The Arctic Gold Rush: the New Race for Tomorrow's Natural Resources*, London and New York: Continuum, 2009.

121. Humpert Malte and Raspotnik Andreas, "*The Future of Shipping Along the Transpolar Sea Route*", The Arctic Yearbook. Vol. 1, No. 1, 2012.

122. Humpert Malte, "Shipping Traffic on Northern Sea Route Grows by 30 Percent," *High North News*, January 23, 2017.

123. Humpert Malte, The United States and Russia Jointly Propose a Routing System for Vessels Passing through the Bering Strait and Bering Sea, Feb. 06, 2018, High North News.

124. Humrich Christoph and Klaus Wolf, *From Meltdown to Showdown?* PRIF-Report, No. 113, 2012.

125. Huskey, L., and T. A. Morehouse. "Development in Remote Regions-what Do We Know." *Arctic* Vol. 45, No. 2, 1992.

126. Icelandic Ministry of Foreign Affairs, Iceland's Interests and a Responsible Foreign Policy, An Executive Summary of the Report of Össur Skarphedinsson Minister for Foreign Affairs to Althingi the Parliament of Iceland on 14 May 2010, Parliamentary Report, 2010.

127. Icelandic Ministry of Foreign Affairs, Ísland á norðurslóðum" ("Iceland in the High North"), September 2009.

128. Ida Folkestad Soltvedt et al., *Arctic Governance: Volume 1:*

Law and Politics, I. B. Tauris, 2017.

129. IMF, World Economic Outlook, Cyclical Upswing, Structural Change, April 2018.

130. International Monetary Fund, *World Economic Outlook* 1997.

131. Italy and the Arctic, Ministry of Foreign Affairs and International Cooperation of Italy, 2016.

132. Jacobsen Marc, Denmark's strategic interests in the Arctic: It's the Greenlandic connection, The Arctic Institute, May 4, 2016.

133. Jan-Oddvar Sornes, Larry Browning and Jan Terje Henriksen, Culture, *Development and Petroleum: An Ethnography of the High North*, Routledge, 2014.

134. Japan Institute of International Affairs, *Arctic Governance and Japan's Foreign Strategy*, Research report, 2012.

135. Japan's Arctic Policy, Announced by The Headquarters for Ocean Policy, the Government of Japan on October 16, 2015.

136. Jeffers Jennifer, "Climate Change and the Arctic: Adapting to Changes in Fisheries Stocks and Governance Regimes", *Ecology Law Quarterly*, Vol. 37, 2010.

137. Jensen L. C. and Skedsmo P. W. , "Approaching the North: Norwegian and Russian Foreign Policy Discourses on the European Arctic", Polar Research, Vol. 29, No. 3.

138. John Duffield, The limits of Rational Design, *International Organization*, Vol. 57, No. 2, 2003.

139. Joshi Mohan, *International Business*, New Delhi and New York: Oxford University Press, 2009.

140. Kamrul Hossain and Dorothee Cambou ed. , *Society, Environment and Human Security in the Arctic Barents Region*, Routledge,

2018.

141. Käpylä Juha and Harri Mikkola, "Contemporary Arctic Meets World Politics: Rethinking Arctic Exceptionalism in the Age of Uncertainty," The Global Arctic Handbook, 2019.

142. Kathrin Keiland Sebastian Knecht, *Governing Arctic Change: Global Perspectives*, Palgrave Macmillan, 2017.

143. Kennedy Michael, *the Northwest Passage and Canadian Arctic Sovereignty*, Santa Crus: GRIN Verlag GmbH, 2013.

144. Keohane Robert, "International Relations and International Law: Two Optics", *Harvard International Law Journal*, Vol. 38, No. 2, Spring 1997.

145. Keskitalo Carina, International Region Building: Development of the Arctic as an International Region, *Cooperation and Conflict*, Vol. 42, No. 2, 2007.

146. Kogut Bruce, The Stability of Joint Ventures: Reciprocity and Competitive Rivalry, *Journal of Industrial Economics*, Vol. 38, No. 2, 1989.

147. Koivurova Timo, *Environmental Impact Assessment in the Arctic: A Study of International Legal Norms*, Aldershot: Ashgate Publishing, 2002.

148. Koivurova Timo, *Indigenous Peoples in the Arctic*, Arctic Centre, 2008.

149. Koivurova Timo, Keskitalo Carina and Nigel Bankesed., *Climate Governance in the Arctic*, Springer, 2009.

150. Kolodkin A. L. and Volosov M. E., The Legal Regime of the Soviet Arctic: Major Issues, *Marine policy*, Vol. 14, No. 2, 1990.

151. Kolodkin Roman, The Russian-Norwegian treaty: Delimitation for Cooperation, *International Affairs* Vol. 57, No. 2, 2011.

152. Kooiman J. , Van Vliet M. , Governance and Public Management in Eliassen K. and Kooiman J. eds. , *Managing Public Organisations*, London: Sage, 1993.

153. Kooiman Jan, Social-Political Governance: Introduction, in Jan Kooiman ed. , *Modern Governance: New Government-Society Interactions*, London: Sage Publications Ltd. , 1993.

154. Koremenos Barbara, Lipson Charles and Snidal Duncan, The Rational Design of International Institutions, *International Organization*, Vol. 55, No. 4, 2001.

155. Kristian Atland and Torbjorn Pedersen, the Svalbard Archipelago in Russian Security Policy: Overcoming the Legacy of Fear or Reproducing It? European Security Vol. 17, No. 2, 2008.

156. Kristian Søby Kristensen and Casper Sakstrup, "Russian Policy in the Arctic after the Ukraine Crisis" . Centre for Military Studies, University of Copenhagen, September 2016.

157. Lagutina L. Maria, Russia's Arctic Policy in the Twenty-First Century: National and International Dimensions, Lexington Book, 2019.

158. Lajeunesse Adam, *Lock, Stock, and Icebergs: A History of Canada's Arctic Maritime Sovereignty*, UBC Press, 2016.

159. Lawson Brigham, Thinking about the Arctic's Future: Scenarios for 2040, *The Futurist*, September-October 2007.

160. Leilei Zou, Henry P. Huntington, Implications of the Convention on the Conservation and Management of Pollock Resources in the Central Bering Sea for the management of fisheries in the Central Arctic Ocean, *Marine Policy*, Volume 88, February 2018.

161. Leiv Lunde, Jian Yang and Iselin Stensdal, Asian Countries and the Arctic Future, World Scientific Publishing Company, 2015.

162. Lewinski Silke Von, Indigenous Heritage and Intellectual Property: Genetic Resources, Traditional Knowledge, and Folklore, *Kluwer Law International*, 2004.

163. Linell Kenneth and Tedrow John, *Soil and permafrost surveys in the Arctic*, Oxford: Clarendon Press, 1981.

164. Mahan T. Alfred, *The Influence of Sea Power upon History* (1660 – 1783), New York: Dover Publications, 1987.

165. Manicom James and Lackenbauer Whitney, *East Asian states, the Arctic Council and International Relations in the Arctic*, Lit. Hinw, 2013.

166. Mary Durfee and Rachael L. Johnstone, Arctic Governance in a Changing World, Rowman & Littlefield Publishers, 2019.

167. Masson-Delmotte, V., P. Zhai, H. O. Pörtner et al, Summary for Policymakers, in Global Warming of 1.5℃, an IPCC Special Report on the Impacts of Global Warming of 1.5℃ above Pre-industrial Levels and Related Global Greenhouse Gas Emission Pathways, in the context of Strengthening the Global Response to the Threat of Climate Change, Sustainable Development, and Efforts to Eradicate Poverty, 2018.

168. Matthias Fingerand Lassi Heininen, *The GlobalArctic Handbook*, Springer, 2018.

169. Maurer Andreas and Steinicke Stefan, *the EU as an Arctic Actor? Interests and Governance Challenges*, Report on the 3rd Annual Geopolitics in the High North-GeoNor-Conference and joint GeoNor workshops, SWP Berlin, 2012.

170. Maurer Andreas, *the Arctic Region-Perspectives from Member States and Institutions of the EU*, Working Paper, SWP Berlin, 2010.

171. McCannon John, *A History of the Arctic: Nature, Exploration*

and Exploitation, Reaktion Books, 2012.

172. McCarthy J. J. , *Climate Change* 2001: *Impacts, Adaptation and Vulnerability. Contribution of Working Group II to the Third Assessment Report of the Intergovernmental Panel on Climate Change*, New York: Cambridge University Press, 2011.

173. McDonald Helen, Solveig Glomsrod and Ilmo Manpaa, "Arctic economy within the Arctic nations" . In Solveig Glomsrod and Iulie Aslaksen ed. The Economy of the North. Statistics Norway, Oslo/Kongsvinger, November 2006.

174. McGhee Robert, *The Last Imaginary Place*: *A Human History of the Arctic World*, Chicago: University of Chicago Press, 2007.

175. Mearsheimer J. John, "The False Promise of International Institutions", *International Security*, Vol. 19, No. 3, 1994.

176. Minister of Indian Affairs and Northern Development & Federal Interlocutor for Métis and Non-Status Indians, *Canada's Northern Strategy*: *Our North, Our Heritage, Our Future*, 2009.

177. Ministry for Foreign Affairs of Iceland, Together towards a Sustainable Arctic, Iceland's Arctic Council Chairmanship 2019 – 2021, May 2019.

178. Ministry of Foreign Affairs of Government of Denmark, Department of Foreign Affairs of Government of Greenland, Ministry of Foreign Affairs of Government of the Faroes, *Kingdom of Denmark Strategy for the Arctic* 2011 –2020, August 2011.

179. Ministry of Foreign Affairs of Norway, *The Norwegian Government's High North Strategy*.

180. Ministry of the Environment and Energy, Swedish Environmental policy for the Arctic, January 27, 2016.

181. Molenaar Erik and Corell Robert, *Background Paper Arctic Fisheries*, *Ecologic Institute EU*, 2009.

182. Molenaar J. Erik, "Arctic Fisheries Conservation and Management: Initial Steps of Reform of the International Legal Framework", *The Yearbook of Polar Law*, Vol. 1, 2009.

183. Molenaar J. Erik, "Status and Reform of International Arctic Fisheries Law," *Arctic Marine Governance*, No. 2, 2014.

184. Moor James, Predators and Prey: A New Ecology of Competition, *Harvard Business Review*, Vol. 73, No. 5, 1993.

185. Morten Smelror, Mining in the Arctic, The 5th Arctic Frontiers Conference Oral Report, January 25, 2011.

186. Naldrett A. J. , Key factors in the genesis of Noril'sk, Sudbury, Jinchuan, Voisey's Bay and other worldclass Ni-Cu-PGE deposits: Implications for exploration, *Australian Journal of Earth Sciences*, 44, 1997.

187. Nansen Fridtjof and Chater Arthur, *In Northern Mists: Arctic Exploration in Early Times*, London: Nabu Press, 2010.

188. National Intelligence Council, *Global Trends 2025: A Transformed World*, 2008.

189. National Ocean Economics Program, Living Resources: Arctic Fisheries, Aug. 22, 2017.

190. National Research Council, *Toward an Integrated Arctic Observing Network*, National Academies Press, 2006.

191. National Security Council, National Security Decision Memorandum 144, December 22, 1971.

192. National Security Decision Directive (NSDD – 90), *United States Arctic Policy*, April 14, 1983.

193. National Security Presidential Directive and Homeland Security Presidential Directive, NSPD – 66/HSPD – 25.

194. National Security Presidential Directive and Homeland Security Presidential Directive, January 9, 2009.

195. Navarro J. C. Acostaet al., "Amplification of Arctic warming by past air pollution reductions in Europe", *Nature Geoscience*, Vol. 9, No. 4, 2016.

196. Nechepurenko Ivan, Putin Says Russia Has "Many Friends" in U. S. Who Can Mend Relations, The New York Times, October 5, 2017.

197. Nihoul Jacques, *Influence of Climate Change on the Changing Arctic and Sub-Arctic Conditions*, Springer, 2009.

198. Nikoloz Janjgava, Disputes in the Arctic: Threats and Opportunities, *the Quarterly Journal*, Summer, 2012.

199. Nima Khorrami, Sweden's Arctic Strategy: An Overview, The Arctic Institute, April 16, 2019.

200. Nord C. Douglas, *The Arctic Council: Governance within the Far North*, Routledge, 2016.

201. Nord Douglas, *Creating a Framework for Consensus Building and Governance: An Appraisal of the Swedish Arctic Council Chairmanship and the Kiruna Ministerial Meeting*, Arctic Yearbook, 2013.

202. Nordic Council of Ministers, *Arctic Social Indicators: a Follow-up to the Arctic Human Development Report*, 2010.

203. Norwegian Armed Forces, Norwegian Armed Forces in Transition. Norwegian Armed Forces, Oct. 2015.

204. Norwegian Ministry of Foreign Affairs, *New building blocks in the North-The next step in the government's high north strategy*, 2009.

205. Norwegian Ministry of Foreign Affairs, *Norway's Arctic Policy*,

2014.

206. Norwegian Ministry of Foreign Affairs, *The Arctic: Major Opportunities-Major Responsibilities*, 2013.

207. Norwegian Ministry of Foreign Affairs, *The High North: Visions and Strategies*, 2012.

208. Norwegian Ministry of Foreign Affairs, *The Norwegian Government's High North Strategy*, 2006.

209. NOU, Look North! Challenges and Opportunities in the Northern Areas, 2003.

210. Nuttall Mark and Callaghan Terry, *the Arctic: Environment. People. Policy*, Amsterdam: Harwood Academic Publishers, 2000.

211. Nye, J. S., Bound to Lead: The changing nature of American power, New York: Basic Books, 1990.

212. O'Dwyer, D. and Pugliese, D., "Canada, Russia build Arctic forces", Defense News, Apr. 6, 2009.

213. OECD, Strengthening Regional Fisheries Management Organizations, 2009.

214. Ole Jacob Sending and Iver B. Neumann, Governance to Governmentality: Analyzing NGOs, States, and Power, *International Studies Quarterly*, Volume 50, Issue 3, September 2006.

215. Oliva Mara, "Arctic Cold War: Climate Change has Ignited a New Polar Power Struggle," The Conversation, November 28, 2018.

216. Orheim Olav, Protecting the Environment of the Arctic Ecosystem, *Proceeding of a Conference on United Nations Open-ended Informal Consultative Process on Oceans and the Law of the Sea*, *Fourth Meeting*, New York: UN Headquarters, 2003.

217. Orttung W. Robert, *Sustaining Russia's Arctic Cities: Resource*

Politics, *Migration*, *and Climate Change*, Berghahn Books, 2018.

218. Osherenko Gail and Young Oran, *the Age of the Arctic*: *Hot Conflicts and Cold Realities*, Cambridge: Cambridge University Press, 2005.

219. Østreng Willy, The Ignored Arctic, *Northern Perspectives*, Vol. 27, No. 2, 2002.

220. Østreng Willy, The International Northern Sea Route Programme: Applicable Lessons Learned, *Polar Record*, Vol. 42, No. 1, 2006.

221. Ostrom Elinor, *Governing the Commons*: *The Evolution of Institutions for Collective Action*, Cambridge: Cambridge University Press, 1990.

222. Ostrom Elinor, *Understanding Institutional Diversity*, Princeton NJ: Princeton University Press, 2005.

223. Pan Min, "Fisheries issue in the Central Arctic Ocean and its future governance," *The Polar Journal*, Vol. 7, Issue 2, 2017.

224. Park Seung Ho and Russo Michael, When Competition Eclipses Cooperation: An Event History Analysis of Joint Venture Failure, *Management Science*, Vol. 42, No. 6, 1996.

225. Parks Jennifer, *Canada's Arctic Sovereignty*: *Resources*, *Climate and Conflict*, Lone Pine Publishing, 2010.

226. Patricia F. S. Cogswell, National Strategy for the Arctic RegionAnnounced, The White House, May 10, 2013.

227. Petersen Nikolaj, *the Arctic as a New Arena for Danish Foreign Policy*, Danish Foreign Policy Yearbook, 2009.

228. Pompeo R. Michael, Looking North: Sharpening America's Arctic Focus, Rovaniemi, State Department, May 6, 2019.

229. Posen R. Barry, "Command of the Commons: The military Foundation of U. S. Hegemony", *International Security*, Vol. 28, No. 1. , 2003.

230. Presidential Decision Directive/National Security Council (PDD/NSC −26), *United States Policy on the Arctic and Antarctic Regions*, June 9, 1994.

231. Prime Minister's Office Finland, Action plan for the update of the Arctic Strategy, The Government's strategy session on 27 March 2017.

232. Prime Minister's Office Finland, Government Policy Regarding the Priorities in the Updated Arctic Strategy, The Government's Strategy Session on September 26, 2016.

233. Prime Minister's Office of Finland, *Finland's Strategy for the Arctic Region* 2013, Government resolution on 23 August 2013.

234. Rabe B. et al, "An assessment of Arctic Ocean Freshwater Content Changes from the 1990s to the 2006 −2008 period", *Deep Sea Research Part I*, Vol. 56, No. 2, 2011.

235. Rayfuse Rosemary, Melting Moments: The Future of Polar Oceans Governance in a Warming World, *Review of European Community and International Environmental Law*, Vol. 16, No. 2, 2007.

236. Rebecca Lindsey and Michon Scott, Climate Change: Arctic sea ice summer minimum, NOAA, September 26, 2019.

237. Rhodes R. A. W. , the New Governance: Governing without Government, *Political Studies*, Vol. 44, No. 4, 1996.

238. Riddell-Dixon Elizabeth, *Breaking the Ice: Canada, Sovereignty, and the Arctic Extended Continental Shelf*, A J. Patrick Boyer Book, 2017.

239. Robertson Roland, "Mapping the Global Condition: Globaliza-

tion as the Central Concept", *Theory Culture & Society*, Vol. 7, No. 4, 1990.

240. Roderfeld Hedwig et. al, Potential Impact of Climate Change on Ecosystems of the Barents Sea Region, *Climate Change*, Vol. 87, No. 2, 2008.

241. Romaniuk N. Scott, *Global Arctic: Sovereignty and the Future of the North*, Berkshire Academic Press, 2013.

242. Romer P. , Endogenous Technological Change, Journal of Political Economy, Vol. 98, No. 5, 1990.

243. Rosenau N. James, *Governance without Government: Order and Change in World Politics*, Cambridge University Press, 1992.

244. Rosenau N. James, Strong Demand, Huge Supply: Governance in an Emerging Epoch, in Ian Bache and Matthew Flinders eds. , *Multi-Level Governance*, Oxford: Oxford University Press, 2004.

245. Rosenau N. James, *Along the Domestic-foreign Frontier*, Cambridge: Cambridge University Press, 1997.

246. Rothwell Donald, *the Polar Regions and the Development of International Law*, Cambridge: Cambridge University Press, 1996.

247. Ryszard M. Czarny, The High North between Geography and Politic, New York and London: Springer, 2015.

248. S. Andresen, "Increased Public Attention: Communication and Polarization. " in Steinar Andresen and Wily Ostreng eds. , International *Resource Management*, London: Belhaven Press, 1989.

249. Saku and C. James, "Modern Land Claim Agreements and Northern Canadian Aboriginal Communities". *World Development* 30, Vol. 1, 2002.

250. Sale Richar and Potapov Eugene, *The Scramble for the Arctic*,

London: Frances Lincoln Limited Publishers, 2010.

251. Schönfeldt Kristina, *The Arctic in International Law and Policy*, Hart Publishing, 2017.

252. Schumpeter J. , Capitalism, Socialism and Democracy, London: Routledge, 1942.

253. Schuur, E. A. G. et al, "Climate change and the permafrost carbon feedback", *Nature*, Vol. 520, No. 7546, 2015.

254. Secretary Pompeo Travels to Finland To Attend the Arctic Council Ministerial and Reinforce the U. S. Commitment to the Arctic, U. S. Department of States, May 6, 2019.

255. Shadian M. Jessica, *The Politics of Arctic Sovereignty: Oil, Ice, and Inuit Governance*, Routledge, 2014.

256. Shearer W. Allan, Whether the weather: comments on "An abrupt climate change scenario and its implications for United States national security", Futures, Vol. 37, No. 6, 2005.

257. Sherwin Peter, The trillion-dollar reason for an arctic infrastructure standard, The Polar Connection, February 10, 2019.

258. Franklyn Griffiths, Rob Huebert and P. Whitney Lackenbauer, *Canada and the Changing Arctic-Sovereignty, Security, and Stewardship*, Wilfrid: Laurier University Press, 2011.

259. Statistics Norway, *Statistical Yearbook of Norway* 2013.

260. Stephenson R. Scott and Laurence C. Smith, "Influence of Climate Model Variability on Projected Arctic Shipping Futures", *Earth's Future*, Volume 3, Issue 11, 2015.

261. Steven Brint, *In an Age of Experts: The Changing Role of Professionals in Politics and Public Life*, Princeton: Princeton University Press, 1994.

262. Stokke Olav Schram and Hønneland Geir, *International Cooperation and Arctic Governance*: *Regime Effectiveness and Northern Region Building*, London and New York: Routledge, 2006.

263. Stokke Olav Schram, Arctic Change and International Governance, SIIS-FNI workshop on Arctic and global governance, Shanghai, November 23, 2012.

264. Stokke Olav, International Institutions and Arctic Governance, in Stokke Olav and Honneland Geir eds. , *International Cooperation and Arctic Governance*: *Regime Effectiveness and Northern Region Building*, London and New York: Routledge, 2006.

265. Stonehouse Bernard, *Polar Ecology*, London: Springer, 2013.

266. Stuhl Andrew, *Unfreezing the Arctic*: *Science*, *Colonialism*, *and the Transformation of Inuit Lands*, University of Chicago Press, 2016.

267. Submissions, through the Secretary-General of the United Nations, to the Commission on the Limits of the Continental Shelf, Pursuant to Article 76, Paragraph 8, of the United Nations Convention on the Law of the Sea of 10 December 1982, Russian Federation-partial revised Submission in respect of the Arctic Ocean, Progress of work in the Commission on the Limits of the Continental Shelf, UN CLCS.

268. Susan J. Buck, *The Global Commons*: *An Introduction*, London: Earthscan Publications Ltd. , 1998.

269. Sutyrin, Sergei F, "What Type of Global Governance Do We Need in Arctic?", Proceedings from the 5th NRF Open Assembly in Anchorag, September 24, 2008.

270. Tallberg Jonas, *The Design of International Institutions*: *Legitimacy*, *Effectiveness*, *and Distribution in Global Governance*, Collabora-

tive Project at Stockholm University, Funded by the European Research Council for the Period 2009 – 2013.

271. Tammen L. Ronald, Jacek Kugler, Douglas Lemke, Alan C. Stam, Mark Abdollahian, Carole Alsharabati, Brian Efird, A. F. K. Organski, *Power Transitions: Strategies for the 21st Century*, Seven Bridges Press/Chatham House, 2000.

272. Tedesco M. et al. , "Arctic cut-off high drives the poleward shift of a new Greenland melting record", *Nature Communications*, No. 7, 2016.

273. Tennberg Monica, *Arctic Environmental Cooperation: A Study in Governmentality*, Ashgate Pub Ltd. , 2001.

274. The Arctic Council, *Declaration on the Establishment of the Arctic Council*, Ottawa, Canada, September 19th, 1996.

275. The Arctic Council's Arctic Marine Strategic Plan 2015 – 2025, PAME.

276. The Research Council of Norway, Norwegian Polar Research: Policy for Norwegian Polar Research 2010 – 13, The Research Council of Norway, 2010.

277. The White House, Implementation Plan forThe National Strategy for the Arctic Region, January 2014.

278. The White House, *National Security Strategy*, Feb 2015.

279. The White House, *National Strategy for the Arctic Region*, May 10, 2013.

280. The White House, Remarks by President Obama and President Medvedev of Russia at Joint Press Conference, June 24, 2010.

281. The President has signed the Federal Law On Amending the Merchant Shipping Code of the Russian Federation and Invalidating Specific Provisions of Legislative Acts of the Russian Federation, December

29，2017.

282. Tingstad Abbie, Savitz Scott and Kristin Van Abel et al., Identifying Potential Gaps in U. S. Coast Guard Arctic Capabilities, RAND Corporation, 2019.

283. Tonami Aki and Watters Stewart, Japan's Arctic Policy: The Sum of Many Parts, Arctic Yearbook 2012.

284. Travis C. Tai, Nadja S. Steiner, Carie Hoover, William W. L Cheung, U. Rashid Sumaila, "Evaluating present and future potential of arctic fisheries in Canada", *Marine Policy*, Vol. 108, October 2019.

285. TreatyBetween Norway, The United States of America, Denmark, France, Italy, Japan, the Netherlands, Great Britain and Ireland and the British overseas Dominions and Sweden concerning Spitsbergen signed in Paris February 9th, 1920.

286. U. S. Arctic Research Commission and International Arctic Science Committee, Arctic Marine Transport Workshop, 2004.

287. U. S. Arctic Research Commission, *an Arctic Obligation*, Research Report, 1992.

288. U. S. Arctic Research Commission, *Arctic Research in a Changing World*, Research Report, 1991.

289. U. S. Arctic Research Commission, *Goals and Priorities to Guide United States Arctic Research*, Research Report, 1993.

290. U. S. Department of State, Kiruna Declaration: On the Occasion of the Eighth Ministerial Meeting of the Arctic Council, May 15, 2013.

291. U. S. Department of State, *One Arctic: Shared Opportunities, Challenges and Responsibilities*, U. S. Chairmanship of the Arctic Council, 2015.

292. Ulrik Pram Gad and Jeppe Strandsbjerg ed. , *The Politics of Sustainability in the Arctic*：*Reconfiguring Identity*，*Space*，*and Time*，Routledge，2018.

293. United Nations，*Agreement for the Implementation of the Provisions of the United Nations Convention on the Law of the Sea of* 10 *December* 1982 *relating to the Conservation and management of Straddling Fish Stocks and Highly Migratory Fish Stocks.*

294. United Nations，*The Paris Agreement*，2015.

295. United Nations，*United Nations Convention on the Law of the Sea*，1982.

296. Uttam K. Sinha and Jo I. Bekkevold ed. , *Arctic*：*Commerce*，*Governance and Policy*，Routledge，2015.

297. Van Pelt T. I. , Huntington H. P. , Romanenko O. V. , Mueter F. J. , "The missing middle：Central Arctic Ocean gaps in fishery research and science coordination"，*Marine Policy*，Vol. 85，November 2017.

298. Vaughan Richard，*The Arctic*：*A History*，London：The History Press，2008.

299. Vilhjalmur Stefansson，*My Life with the Eskimo*（*New Edition*），London：The Book Jungle，2007.

300. Vilhjalmur Stefansson，*the Friendly Arctic*：*The Story of Five Years in Polar Regions*，London：Nabu Press，2010.

301. Vladimir Putin，*Speech at the One Belt*，*One Road international forum*，Kremlin，May 14，2017.

302. Vogler John，*The Global Commons*：*Environmental and Technological Governance*，Chichester：Wiley，2000.

303. Vsevolod Gunitskiy，"On Thin Ice：Water Rights and Resource Disputes in the Arctic Ocean，" *Journal of International Affairs*，Vol. 61，

No. 2，2008.

304. Wall，R.，"Norway sets JSF buy in new budget"，Aviation Week，Oct 10，2011.

305. Weidemann Lilly，*International Governance of the Arctic Marine Environment with Particular Emphasis on High Seas Fisheries*，Springer，2014.

306. Westermeyer William and Shusterich Kurt，*United States Arctic Interests：The 1980s and 1990s*，New York：Springer-Verlag，2011.

307. Whitney Lackenbauer，*From Polar Race to Polar Saga：An Integrated Strategy for Canada and the Circumpolar World*，CIC，2009.

308. Wilson C. Douglas and Alyne E. Delaney，"Scientific Knowledge and Participation in the Governance of Fisheries in the North Sea," in Tim S. Gray ed.，*Participation in Fisheries Governance*，Springer，2005.

309. Wilson K. J.，Falkingham J.，Melling H. and De Abreu R.，*Shipping in the Canadian Arctic：Other Possible Climate Change Scenarios*，in International Geoscience and Remote Sensing Symposium，September 20 – 24，2004.

310. Wishnick Elizabeth，*China's Interests and Goals in the Arctic：Implications for the United States*，Create Space Independent Publishing Platform，2017.

311. WMO，Global Climate in 2015 – 2019：Climate change accelerates，September 22，2019.

312. Yenikeyeff Shamil and Kresiek Timothy，the Battle for the Next Energy Frontier：The Russian Polar Expedition and the Future of Arctic Hydrocarbons，*Oxford Institute for Energy Studies*，2007.

313. Young Oran，*Arctic Politics：Conflict and Cooperation in the*

Circumpolar North, Hanover and London, University Press of New England, 1992.

314. Young Oran, *Creating Regimes*: *Arctic accords and International Governance*, Ithaca and London: Cornell University Press, 1998.

315. Young Oran, Governing the Arctic: From Cold War Theater to Mosaic of Cooperation, *Global Governance*: *A Review of Multilateralism and International Organizations*, Vol. 11, No. 1, 2005.

316. Zellen S. Barry, *Arctic Doom*, *Arctic Boom*: *The Geopolitics of Climate Change in the Arctic*, ABC-CLIO, 2009.

317. Барковскии А. Н., Алабян С. С., Морозенкова О. В. *Экономическии потенциал Российской Арктики в области природных ресурсов и перевозок по СМП*, Российский внешнеэкон-омический вестник. No 12. 2014.

318. Барсегов Юрий, Арктика: Интересы России и международные условия их реализации, *Наука*, 2002.

319. Военная доктрина Российской Федерации, Российская Газета, Федеральный выпуск № 298 (6570), 30 Декабря 2014.

320. *Выступление Президента России В. В. Путина на пленарном заседании III Международного арктического форума 《 Арктика- территория диалога》*, Президент России, 25. 09. 2013.

321. Гаврилов Юрий, Ракеты в снегах: В поселке Тикси развернут дивизию ПВО, *Российская газета*-Федеральный выпуск № 94 (7852), 26 апреля 2019 года.

322. Глущенко Ю. Н., Арктика в современной системе международных отношений и национальные интересы России, *Проблемы национальной стратегии*, 2014, № 5.

323. Евгений Педанов, Какими будут отношения России и

США в 2018 году?, *Международная Жизнь*, 19. 01. 2018.

324. Загорский Андрей, *Арктика*: *зона мира и сотрудниче-*
ства, Москва: ИМЭМО, 2011.

325. Закон о развитии Арктической зоны РФ может быть
принят осенью 2017 года, *ТАСС*, 22. 05. 2017.

326. Закон РФ о Северном морском пути, 28. 07. 2012, N 132 –
ФЗ.

327. Замятина Н. Ю. и Пилясов А. Н. , *Российская Арктика*: *к*
новому пониманию процессов освоения, URSS: ЛЕНАНД, 2018.

328. Иван Тимофеев, Умная политика: каким должен быть
ответ России на санкции США? *Международный дискуссионный клуб*
《*Валдай*》, 02. 08. 2017.

329. Ильин Алексей, Арктике определят границы: Члены
Совбеза обсудили, как себя вести на Севере, *Российская газета*,
18. 09. 2008 г.

330. Калягин Владимир, Российская Арктика: на пороге
катастрофы, *Центр экологической политики России*, 1997.

331. Кодекс торгового мореплавания Российской Федерации от
30 апреля 1999 г. N 81 – ФЗ, Статья 5. 1, Плавание в акватории
Северного морского пути, *Российская Газета*, 05. 05. 1999.

332. Концепция внешней политики Российской Федерации, 30.
11. 2016.

333. Конышев В. Н. и Сергунин А. А. , *Арктика в международной*
политике: *сотрудничество или соперничество?* Москва: РИСИ, 2011.

334. Конышев В. Н. и Сергунин А. А. , Арктика на перекрестье
геополитических интересов, *Мировая экономика и международные*
отношения, №9, 2010.

335. Коптелов Владимир, Россия и Норвегия в Арктике, Аналитические статьи, РСМД, 24 мая 2012.

336. Лавров назвал виновных в ухудшении российско-американских отношений, РИА Новость, 04. 10. 2017.

337. Лексин В. Н., Порфирьев Б. Н., Государственное управление развитием Арктическои зоны Россиискои Федерации: задачи, проблемы, решения, *Научныи консультант*, 2016.

338. Леонид Марков, Встреча на Темзе-Россия и США Пересеклись в Лондоне, Российская газета, 02. 04. 2009.

339. Лукин Ю. Ф., Российская Арктика в изменяющемся мире, Архангельск, 2012.

340. Лукьянов Фёдор, Конец не начавшегося романа, Россия в глобальной политике, 12. 04. 2017.

341. Лукьянов Фёдор, Ловушки Трампа, Россия в глобальной политике, 17. 11. 2016.

342. Медведев утвердил новый состав госкомиссии по Арктике, ТАСС, 11 декабря 2018.

343. Меламед И. И. и Павленко В. И. Правовые основы и методические особенности разработки проекта государственной программы 《Социально-экономическое развитие Арктической зоны Российской Федерации до 2020 года》, *Арктика: экология и экономика*, 2014. № 2.

344. Меламед И. И., Авдеев М. А., Павленко. В. И., Куценко С. Ю., Арктическая зона России в Социально-экономическом развитии страны, *Власть*, 2015, № 01.

345. Микаэль Виниарски, России нужны сильные США в качестве партнера, Россия Сегодня, 30. 01. 2017.

346. Министерство обороны Российской Федерации, Гидрографическое судно Северного флота 《Горизонт》 прибыло в базу из двухмесячной экспедиции в Арктику, 12. 10. 2019.

347. Минобороны заявило о завершении строительства военных объектов в Арктике, INTERFAX, 25 декабря, 2017.

348. Мишин В. Ю. и Болдырев В. Е. , Военно-стратегическая составляющая российской политики в арктике: состояние, проблемы, перспективы, *Oykumena*, 2016, №. 2.

349. Педанов Е. , Какими будут отношения России и США в 2018 году?, *Международная жизнь*, 19. 01. 2018.

350. Песков Д. , об обвинениях США в адрес РФ: 《 Они вредят самим США》, *Regnum*, 11. 01. 2018.

351. *Подписан закон о наделении 《Росатома》 рядом полномочий в области развития Северного морского пути*, Президент России, 28 декабря 2018.

352. Правила плавания в акватории Северного Морского Пути, Утверждены Министерством транспорта РФ, 17. 01. 2013.

353. Правила плавания по трассам Северного Морского Пути, Утверждены Министерством морского флота СССР, 14. 09. 1990.

354. Правительство Российской Федерации, *Стратегия развития Арктической зоны Российской Федерации и обеспечения национальной безопасности на период до 2020 года*, 20 февраля 2013 года.

355. Правительство РФ, *О внесении изменений в постановление Правительства Российской Федерации от 21 апреля 2014 г. № 366*, Постановление от 31 августа 2017 г. № 1064.

356. Правительство РФ, *Основы государственной политики Российской Федерации в Арктике на период до 2020 года и дальнейшую*

перспект иву, 18. 09. 2008 г, Пр – 1969.

357. Правительство РФ, *Сообщение Дмитрия Рогозина о работе Государственной комиссии по вопросам развития Арктики на совещании с вице-премьерами*, 8 июня 2015 года.

358. Правительство РФ, *Справка о Комплексном проекте развития Северного морского пути*, 8 июня 2015.

359. Правительство РФ, *Стратегия национальной безопасности Российской Федерации до 2020 года*, Президенте России, 13 мая 2009 года.

360. Правительство РФ, Стратегия развития Арктической зоны Российской Федерации и обеспечения национальной безопасности на период до 2020 года, 20 февраля 2013.

361. Правительство РФ, Федеральный закон от 28 июля 2012 г. N 132 – ФЗ.

362. *Путин: новая стратегия развития российской Арктики до 2035 года будет принята в этом году*, Форум "Арктика-Территория Диалога", ТАСС, 9 Апреля 2019.

363. Романова Татьяна, Дружба с драконом: Чем Россия может заплатить за дружбу с Китаем?, *Лента новость*, 3 июня 2014.

364. Российская Арктика в 2016 году. Развитие Мурманского транспортного узла, *The Rare Earth Magazine*, 26. 12. 2016.

365. Российская Арктика в 2016 году: Развитие портов Северного Морского Пути, *The Rare Earth Magazine*, 09. 01. 2017.

366. Российские владения в Арктике. История и проблемы международно-правового статуса, ТАСС-ДОСЬЕ, 28 мая 2017.

367. Сергей Строкань, Перезагрузка под Нагрузкой, Коммер-санть, 27 декабря 2011 года.

368. Сморчкова Вера，Арктика：регион мира и глобального сотрудничества，*РАГС*，2003.

369. Совместная статья МИД России С. В. Лаврова и МИД Норвегии И. Г. Стере，Управляя Арктикой，*Globe and Mail*，22. 09. 2010 г.

370. Стародубцев Владимир，Широты высокой важности，*Коммерсантъ*，№ 53 （6047），29. 03. 2017.

371. Тимошенко А. И.，Российская Региональная Политика в Арктике в ХХ-ХХI вв.：Проблемы Стратегической Преемственности，*Арктика и Север*，2011 （11）.

372. Федеральный закон от 7 мая 2013 г. N 87 – ФЗ г. Москва，О внесении изменений в Федеральный закон О внутренних морских водах，территориальном море и прилежащей зоне Российской Федерации и Водный кодекс Российской Федерации，Статья 14，*Российская Газета*，13. 05. 2013.

373. Шадрина Татьяна，Под своим флагом Возить нефть и газ в Арктике будут наши суда，19. 12. 2018，*Российская газета-Федеральный выпуск* № 286 （7749）.

374. Яна Лисина，Массовая драка в Иркутской области：почему жители Бильчира выгоняют китайцев-бизнесменов из поселка，*Комсомольская Правда*，29 июня 2012 года.

375. Японский консорциум Mitsui/Jogmec купит у "НОВАТЭК" 10% в "Арктик СПГ 2"，Интерфакс，29 июня 2019 года.

二、外文网络资料

1. "Beringia Days International Conference，Shared Beringian Her-

itage Program，" The National Park Service，https：//www. nps. gov/ak-so/beringia/about/beringiadays/beringia-days-main. cfm.

2. "China Firms，Alaska Reaffirm Plans to Advance Alaska LNG Project，" *Natural Gas Intelligence*，October 3，2018，https：//www. natural-gasintel. com/articles/115997 – china-firms-alaska-reaffirm-plans-to-advance-alaska-lng-project.

3. "Trump Administration Plans to Allow Oil and Gas Drilling off nearly All US Coast，" *The Guardian*，January 4，2018，https：//www. theguard-ian. com/environment/2018/jan/04/trump-administration-plans-to-allow-oil-and-gas-drilling-off-nearly-all-us-coast.

4. "Trump Administration Quickly OKs First Arctic Drilling Plan，" *Digital Journal*，July 14，2017，http：//www. digitaljournal. com/tech-and-science/technology/trumpadministration-quickly-oks-first-arctic-drill-ing-plan/article/497645.

5. "Trump Claims Tax Reform Bill as a 'Historic Victory'，" *Al Jazeera*，December 21，2017，https：//www. aljazeera. com/news/2017/12/trump-hails-tax-reform-bill-historic-victory – 171220192504431. html.

6. "Совкомфлот"，"Новатэк"，COSCO и Фонд Шелкового Пути создадут СП по развитию флота танкеров，Соврументый Коммер-ческий Флот，7 июня 2019 года，http：//www. scf-group. com/press_of-fice/news_articles/item101694. html.

7. Finkel，M.，"The Cold Patrol"，National Geographic，Jan. 2012；Robinson，D. D.，"The World's Most Unusual Military Unit"，Christian Science Monitor，June 22，2016，http：//www. csmonitor. com/World/2016/0622/The-world-s-most-un usual-military-unit；and Segedin，K.，"The World's Most Extreme Dog Sled Patrol"，BBC，26 Feb. 2016，ht-tp：//www. bbc. com/earth/story/20160226 – photographing-greenlands-

elite-dog-sled-patrol.

8. "Maintaining Canada's CP – 140 Aurora Fleet", Defence Industry Daily, Aug. 13, 2014; and Royal Canadian Air Force, "CP – 140 Aurora", http: //www. rcaf-arc. forces. gc. ca/en/aircraft-current/cp – 140. page, accessed 2 June 2016.

9. "Arkhangelsk Region Hopes to Reach Agreement with Poly Group on Belkomur in February-March 2017," *Port News*, October 5, 2016, http: //en. portnews. ru/news/227409/.

10. "Final Investment Decision Made on Yamal LNG project," *Novatek*, December 18, 2013, http: //novatek. ru/en/press/releases/index. php? id_4 = 812.

11. "Legal Status of the Arctic Ocean," Opening Address at the Symposium of the Law of the Sea Institute of Iceland on the Legal Status of the Arctic Ocean The Culture House, Reykjavík, November 9, 2007, https: //www. government. is/2007/11/09/Legal-Status-of-the-Arctic-Ocean/? PageId = dd5e4331 – 829b – 11e7 – 941c – 005056bc530c.

12. "Protected Areas in the Arctic 2002 – the Coastal Marine Deficit" . http: //www. grida. no/publications/vg/arctic/page/2675. aspx.

13. "Structure of the Economy Arctic_ru" . http: //arctic. ru/economy-infrastructure/structure-economy.

14. "The New Foreign Policy Frontier: US Interests and Actors in the Arctic", Center for Strategic and International Studies, https: //www. csis. org/analysis/new-foreign-policy-frontier.

15. 《НОВАТЭК》 и Saibu Gas подписали базовые условия соглашения, НОВАТЭК, 05 сентября 2019 года, http: //www. novatek. ru/ru/press/releases/index. php? id_4 = 3406.

16. "49th Session of the Commission on the Limits of the Continen-

tal Shelf", IISD, January 28, 2019, http：//sdg. iisd. org/events/ 49th-session-of-the-commission-on-the-limits-of-the-continental-shelf/.

17. "Arctic Council Should Deny observer status to the EU：Nuna-vut MLAs", Nunatsiaq News, May 10, 2013, https：//nunatsi-aq. com/stories/article/65674arctic_council_should_deny_eu_observer_ status_nunavut_mlas/.

18. Arctic Council, "Task Forces of the Arctic Council", May 07, 2015, https：//arctic-council. org/index. php/en/about-us/subsidiary-bo-dies/task-forces.

19. Arctic Council, "Agreement on Arctic Economic Council," March 27, 2014, https：//arctic-council. org/index. php/en/our-work2/8-news-and-events/224 – agreement-on-the-arctic-economic-council.

20. "Arctic Policy of the Republic of Korea", Arctic Portal, ht-tp：//www. library. arcticportal. org/1902/1/Arctic_Policy_of_the_Re-public_of_Korea. pdf.

21. CAFF, "Resolution of Cooperation", https：//www. caff. is/ resolutions-of-cooperation.

22. Canadian Broadcasting Corporation, "Canada Unveils Arctic Strategy," http：//www. cbc. ca/canada/story/2009/07/26/arctic-sov-ereignty. html.

23. CNBC, "Russia and China Vie to Beat the US in the Trillion-dollar Race to Control the Arctic" February 6, 2018, https：//www. cn-bc. com/2018/02/06/russia-and-china-battle-us-in-race-to-control-arctic. html.

24. COSCO подтверждает заинтересованность в трансарктическом морском сообщении с Архангельском. //The Barents Observer. 27 сентября 2017, https：//thebarentsobserver. com/ru/arktika/2017/09/cos-

co-podtverzhdaet-zainteresovannost-v-transarkticheskom-morskom-soobshche-nii-s.

25. Danish Defence, "Joint Arctic Command", March 25, 2019, https://www2. forsvaret. dk/eng/Organisation/ArcticCommand/Pages/ArcticCommand. aspx.

26. "Declaration on Cooperation in the Barents Euro-Arctic Region", http://www. barentsinfo. fi/beac/docs/459_doc_KirkenesDeclaration. pdf.

27. "Declaration on The Protection of Arctic Environment", http://iea. uoregon. edu/pages/view_treaty. php? t = 1991 – Declaration-ProtectionArcticEnvironment. EN. txt&par = view_treaty_html.

28. "Department of State, Ukraine and Russia Sanctions", http://www. state. gov/e/eb/tfs/spi/ukrainerussia.

29. Deutsche Welle, "Russia's Vladimir Putin Hopes for Better Relations with U. S. ", USA Today, Dec 30, 2017, https://www. usatoday. com/story/news/world/2017/12/30/russia-vladimir-putin-hopes-better-relations-united-states/992368001/.

30. "Dharmendra Pradhan Discusses Co-operation with Russian Leaders for Energy and Steel Sectors", SME Street, September 1, 2019, https://smestreet. in/global/dharmendra-pradhan-discusses-co-operation-with-russian-leaders-for-energy-and-steel-sectors/.

31. Elizabeth Harball, "Trump Administration Approves First Oil Production in Federal Arctic Waters," *Alaskapublic*, October 24, 2018, https://www. alaskapublic. org/2018/10/24/trump-administration-approves-first-oil-production-in-federal-arctic-waters/.

32. "EU-PolarNet, EU-PolarNet Objectives", https://www. eu-polarnet. eu/about-eu-polarnet/objectives/.

33. European Commission, Directorate-General for Maritime Affairs and Fisheries, "TAC's and Quotas", http://ec. europa. eu/fisheries/cfp/fishing_rules/tacs/index_en. htm.

34. Government of Canada, "Canada Unveils New Defence Policy, News Release", June 7, 2017, https://www. canada. ca/en/department-national-defence/news/2017/06/canada_unveils_newdefencepolicy. html.

35. Guggenheim Partners, "Guggenheim Partners Endorses World E-conomic Forum's Arctic Investment Protocol," Guggenheim Partners, January 21, 2016, https://www. guggenheimpartners. com/firm/news/guggenheim-partners-endorses-world-economic-forums.

36. ICES, "Convention for The International Council for the Exploration of the Sea", 1964, http://www. ices. dk/explore-us/who-we-are/Documents/ICES_Convention_1964. pdf.

37. ICES, "Follow Our Advisory Process", http://www. ices. dk/community/advisory-process/Pages/default. aspx.

38. ICES, "ICES Strategic Plan 2014 – 2018", http://ipaper. ipapercms. dk/ICESPublications/StrategicPlan/ICESStrategicPlan20142018/.

39. ICES, "Who We Are", http://www. ices. dk/explore-us/who-we-are/Pages/Who-we-are. aspx.

40. Intergovernmental Panel on Climate Change, "About IPCC", https://www. ipcc. ch/about/.

41. Intergovernmental Panel on Climate Change, "AR6 Climate Change 2021: The Physical Science Basis", https://www. ipcc. ch/report/sixth-assessment-report-working-group-i/.

42. Intergovernmental Panel on Climate Change, *Climate Change 2013: the Physical Science Basis*, 2014, https://www. ipcc. ch/re-

port/ar5/wg1/.

43. Intergovernmental Panel on Climate Change, "The Task Force on National Greenhouse Gas Inventories", https：//www. ipcc. ch/working-group/tfi/#tfi-intro－1.

44. Intergovernmental Panel on Climate Change, "Working Group I The Physical Science Basis", https：//www. ipcc. ch/working-group/wg1/#wg1－intro－1.

45. Intergovernmental Panel on Climate Change, "Working Group II Impacts, Adaptation and Vulnerability", https：//www. ipcc. ch/working-group/wg2/#wg2－intro－1.

46. Intergovernmental Panel on Climate Change, "Working Group III Mitigation of Climate Change", https：//www. ipcc. ch/working-group/wg3/#wg3－intro－1.

47. International Arctic Science Committee, "About ASSW", https：//www. iasc. info/assw/about-assw.

48. International Arctic Science Committee, "Networks", August 24, 2015, https：//iasc. info/assw/16－site-content/networks/179－networks.

49. International Arctic Science Committee, "Partnerships", https：//iasc. info/iasc/partnerships.

50. International Arctic Science Committee, "Sustaining Arctic Observing Networks", https：//www. iasc. info/data-observations/saon

51. "International Conference on Arctic Research Planning, Eleven Science Plans and Backgroud Paper of Second International Conference on Arctic Research Planning", https：//icarp. iasc. info/icarp-ii.

52. "International Conference on Arctic Research Planning, Integrating Arctic Research-A Roadmap for The Future", https：//icarp.

iasc. info/icarp.

53. Jeff D. Dailey, "Fifth Dimensional Operations: Space-Time-Cyber Dimensionality in Conflict and War", *Small Wars Journal*, Aug 31 2014, http://smallwarsjournal. com/jrnl/art/fifth-dimensional-operations.

54. Levada, Восприятие США как Угрозы, 12. 07. 2016, http://www. levada. ry/2016/07/12v – rossii-snizilos-vospriyatie-ssha-kak-ugrozy/.

55. Levada, Россияне Решили, Кто Им Враги, http://www. levada. ru/06/02 rossiyane-reshili-kto-im-vragi/.

56. "Meeting on High Seas Fisheries in the Central Arctic Ocean: Chairman's Statement, Washington D. C. , U. S. , April 19 – 21, 2015. https://www. afsc. noaa. gov/Arctic _ fish _ stocks _ fourth _ meeting/pdfs/ Chairman's_Statement_from_Washington_Meeting_April_2016 – 2. pdf.

57. "Russia's Arctic Oil Reserves Estimated at 7. 3 Bln Tonnes", TASS Russian News Agency, Nov. 14, 2019, https://tass. com/economy/1088516.

58. "Russian Government Finances Arctic Scientific Expedition", TASS Russian News Agency, Feb 26, 2019, https://tass. com/arctic-today/1046504.

59. Kramer Andrew and Revkin Andrew, "Arctic Shortcut Beckons Shippers as Ice Thaws", *New York Times*, September 11, 2009, http:// www. nytimes. com/2009/09/11/science/earth/11passage. html? _r = 1.

60. "Mitsui O. S. K. Lines and Far East Investment and Export A-gency of the Russian Federation Sign a Memorandum of Understanding-Cooperation for the Development of the Northern Sea Route and Russian Far East, Mitsui O. S. K. Lines", Press Release, February 26, 2018, https://www. mol. co. jp/en/pr/2018/18012. html.

61. "MOL and China COSCO Shipping Jointly Own 4 LNG Carriers

for Russia Yamal LNG Project, Mitsui O. S. K. Lines", Press Release, November 2, 2017, https：//www. mol. co. jp/en/pr/2017/17075. html.

62. Oleg Ivanov, "Can Russia and the West Find Common Ground?" Global Times, http：//www. globaltimes. cn/content/946495. shtml.

63. UArctic, "About North 2 North", https：//education. uarctic. org/mobility/about-north2north/.

64. UiT The Arctic University of Norway, "About UiT", https：// en. uit. no/om/art? p_document_id = 343547&dim = 179040.

65. NAFO, "Activities", http：//www. nafo. int/about/frames/activities. html; NEAFC, "Management Measures", http：//www. neafc. org/managing_fisheries/measures.

66. Nides Thomas, *The Future of the Arctic*, Remarks at the Arctic Imperative Summit, Alaska, August 26, 2012, http：//www. state. gov/s/dmr/former/nides/remarks/2012/197643. htm.

67. "Northern Sea Route Information Office", http：//arctic-lio. com/images/nsr/nsr_1020x631. jpg.

68. "Political Platform for a Government Formed by the Conservative Party and the Progress Party", Undvollen, October 7, 2013, http：//www. hoyre. no/filestore/Filer/Politikkdokumenter/Politisk _ platform_EHGLISH_final_241013_revEH. pdf.

69. "Nuuk Declaration 2011 of Arctic Council", http：//www. arctic-council. org/index. php/en/document-archive/category/5 – declarations? download = 37: nuuk-declaration – 2011.

70. "Recommended Actions of the ACAP Report on the Reduction of Black Carbon Emissions from Residential Wood Combustion", 2015, https：//oaarchive. arctic-council. org/bitstream/handle/11374/387/

ACMMCA09 _ Iqaluit _ 2015 _ ACAP _ ACAPWOOD _ report _ pamphlet _ web. pdf? sequence = 1&isAllowed = y.

71. Rothman Lily, "The Long History Behind Donald Trump's 'America First'" Foreign Policy, TIME, March 28, 2016, http: // time. com/4273812/america-first-donald-trump-history/.

72. SDWG, "Sustainable Development Working Group Mandate", https: //www. sdwg. org/about-us/mandate-and-work-plan/.

73. "Shipping on Northern Sea Route up 40%", The Barents Observer, October 4, 2019, https: //thebarentsobserver. com/en/arctic-industry-and-energy/2019/10/shipping-northern-sea-route − 40.

74. Stephan Macko, *Potential Change in the Arctic Environment: Not So Obvious implications for Fisheries*, http: //doc. nprb. org/web/nprb/afs _ 2009/IAFS%20Presentations/Day1_2009101909/IAFS_Macko_Environmental-ImplicationsForFisheries_101909. pdf.

75. Sustaining Arctic Observing Networks, "Activities", https: // www. arcticobserving. org/activities.

76. Swidish Armed Forces, "Exercise Loyal Arrow Kicks Off", June 8, 2009, https: //www. forsvarsmakten. se/en/news/2009/06/ exercise-loyal-arrowkicks-off/.

77. The Icelandic Continental Shelf, "Executive Summary of Partial Submission to the Commission on the Limits of the Continental Shelf Pursuant to Article 76, Paragraph 8 of the United Nations Convention on the Law of the Sea in Respect of the Aegir Basin Area and Reykjanes Ridge", http: //www. un. org/depts/los/clcs _ new/submissions _ files/isl27 _09/ isl2009 executivesummary. pdf.

78. "The International North-South Transport Corridor: India's Grand Plan for Northern Connectivity", The Polar Connection, http: //

polarconnection. org/india-instc-nordic-arctic/.

79. "Treaty between the Kingdom of Norway and the Russian Federation Concerning Maritime Delimitation and Cooperation in the Barents Sea and the Arctic Ocean", http: //www. regjeringen. no/upload/ud/vedlegg/folkerett/avtale_engelsk. pdf.

80. The Joint Norwegian-Russian Fisheries Commission, "Quotas", http: //www. jointfish. com/eng/STATISTICS/QUOTAs.

81. The National Oceanic and Atmospheric Administration, www. lme. noaa. gov/index. php? option = com _ content&view = article&id = 47&Itemid = 41.

82. The Protection of the Arctic Marine Environment Working Group, "About PAME", https: //www. pame. is/index. php/shortcode/about-us.

83. "The Svalbard Treaty", Svalbard Museum, https: //svalbardmuseum. no/en/kultur-og-historie/svalbardtraktaten/.

84. Vladimir Putin, "US Encouraged Election Protests in Russia: Prime Minister Vladimir Putin Accused the United States of Stirring Up Protests Against His 12 Year Rule", The Telegraph, http: //www. telegraph. co. uk/news/wofldnews/eu-rope/russia/8943377/Vladimir-Putin-US-encouraged-election-protests-in-Russia. htm.

85. Young Oran, "Arctic Governance: Preparing for the Next Phase, 2002 ", http: //www. arcticparl. org/_ res/site/File/images/conf5_ scpar20021. pdf.

86. Zhao Long, "Arctic Governance: Challenges and Opportunities", Global Governance Working Paper, CFR, https: //www. cfr. org/report/arctic-governance.

87. Администрация Северного Морского Пути, Подведение итогов деятельности Администрации СМП за 2017 год, http: //

www. nsra. ru/ru/glavnaya/novosti/n19. html.

88. Выступление Президента России В. В. Путина на пленарном заседанииIII Международного арктического форума 《 Арктика-территория диалога 》, http：//www. rgo. ru/2013/09/vladimir-putin-my-namereny-sushhestvenno-rasshirit-set-osobo-oxranyaemyx-prirodnyx-territorij-arkticheskoj-zony/.

89. Данилов Дионисий, *Северный морской путь и Арктика*：*война за деньги уже началась*, http：//rusk. ru/st. php? idar = 114689.

90. Договор между Россией и США в Арктике утвержден на международном уровне, ИAREGNUM. 22 мая 2018. https：//regnum. ru/news/economy/2419187. html.

91. Россия и Индия думают о совместной разработке шельфа Арктики, РИА Новости, 30 августа 2019 года, https：//ria. ru/20190830/1558093304. html.

92. Россия подписала международное соглашение о предотвращении нерегулируемого промысла в Арктике. 4 октября 2018, http：//portnews. ru/news/265501/.

93. С. Лавров, Отношения России и США сложнее, чем во время холодной войны, Regnum, 22. 01. 2018, https：//regnum. ru/news/2370288. html.

94. Сергей Аксенов, Россия продаст Байкал Китаю?, Свободная Пресса. 8 марта 2017, http：//svpressa. ru/economy/article/167799/.

95. ССК 《 Звезда 》 заключила с 《 Совкомфлотом 》 контракт на строительство арктического газовоза для проекта 《 Арктик СПГ - 2 》, PortNews, 10 апреля 2019, http：//portnews. ru/news/275339/.

96. Путин, Нормализовать отношения США с Россией может

здравый смысл Вашингтона, Regnum, 11. 01. 2018, https：//regnum. ru/news/2366565. html.

97. Рогозин, санкции помогли РФ найти партнеров в Азии, Вести, 13 октября 2016, http：//www. vestifinance. ru/articles/76219.

98. Официальный сайт города Норильска, "Экономика", http：//norilsk-city. ru/about/economics/index. shtml.

99. По официальным данным ОАО 《 Газпром 》. http：//www. gazprom. ru/press/news/2012/may/article135980/.

100. Елизавета Фролова, В Арктике построили уже 475 российских военных объектов, 11. 03. 2019, https：//newsland. com/community/5234/content/v-arktike-postroili-uzhe – 475 – rossiiskikh-voennykh-obektov/6678032.

101. НОВАТЭК, CNPC и CNOOC подписали документы относительно доли в " Арктик СПГ 2 ", Агенство Нефтегазовой Информации, 10 июня 2019 года, http：//angi. ru/news/2872195 – НОВАТЭК-CNPC-и-CNOOC-подписали-документы-относительно-доли-в-Арктик-СПГ – 2 – /.

102. Объем перевозок по СМП в 2018 г. увеличился в 2 раза, Neftegaz, 20 февраля 2019, https：//neftegaz. ru/news/transport-and-storage/194483 – obem-perevozok-po-smp-v – 2018 – g-uvelichilsya-v – 2 – raza/.

103. Министр энергетики США заявил о готовности сотрудничать с Новаком, PRO-ARCTIC. 26 июня 2018 г, http：//pro-arctic. ru/26/06/2018/news/32675#read.

104. Иностранные военные корабли должны будут уведомлять РФ о проходе по Северному морскому пути, Рамблер, 30 ноября 2018, https：//news. rambler. ru/troops/41357676/? utm _ content =

news_media&utm_medium = read_more&utm_source = copylink/.

105. История проекта，Эксон Нефтегаз Лимитед，2 Мая 2019 года，https：//www. sakhalin － 1. com/ru-RU/Company/Who-we-are/Project-history.

106. United Nations，*UN and Climate Change*，http：//www. un. org/zh/climatechange/regional. shtml.

三、中文文献

1.［美］埃莉诺·奥斯特罗姆著，徐逊达译：《公共事物的治理之道——集体行动制度的演进》，上海三联书店，2000 年版。

2.［美］奥兰·杨著，杨剑、孙凯译：《复合系统 人类世的全球治理》，上海：上海人民出版社，2019 年版。

3.［美］本·斯泰尔、戴维·维克托、理查德·内尔森著，浦东新区科学技术局、浦东产业经济研究院译：《技术创新与经济绩效》，上海：上海人民出版社，2006 年版。

4.［美］不列颠百科全书公司编著，国际中文版编辑部编译：《不列颠百科全书》，北京：中国大百科全书出版社，2007 年版。

5.［美］罗伯特·基欧汉著，门洪华译：《局部全球化世界中的自由主义、权力与治理》，北京：北京大学出版社，2004 年版。

6.［美］罗伯特·吉尔平著，武军等译：《世界政治中的战争与变革》，北京：中国人民大学出版社，1994 年版。

7.［美］迈克尔·哈特、安东尼·内格里著，杨建国、范一亭译：《帝国：全球化的政治秩序》，南京：江苏人民出版社，2003 年版。

8.［美］约瑟夫·奈、约翰·唐纳胡著，王勇、门洪华等译：《全球化世界的治理》，北京：世界知识出版社，2003 年版。

9. ［英］阿兰·谢里登著，尚志英、许林译：《求真意志——米歇尔·福柯的心路历程》，上海：上海人民出版社，1997 年版。

10. ［英］戴维·赫德尔等著，杨雪冬等译：《全球大变革》，北京：社会科学文献出版社，2001 年版。

11. ［英］戴维·赫尔德著，胡伟等译：《民主与全球秩序—从现代国家到世界主义治理》，上海：上海人民出版社，2003 年版。

12. ［英］格里·斯托克著，华夏风译：《作为理论的治理：五个论点》，《国际社会科学杂志（中文版）》，2019 年第 3 期。

13. ［英］苏珊·斯特兰奇著，肖宏宇等译：《权力流散：世界经济中的国家与非国家权威》，北京：北京大学出版社，2005 年版。

14. 《396 项最高温纪录被打破意味着什么》，《中国科学报》，2019 年 10 月 17 日，第 1 版。

15. 《埃尼全球最北端油田投产》，《中国能源报》，2016 年 3 月 21 日，第 8 版。

16. 《美国拟加大北极油气开发力度》，《中国能源报》，2018 年 11 月 26 日，第 5 版。

17. 《习近平会见俄罗斯总理梅德韦杰夫》，《人民日报》2017 年 7 月 5 日，第 2 版。

18. 《中俄完成首次北极联合科考》，《中国科学报》，2016 年 10 月 17 日，第 4 版。

19. 白佳玉、李玲玉：《北极海域视角下公海保护区发展态势与中国因应》，《太平洋学报》，2017 年第 4 期。

20. 白佳玉、孙妍、张侠：《白令海峡治理的合作机制研究》，《极地研究》，2016 年 12 月。

21. 白佳玉、庄丽：《北冰洋核心区公海渔业资源共同治理问题研究》，《国际展望》，2017 年第 3 期。

22. 白佳玉：《船舶北极航行法律问题研究》，北京：人民出版社，2017 年版。

23. 蔡拓等著：《全球问题与当代国际关系》，天津：天津人民出版社，2002 年版。

24. 曹升生、郭飞飞：《瑞典的北极战略》，《江南社会学院学报》，2014 年第 4 期。

25. 曹玉墀、刘大刚、刘军坡：《北极海运对北极生态环境的影响及对策》，《世界海运》，2011 年第 12 期。

26. 曾望：《北极争端的历史、现状及前景》，《国际资料信息》，2007 年第 10 期。

27. 陈特安：《俄美加缘何角逐北极?》，《思想工作》，2007 年第 9 期。

28. 戴维·赫尔德、安东尼·麦克格鲁：《治理全球化：权力、权威与全球治理》，北京：社会科学文献出版社，2004 年版。

29. 丹尼尔·科尔曼著，梅俊杰译：《生态政治：建设一个绿色社会》，上海：上海译文出版社，2006 年版。

30. 丁克茂、刘雷、卫国兵：《北极东北航道船舶通行现状及航海保障能力分析》，《航海》，2017 年第 5 期。

31. 董亮、张海滨：《IPCC 如何影响国际气候谈判——一种基于认知共同体理论的分析》，《世界经济与政治》，2014 年第 8 期。

32. 董青岭：《机器学习与冲突预测——国际关系研究的一个跨学科视角》，《世界经济与政治》，2017 年第 7 期。

33. 高天明：《中俄北极冰上丝绸之路合作报告》，北京：时事出版社，2018 年版。

34. 郭培清、曹圆：《俄罗斯联邦北极政策的基本原则分析》，《中国海洋大学学报（社会科学版）》，2016 年第 2 期。

35. 郭培清、管清蕾：《探析俄罗斯对北方海航道的控制问题》，《中国海洋大学学报（社会科学版）》，2010 年第 2 期。

36. 郭培清、李晓伟：《加拿大小特鲁多政府北极安全战略新动向研究》，《中国海洋大学学报（社会科学版）》，2018 年第 3 期。

37. 郭培清、孙兴伟：《论小布什和奥巴马政府的北极"保守"政策》，《国际观察》，2014 年第 2 期。

38. 郭培清、邹琪：《特朗普政府北极政策的调整》，《国际论坛》，2019 年第 4 期。

39. 郭培清：《北极争夺战》，《海洋世界》，2007 年第 9 期。

40. 郭培清：《极地争夺为何硝烟再起》，《瞭望》，2007 年第 45 期。

41. 郭培清：《北极航道的国际问题研究》，北京：海洋出版社，2009 年版。

42. 郭培清、董利民：《北极经济理事会：不确定的未来》，《国际问题研究》，2015 年第 1 期。

43. 国家海洋局极地专项办公室编：《北极地区环境与资源潜力综合评估》，北京：海洋出版社，2018 年版。

44. 何齐松：《气候变化与欧盟的北极战略》，《欧洲研究》，2010 年第 6 期。

45. 胡守钧：《国际共生论》，《国际观察》，2012 年第 4 期。

46. 胡守钧：《社会共生论》，上海：复旦大学出版社，2006 年版。

47. 贾桂德、石午虹：《对新形势下中国参与北极事务的思考》，《国际展望》，2014 年第 3 期。

48. 贾凌霄：《北极地区的油气资源勘探开发现状》，《中国矿业报》，2017 年 7 月 14 日，第 4 版。

49. 贾茹：《浅析〈北极海洋石油污染预防与应对合作协议〉的颁布意义》，《法制博览》，2014 年第 10 期。

50. 焦敏、陈新军、高郭平：《北极海域渔业资源开发现状及对策》，《极地研究》，2015 年第 2 期。

51. 匡增军：《俄罗斯的北极战略：基于俄罗斯大陆架外部界限问题的研究》，北京：社会科学文献出版社，2017 年版。

52. 李东：《俄北极"插旗"引燃"冰地热战"》，《世界知识》，2007 年第 17 期。

53. 李海东：《从边缘到中心：美国气候变化政策的演变》，《美国研究》，2009 年第 2 期。

54. 李思强：《共生建构说：论纲》，北京：中国社会科学出版社，2004 年版。

55. 李尧：《北约与北极——兼论相关国家对北约介入北极的立场》，《太平洋学报》，2014 年第 3 期。

56. 李益波：《英国北极政策研究》，《国际论坛》，2016 年第 3 期。

57. 李振福、刘同超：《北极航线地缘安全格局演变研究》，《国际安全研究》，2015 年第 6 期。

58. 梁守德、洪银娴：《国际政治学理论》，北京：北京大学出版社，2000 年版。

59. 刘芳明：《北极海岸警卫论坛机制和"冰上丝绸之路"的安全合作》，《海洋开发于管理》，2018 年第 6 期。

60. 刘光溪：《互补性竞争论——区域集团与多边贸易体制》，北京：经济日报出版社，2006 年版，第 22 页。

61. 刘惠荣、杨凡：《北极生态保护法律问题研究》，北京：人民出版社，2010 年版。

62. 刘慧荣、李浩梅：《国际法视角下的中国北极航线战略研究》，北京：中国政法大学出版社，2019 年版。

63. 刘凯欣：《北极国际法律制度研究》，《法制博览》，2018 年第 20 期。

64. 刘贞晔：《非政府组织、全球社团革命与全球公民社会的兴起》，载黄志雄主编：《国际法视角下的非政府组织：趋势、影响与回应》，北京：中国政府大学出版社，2012 年版。

65. 刘中民：《北冰洋争夺的三大国际关系焦点》，《世界知识》，2007 年第 9 期。

66. 卢芳华：《北极公海渔业管理制度与中国权益维护》，《南京政治学院学报》，2016 年第 5 期。

67. 卢景美：《北极圈油气资源潜力分析》，《资源与产业》，2010 年第 8 期。

68. 陆俊元：《北极地缘政治与中国应对》，北京：时事出版社，2010 年版。

69. 陆俊元：《中国北极权益与政策研究》，北京：时事出版社，2016 年版。

70. 罗辉，《国际非政府组织在全球气候变化治理中的影响——基于认知共同体路径的分析》，《国际关系研究》，2013 年第 2 期。

71. 罗马俱乐部著，李宝恒译：《增长的极限——罗马俱乐部关于人类困境的研究报告》，成都：四川人民出版社，1983 年版。

72. 罗猛、董琳：《北极资源开发争端解决机制的构建路径——以共同开发为视角》，《学习与探索》，2018 年第 8 期。

73. 罗毅、夏立平：《韩国北极政策与中韩北极治理合作》，《中国海洋大学学报（社会科学版）》，2019 年第 2 期。

74. 倪海宁：《二战中的冰海航线》，《解放军报》，2016 年 2 月 12 日，第 1 版。

75. 聂凤军、张伟波、曹毅、赵宇安：《北极圈及邻区重要矿产资源找矿勘查新进展》，《地质科技情报》，2013 年第 5 期。

76. 潘家华：《国家利益的科学论争与国际政治妥协》，《世界经济与政治》，2002 年第 2 期。

77. 钱宗旗：《俄罗斯北极战略与冰上丝绸之路》，北京：时事出版社，2018 年版。

78. 阮建平、王哲：《善治视角下的北极治理困境及中国的参与探析》，《理论与改革》，2018 年第 5 期。

79. 沈逸：《全球网络空间治理原则之争与中国的战略选择》，《外交评论》，2015 年第 2 期。

80. 舒先林：《一"旗"激起千层浪——多国北极油气博弈与启示》，《中国石油企业》，2007 年第 9 期。

81. 孙凯、郭培清：《北极治理机制的变迁及中国的参与战略研究》，《世界经济与政治论坛》，2012 年第 2 期。

82. 孙凯、潘敏：《美国政府的北极观与北极事务决策体制研究》，《美国研究》，2015 年第 5 期。

83. 孙凯、吴昊：《芬兰北极政策的战略规划与未来走向》，《国际论坛》，2017 年第 4 期。

84. 孙凯：《"认知共同体"与全球环境治理——访美国马萨诸塞大学全球环境治理专家 Peter M. Hass 先生》，《世界环境》，2009 年第 6 期。

85. 孙凯：《奥巴马政府的北极政策及其走向》，《国际论坛》，2013 年第 5 期。

86. 孙凯：《机制变迁、多层治理与北极治理的未来》，《外交评论》（外交学院学报），2017 年第 3 期。

87. 孙凯：《全球环境治理中的"认知共同体"及其限度研究》，《江苏工业学院学报》，2010 年第 1 期。

88. 孙凯：《日本在北极事务中的"立体外交"及其启示》，《东北师大学报（哲学社会科学版）》，2019 年第 4 期。

89. 唐国强：《北极问题与中国的政策》，《国际问题研究》，2013 年第 1 期。

90. 唐建业：《北冰洋公海生物资源养护：沿海五国主张的法律分析》，《太平洋学报》，2016 年第 1 期。

91. 唐尧、夏立平：《中国参与北极油气资源治理与开发的国际法依据》，《国际展望》，2017 年第 6 期。

92. 万楚蛟：《北极冰盖融化对俄罗斯的战略影响》，《国际观察》，2012 年第 1 期。

93. 王晨光：《北极治理法治化与中国的身份定位》，《领导科学论坛》，2016 年 1 月。

94. 王传兴：《论北极地区区域性国际制度的非传统安全特性——以北极理事会为例》，《中国海洋大学学报（社会科学版）》，2011 年第 3 期。

95. 王鸿刚：《北极将上演争夺战?》，《世界知识》，2004 年第 22 期。

96. 王新和：《推进北方海上丝绸之路：‘北极问题’国际治理视角》，北京：时事出版社，2017 年版。

97. 王兴成、秦麟征：《全球学研究与展望》，北京：社会科学文献出版社，1988 年版。

98. 王泽林：《北极航道法律地位研究》，上海：上海交通大学出版社，2014 年版。

99. 王震、侯萌：《中美经贸摩擦对双边能源合作的影响》，《国际石油经济》，2018 年第 10 期。

100. 吴雪明：《北极治理评估体系的构建思路与基本框架》，《国际关系研究》，2013 年第 3 期。

101. 夏立平、谢茜：《北极区域合作机制与"冰上丝绸之路"》，《同济大学学报（社会科学版）》，2018 年第 4 期。

102. 夏立平：《北极环境变化对全球安全和中国国家安全的影响》，《世界经济与政治》，2011 年第 1 期。

103. 夏征农、陈至立：《辞海》，上海：上海辞书出版社，2010年版，第3516页。

104. 肖洋：《安全与发展：俄罗斯北极战略再定位》，《当代世界》，2019年第9期。

105. 肖洋：《北极海空搜救合作：规范生成与能力短板》，《国际论坛》，2014年第2期。

106. 肖洋：《北极科学合作：制度歧视与垄断生成》，《国际论坛》，2019年第1期。

107. 肖洋：《德国参与北极事务的路径构建：顶层设计与引领因素》，《德国研究》，2015年第1期。

108. 肖洋：《格陵兰：丹麦北极战略转型中的锚点?》，《太平洋学报》，2018年第6期。

109. 肖洋：《一个中欧小国的北极大外交：波兰北极战略的变与不变》，《太平洋学报》，2015年第12期。

110. 肖洋：《中俄共建"北极能源走廊"：战略支点与推进理路》，《东北亚论坛》，2016年第5期。

111. 肖洋：《北极国际组织建章立制及中国参与路径》，北京：中国社会科学出版社，2019年版。

112. 肖洋：《冰海暗战：近北极国家战略博弈的高纬边疆》，北京：人民日报出版社，2016年版。

113. 徐宏：《北极治理与中国的参与》，《边界与海洋研究》，2017年第2期。

114. 许勤华、王思羽：《俄属北极地区油气资源与中俄合作》，《俄罗斯东欧中亚研究》，2019年第4期。

115. 杨剑、郑英琴：《"人类命运共同体"思想与新疆域的国际治理》，《国际问题研究》，2017年第4期。

116. 杨剑：《北极航道：欧盟的政策目标和外交实践》，《太平洋学报》，2013 年第 3 期。

117. 杨剑：《北极治理新论》，北京：时事出版社，2014 年版。

118. 杨剑：《科学家与全球治理：基于北极事务案例的分析》，北京：时事出版社，2018 年版。

119. 杨剑：《数字边疆的权利与财富》，上海：上海人民出版社，2012 年版。

120. 杨剑：《亚洲国家于北极未来》，北京：时事出版社，2015 年版。

121. 杨剑等：《科学家与全球治理：基于北极事务案例的分析》，北京：时事出版社，2018 年版。

122. 杨洁篪：《以习近平外交思想为指导 深入推进新时代对外工作》，《求是》，2018 年第 15 期。

123. 杨洁勉：《试论习近平外交哲学思想的建构和建树》，《国际观察》，2018 年第 6 期。

124. 杨洁勉：《世界气候外交和中国的应对》，北京：时事出版社，2009 年版。

125. 杨玲丽：《共生理论在社会科学领域的应用》，《社会科学论坛》，2010 年第 16 期。

126. 杨松霖：《美国北极气候治理：主体、特点及走向》，《中国海洋大学学报（社会科学版）》，2019 年第 2 期。

127. 叶艳华：《东亚国家参与北极事务的路径与国际合作研究》，《东北亚论坛》，2018 年第 6 期。

128. 于宏源：《气候变化与北极地区地缘政治经济变迁》，《国际政治研究》，2015 年第 4 期。

129. 于宏源：《全球环境治理内涵及趋势研究》，上海：上海人民出版社，2018 年版。

130. 俞可平主编：《全球化：全球治理》，北京：社会科学文献出版社，2003 年版。

131. 喻常森：《认知共同体与亚太地区第二轨道外交》，《世界经济与政治》，2007 年第 11 期。

132. 张建：《俄罗斯国际观的新变化及其特点、原因和影响分析》，《国际观察》，2017 年第 1 期。

133. 张胜军、郑晓雯：《从国家主义到全球主义：北极治理的理论焦点与实践路径探析》，《国际论坛》，2019 年第 4 期。

134. 张侠：《北极地区人口数量、组成与分布》，《世界地理研究》，2008 年第 4 期。

135. 张侠：《北极航道海运货流类型及其规模研究》，《极地研究》，2013 年第 2 期。

136. 张侠：《北极航线的海运经济潜力评估及其对我国经济发展的战略意义》，《中国软科学》，2009 年第 2 期。

137. 张笑一：《加拿大哈珀政府北极安全政策评析》，《现代国际关系》，2016 年第 7 期。

138. 章成：《北极大陆架划界的法律与政治进程评述》，《国际论坛》，2017 年第 3 期。

139. 赵隆：《北极区域治理范式的核心要素：制度设计与环境塑造》，《国际展望》，2014 年第 3 期。

140. 赵隆：《从航道问题看北极多边治理范式——以多元行为体的"选择性妥协"实践为例》，《国际关系研究》，2014 年第 4 期。

141. 赵隆：《从渔业问题看北极治理的困境与路径》，《国际问题研究》，2013 年第 7 期。

142. 赵隆：《全球治理中的议题设定：要素互动与模式适应》，《国际关系研究》，2013 年第 4 期。

143. 赵隆：《北极治理范式研究》，北京：时事出版社，2014

年版。

144. 赵宁宁、欧开飞：《冰岛与北极治理：战略考量及政策实践》，《欧洲研究》，2015 年第 4 期。

145. 赵宁宁、欧开飞：《全球视野下北极地缘政治态势再透视》，《欧洲研究》，2016 年第 3 期。

146. 赵宁宁：《小国家大格局：挪威北极战略评析》，《世界经济与政治论坛》，2017 年第 3 期。

147. 赵毅：《争夺北极的新"冷战"》，《瞭望》，2007 年第 33 期。

148. 郑英琴：《中国与北欧共建蓝色经济通道：基础、挑战与路径》，《国际问题研究》，2019 年第 4 期。

149. 中华人民共和国国务院新闻办公室：《中国的北极政策》，北京：人民出版社，2018 年版。

150. 钟传剑：《北极油气开发，如何走下去?》，《珠江水运》，2016 年第 22 期。

151. 周圆：《科学的影响力：美国环境外交中的认知共同体因素研究》，《世界经济与政治论坛》，2017 年第 3 期。

152. 朱杰进：《国际制度设计中的规范与理性》，《国际观察》，2008 年第 4 期。

153. 邹磊磊、付玉：《北极航道管理对北极渔业管理的启示》，《极地研究》，2017 年第 2 期。

154. 邹磊磊、密晨曦：《北极渔业及渔业管理之现状及展望》，《太平洋学报》，2016 年第 3 期。

155. 邹磊磊、张侠、邓贝西：《北极公海渔业管理制度初探》，《中国海洋大学学报（社会科学版）》，2015 年第 5 期。

156. 左凤荣："俄罗斯海洋战略初探"，《外交评论》，2012 年第 5 期。

四、中文网络资料

1. 《第五届"北极—对话区域"国际北极论坛开幕》，中国新闻网，2019 年 4 月 10 日，http：//www. chinanews. com/gj/2019/04 – 10/8804908. shtml。

2. 《北极圈论坛中国分论坛在上海举行》，中国政府网，2019 年 5 月 14 日，http：//www. gov. cn/xinwen/2019 – 05/14/content_5391336. htm。

3. 《"北极前沿"大会呼吁加强北极问题合作》，人民网，2018 年 1 月 23 日，http：//world. people. com. cn/n1/2018/0123/c1002 – 29782252. html。

4. 《"北极—对话之地"论坛：北极资源开发需环保先行》，中国广播网，2013 年 9 月 30 日，http：//news. cnr. cn/gjxw/list/201309/t20130930_513728098. shtml。

5. 《首届白宫北极科学部长级会议在华盛顿召开》，科技部网站，2016 年 10 月 19 日，http：//www. most. gov. cn/kjbgz/201610/t20161019_128269. htm。

6. 《科技部副部长黄卫出席第二届北极科学部长会议》，科技部网站，2018 年 11 月 15 日，http：//www. most. gov. cn/kjbgz/201811/t20181115_142760. htm。

7. 习近平：《登高望远，牢牢把握世界经济正确方向——在二十国集团领导人峰会第一阶段会议上的发言》，外交部网站，2018 年 11 月 30 日，https：//www. fmprc. gov. cn/web/zyxw/t1618008. shtml。

8. 王毅：《在 2018 年国际形势与中国外交研讨会开幕式上的演讲》，外交部网站，2018 年 12 月 11 日，https：//www. fmprc. gov. cn/web/wjbzhd/t1620761. shtml。

9. 《俄罗斯推进北极科考以取北极主权》，人民网，2009 年 2 月 19 日，http：//env. people. com. cn/GB/8833116. html。

10. 《加拿大总理视察北极"上天下海"宣示主权》，新华网，2009 年 8 月 22 日，http：//news. xinhuanet. com/world/2009 – 08/22/content_11925792. htm。

11. 《挪威与俄罗斯就巴伦支海划界问题达成协议》，新华网，2010 年 4 月 27 日，http：//news. xinhuanet. com/world/2010 – 04/27/c_1259978. htm。

12. 郭培清：《大国全球战略必须囊括北极》，《瞭望》，2009 年 7 月，http：//news. sina. com. cn/pl/2009 – 07 – 08/094318178260. shtml。

13. 《专访美国阿拉斯加州州长：习近平主席来访开启合作广阔前景》，中新网，2017 年 09 月 28 日，http：//www. chinanews. com/gj/2017/09 – 28/8343058. shtml。

14. 《亚马尔液化天然气项目第三条生产线正式投产》，新华网，2018 年 12 月 11 日，http：//www. xinhuanet. com/2018 – 12/11/c_1123839036. htm。

15. 《阿拉斯加州主要矿业介绍》，中国铝业网，2012 年 8 月 28 日。http：//www. alu. cn/aluNews/NewsDisplay_821224. html。

16. 《北极经济理事会宣告成立》，人民网，2014 年 9 月 4 日，http：//world. people. com. cn/n/2014/0904/c1002 – 25606400. html。

17. 《中华人民共和国和俄罗斯联邦关于进一步深化全面战略协作伙伴关系的联合声明（全文）》，外交部网站，2017 年 7 月 15 日，http：//www. fmprc. gov. cn/web/ziliao_674904/zt_674979/dnzt_674981/xzxzt/xjpzxzt01_690022/zxxx_690024/t1475443. shtml。

18. 《中俄总理第二十次定期会晤联合公报（全文）》，外交部网站，2015 年 12 月 17 日，http：//www. mfa. gov. cn/chn//pds/zil-

iao/1179/t1325537. htm。

19. 《王毅：俄罗斯是共建"一带一路"的重要战略伙伴。，新华网，2017 年 5 月 27 日，http：//www. xinhuanet. com/world/2017 - 05/27/c_1121045357. htm。

20. 《习近平会见俄罗斯总理梅德韦杰夫》，新华网，2017 年 11 月 1 日，http：//news. xinhuanet. com/2017 - 11/01/c_1121891929. htm。

21. 《特运开启 2019 北极航行》，中远海运特种运输股份有限公司官网，2019 年 7 月 20 日，http：//spe. coscoshipping. com/art/2019/7/20/art_12481_109944. html。

22. 《超级工程亚马尔 LNG 项目投产 核心模块"海油制造"》，国务院国有资产监督管理委员会网站，2017 年 12 月 14 日，http：//www. sasac. gov. cn/n2588025/n2588124/c8341571/content. html。

23. http：//www. sasac. gov. cn/n2588025/n2588124/c8341571/content. html.

24. 《2018 年我国液化天然气进口规模创历史新高》，央视网，2019 年 4 月 5 日，http：//news. cctv. com/2019/04/05/ARTIICJnWP73DM95wuzkml4v190405. shtml? spm = C94212. PV1fmvPpJkJY. S71844. 99。

25. 《国际能源署：中国将成为全球最大液化天然气进口国》，新华网，2019 年 5 月 17 日，http：//www. xinhuanet. com/2019 - 05/17/c_1124505024. htm。

26. 《关于各国探索和利用包括月球和其他天体在内外层空间活动所应遵守的原则条约》，中国人大网，http：//www. npc. gov. cn/wxzl/gongbao/2000 - 12/26/content_5001481. htm。

27. 《国家互联网信息办公室：〈国家网络空间安全战略〉全文》，中国网信网，2016 年 12 月 27 日，http：//www. cac. gov. cn/2016 - 12/27/c_1120195926. htm。

28. 《习近平接见 2017 年度驻外使节工作会议与会使节并发表

重要讲话》，新华社，2017 年 12 月 28 日，http：//www. xinhua-net. com/politics/2017 – 12/28/c_1122181743. htm。

29. 外交部：《王毅部长在第三届北极圈论坛大会开幕式上的视频致辞》，外交部网站，2015 年 10 月 17 日，http：//www. fm-prc. gov. cn/web/wjbzhd/t1306854. shtml。

30. 《习近平接受美国〈华尔街日报〉书面采访》，新华网，2015 年 9 月 22 日 http：//news. xinhuanet. com/zgjx/2015 –09/22/c_134648774. htm。

图书在版编目（CIP）数据

多维北极的国际治理研究/赵隆著 . —北京：时事出版社，2020. 5
ISBN 978-7-5195-0385-7

Ⅰ. ①多⋯　 Ⅱ. ①赵⋯　 Ⅲ. ①北极－政治地理学－研究－中国
Ⅳ. ①P941. 62

中国版本图书馆 CIP 数据核字（2020）第 073304 号

出 版 发 行：时事出版社
地　　　　址：北京市海淀区万寿寺甲 2 号
邮　　　　编：100081
发 行 热 线：（010）88547590　88547591
读者服务部：（010）88547595
传　　　真：（010）88547592
电 子 邮 箱：shishichubanshe@ sina. com
网　　　　址：www. shishishe. com
印　　　　刷：北京朝阳印刷厂有限责任公司

开本：787×1092　1/16　印张：23. 25　字数：288 千字
2020 年 5 月第 1 版　2020 年 5 月第 1 次印刷
定价：130. 00 元
（如有印装质量问题，请与本社发行部联系调换）